普通高等教育“十四五”规划教材

试验设计与数据分析

——基于R

刘旭华　庞慧慧　主编

中国农业大学出版社
·北京·

内 容 简 介

本书主要介绍试验设计的基本理论与常用方法，内容包括试验设计基本概念与原则、完全随机设计、析因设计、区组设计、正交设计、回归设计、混料设计、均匀设计及交叉设计等. 试验设计与分析在今天已经离不开统计软件，本书利用目前流行的 R 语言，针对每种设计方法结合大量实例完成试验的设计与分析，每章后面配有一定的习题，读者可以参照例题进行练习，有助于培养其解决实际问题的能力.

本书力求简练，强调基本理论，注意阐述常用方法的应用场合及步骤，并注意实例取材的多样性. 本书可供高等学校相关专业本科生、研究生的试验设计与分析课程学习使用，也可供使用试验设计的科研人员和实际工作者参考.

图书在版编目(CIP)数据

试验设计与数据分析：基于 R/刘旭华，庞慧慧主编. --北京：中国农业大学出版社，2024. 2
ISBN 978-7-5655-3165-1

Ⅰ. ①试… Ⅱ. ①刘…②庞… Ⅲ. ①试验设计 Ⅳ. ①O212. 6

中国国家版本馆 CIP 数据核字(2024)第 036595 号

书　　名 试验设计与数据分析——基于 R
Shiyan Sheji yu Shuju Fenxi —— Jiyu R
作　　者 刘旭华　庞慧慧　主编

策划编辑 张秀环　　**责任编辑** 潘博闻
封面设计 李尘工作室
出版发行 中国农业大学出版社
社　　址 北京市海淀区圆明园西路 2 号　　**邮政编码** 100193
电　　话 发行部 010-62733489，1190　　读者服务部 010-62732336
编辑部 010-62732617，2618　　出　版　部 010-62733440
网　　址 http://www. caupress. cn　　**E-mail** cbsszs@cau. edu. cn
经　　销 新华书店
印　　刷 河北虎彩印刷有限公司
版　　次 2024 年 2 月第 1 版　　2024 年 2 月第 1 次印刷
规　　格 185 mm×260 mm　　16 开本　　18.25 印张　　456 千字
定　　价 55.00 元

编写人员

主　编　刘旭华（中国农业大学）

庞慧慧（中国农业大学）

副主编　邓华玲（东北农业大学）

石　峰（华中农业大学）

温阳俊（南京农业大学）

编　者　（按姓氏拼音排序）

邓华玲（东北农业大学）

胡小宁（西北农林科技大学）

李秋月（中国农业大学）

刘旭华（中国农业大学）

庞慧慧（中国农业大学）

石　峰（华中农业大学）

王　燊（福建农林大学）

温阳俊（南京农业大学）

颜亭玉（北京农学院）

赵俊光（北京林业大学）

主　审　牟唯嫣（北京建筑大学）

前言

Preface

科学技术的发展离不开试验，而试验则离不开试验设计. 古人云“凡事预则立”，从试验的角度来看，“预”就可以理解为试验方案的设计. 作为统计学的一个重要分支，试验设计与数据分析与科学研究和生产实践结合紧密，广泛应用于包括农业、工业、生物、医学、化学、食品等诸多领域. 党的二十大报告中指出，要“加强基础学科、新兴学科、交叉学科建设”. 试验设计作为科学研究的重要工具，既属于基础学科领域，也在交叉学科的形成中发挥着不可或缺的重要作用.

试验设计自 20 世纪 20 年代由英国统计学家费舍尔创立以来，至今已有近百年的历史，发展出许多适用于各领域的重要理论及方法，对农业、工业等领域的发展起到巨大的推动作用. 著名统计学家、试验设计学家博克斯说过，如果有 10% 的工程师使用试验设计方法，产品的质量和数量都会得到很大提高. 质量工程学创始人田口玄一博士说不懂试验设计的工程师只能算半个工程师，可见其对试验设计的推崇. 在今天的大数据时代，随着各领域科学技术的快速发展，试验设计的发展也十分迅速，新的理论、方法与技术不断涌现. 掌握试验设计与数据分析的基本思想与方法越来越成为许多学科本科生和研究生的基本要求和必备能力.

本教材结合农林类院校专业特点编写，全书共 8 章，前 7 章主要介绍试验设计的基本理论与常用方法，内容包括试验设计基本概念与原则、完全随机设计、析因设计、区组设计、正交设计、回归设计、混料设计、均匀设计及交叉设计，第 8 章是 R 语言简介. 众所周知，无论是在试验方案的设计阶段还是试验数据的分析处理的阶段都涉及大量的计算，因此使用统计软件就成为学习试验设计必不可少的内容. 能用于试验设计与数据分析的软件有很多，如 MATLAB、Minitab、SPSS、SAS、Design-Expert、R 等，这些软件各有所长. 近年来，R 语言以其免费开源、新方法更新速度快、扩展包资源极其丰富而受到广大统计数据分析应用者的极大欢迎，因此本教材将试验设计与数据分析的例子都用 R 语言加以实现并展示，从而使读者在学习过程中可以更直观地理解所学理论与方法. 因此，R 语言简介这一章是为尚不熟悉 R 语言的读者做入门之用.

本教材例题取材广泛，包含农林、生物、工程、化工、食品、医学等各领域，各章选配的适量习题大多取自科学研究和生产实际的问题，供读者练习巩固所学知识，并培养解决实际问题的能力.

本教材参考了大量国内外教材和文献,引用了其中的一些内容和实例,在此向原作者和译者表示感谢.在使用 R 语言过程中使用了众多的 R 扩展包及其函数,对开发者们的无私奉献也表示感谢.本教材由北京建筑大学理学院牟唯嫣教授主审,在编写过程中还得到了中国农业大学理学院和数学系领导的关心,特别是得到理学院副院长杜凤沛教授的大力支持,在此表示衷心的感谢.

由于编者水平所限,书中的错误和不当之处在所难免,敬请同行及广大读者批评指正.作者联系邮箱 sysj2014@126.com.

编　者

2023 年 8 月

目录

Contents

第1章　试验设计概述

科学技术的发展离不开试验,试验者面临的一个重要问题是:"我需要进行多少次试验或观察?"或者说,"在有限的预算下,怎样做试验才能获得尽可能多的信息?"这类问题就是试验设计与数据分析要回答的核心问题. 试验设计与数据分析方法广泛应用于农业、工业、化学、食品、生物学、遗传学、医学等诸多领域.

1.1　试验设计中的基本概念

试验(experiment)通常是指为了回答一个或几个精心构思的问题而进行的有计划的实践活动,用来探索发现新现象、新事物和新规律. 在这种活动中,试验者改变一个或多个被研究的变量,然后观察该行动的影响."试验"跟"实验"有所不同,"试验"包含"尝试"和"探索"之意,而"实验"主要有"检验"和"验证"之意. 一般来讲,"试验"的范畴要大于"实验".

试验设计(design of experiments)是指以概率统计方法为理论基础,经济地、科学地制定试验方案,对试验数据进行有效的统计分析的一系列数学和统计的理论及方法,是统计学的一个重要分支.

在学习试验设计之前,先介绍几个试验设计中的常用名词和概念.

1.1.1　试验指标(response)

用于度量试验结果好坏的特性值称为试验指标,简称指标,也称为响应变量(或简称响应).

常见的指标分为两类:定量指标与定性指标. 若试验能够以测量、称量或计数的方法获得数值来表示其特性性状,这类指标称为定量指标,如粮食的产量,化学成分的含量,元器件的寿命等. 用等级、类别等表示的指标称为定性指标,如药物的疗效,食品的风味等.

在一个试验中如果仅考察一个指标称为单指标试验问题,若同时考虑两个或更多个指标称为多指标试验问题. 本书中不加特别说明都是指单指标试验问题,针对多指标问题,可以通过在指标间寻求平衡或折中,或用综合指标法把多指标问题转化为单指标问题再进行分析.

1.1.2　因子(factor)

影响试验指标的条件或变量称为因子,也可称为因素.

因子是试验设计中的主要关注对象,类型很多,常见的有两类:可控因子和不可控因子. 可用某种控制方式将其状态进行改变的因子称为可控因子，常用大写字母 A,B,C 等表示，如反应时间、反应温度、施肥量、原料批次等. 在实际操作中不能控制，或难以控制，或试验人员尚未意识到对试验结果会有影响的因子统称为不可控因子，也称噪声因子或误差因子，如环境湿度，机器老化，电源电压的波动等. 不可控因子是试验设计与分析要处理的一个重要问题.

试验中要考察的因子只有一个时，称为单因子试验. 单因子试验在整个试验中只考察一个因子的取值变化对试验指标的影响，是最基本最简单的试验. 若同时考察 2 个或者 2 个以上的因子对试验指标的影响，则称为两因子或多因子试验.

1.1.3 水平(level)

因子的取值或者所处的状态称为水平.

若因子的水平可以用具体的数值表示，如时间、温度、原料的用量等，称该类因子为定量因子. 若因子的水平无法用具体数值表示，或者即使用数值表示但数值并不是表达数量意义，如设备的不同型号，不同的工艺，不同的玉米品种等，称该类因子为定性因子.

在试验设计中，一个因子选取几个水平，则称该因子为几水平因子. 水平数的选取要根据试验所涉及的专业知识、生产经验、因子的特点等因素综合考虑，应注意以下几点：

(1)水平数目要适当. 水平数目太多会大大增加试验次数进而提高试验成本；水平数目太少则可能遗漏因子的重要信息，使结果分析不全面. 根据不同的需要，本书例子中因子水平数目通常在 2～5 个.

(2)水平范围及间隔大小要合理. 对试验指标反应灵敏的因子，水平间隔应小一些；反之，应取大一些.

(3)正确设置水平间隔. 一般有等差法、等比法、选优法和随机法等.

1.1.4 处理(treatment)

试验中所有考察因子的水平搭配所形成的一个具体组合，称为处理. 对单因子试验，一个水平即为一个处理. 对多因子试验，设有 A、B 两个因子，各有两个水平，分别记为 A_1、A_2、B_1、B_2，则 A_1B_1、A_1B_2、A_2B_1、A_2B_2 分别是该试验的 4 个处理.

1.1.5 试验单元(experimental unit)

试验中接受不同试验处理的最小试验载体称为试验单元，是实施处理的对象. 试验单元表现形式多样，可以是一个地块、一台仪器、一只或几只试验动物等. 试验单元通常也是观察数据的单位，一个单元只接受一个处理，只有一个试验结果(一个或多个试验指标).

1.1.6 效应(effect)

效应是指由一个因子的变化引起的试验指标(响应)的变化. 在完成试验后，可以通过观察到的试验指标数据来对效应进行估计，是分析因子重要程度的度量指标.

1.1.7 全面试验(overall experiment)

对试验因子的所有水平搭配(处理)都实施至少一次的试验称为全面试验，或称全部实施. 它的优点是能够获得全面的试验信息，各因子及交互作用对试验指标的影响可以剖析得比较清楚，又称全面析因试验．但全面试验的缺点在于随着因子数量和水平数量的增多，处理数目和试验次数会快速增加，试验规模非常庞大，试验的人力、物力、财力、时间等都难以承受，试验误差也不易控制．因此全面试验通常只适用于因子数和水平数都比较少的试验．

1.1.8 部分实施试验（fractional experiment）

部分实施试验是从全面试验中按一定规则选取部分有代表性的处理进行试验．通过恰当的设计，从全部处理中选出部分处理进行试验，结合相应的统计分析方法，可以在尽可能少损失信息的前提下使试验次数和规模大大降低，并且最后的分析结果与全面试验的分析结果基本一致．如何有效地进行部分实施试验是试验设计的重要研究内容之一．正交设计和均匀设计是常用的部分实施试验设计方法．

1.1.9 试验误差（experimental error）

处理的每一次试验都会通过一个试验单元来得到一个观察值，由于试验受到各种不可控因子的干扰和影响，观察值与理论真实值会有偏离，这种偏离称为试验误差．试验误差主要来源包括：试验材料、测试方法、测试仪器、试验环境、试验操作人员和其他偶然性因素等．试验设计的主要任务之一就是减少和控制试验误差，从而提高试验结果分析的精确性．

试验误差主要分两类：系统误差和随机误差．系统误差是由于某种试验条件下的一些比较确定的干扰因素所引起的误差，它具有规律性，有一定的方向或趋势，系统误差可以校正或消除．随机误差是在试验中除了考察的试验因子之外，由一些无法控制的干扰因素所造成的误差．随机误差难以避免且不可消除，但可以通过试验设计与数据分析进行度量并控制其影响．一般地，我们假设随机误差服从正态分布 $N(\mu,\sigma^2)$，其中方差 σ^2 用于衡量随机误差的大小．随机误差是各类统计模型的重要组成部分，也是进行统计分析的关键所在．

1.1.10 对照（control）

对照是指在比较试验中设置的不施加试验条件的处理，用于鉴别和区分真正要考察的试验处理．对照是比较的基准，其本身也是一种处理，在统计分析中作为因子的一个水平．在农学、生物学、医学实验中经常要设置对照．

例 1.1 某试验要进行不同转基因玉米的产量比较研究，共有 7 个转基因品种，再加一个野生型进行对照试验．将试验田划分成 24 块等面积的小区进行种植试验．每个品种随机种植在 3 块小区上．

在这个例子中，试验指标是玉米产量，是定量指标．有 1 个因子，即玉米品种，有 8 个水平，即 7 个转基因品种和 1 个野生型品种，是定性因子．野生型是该试验的对照．试验单元为每一个种植小区．这是一个单因子试验，每个水平就是一个处理．

例 1.2 某试验需要研究某种产品的产量和化学反应的温度、时间、催化剂用量之间的关系．试验目的是为了寻找最佳生产条件．试验可用下面方法进行，根据以往信息选用 3 种反应温度，如 60℃，70℃，80℃；3 种反应时间，如 1 h，1.5 h，2 h；3 种催化剂用量，如 2 kg，3 kg，4 kg．对温度、时间、催化剂用量的 27 种组合的每一种进行试验，记录产品的产量．

在这个例子中，试验指标是产品产量，是定量指标．有 3 个因子，分别是温度、时间、催化剂用量，都是定量因子．每个因子有 3 个水平．因子水平搭配共有 $3^3=27$ 种，即共有 27 个处理．

该试验是一个三因子三水平试验.

1.2 试验设计的基本原则

为了避免系统误差,控制和降低随机误差,保证试验结果的精确度,各种试验处理必须在基本均匀一致的条件下进行,即应尽量控制或消除干扰因素的影响.英国著名统计学家,数理统计学的重要奠基人费舍尔(R. A. Fisher)在 20 世纪 30 年代提出了试验设计的 3 个基本原则,即随机化、重复和区组.随机化用来减少偏差;重复和区组有助于提高试验的精确性.这 3 个原则贯穿于全书内容,下面先简要介绍这 3 个原则.

1.2.1 随机化(randomization)

随机化是指试验中任何一个处理都随机安排在任何一个试验单元上,试验材料的分配和各个试验的顺序都是随机决定的,随机化能保证试验结果相互独立.正确估计试验误差,是试验设计中使用统计方法进行数据分析的基石.对试验进行适当的随机化也有助于"平均化"可能存在的外在因素的影响.

随机化通常采用抽签、查随机数表等方法来实现.

1.2.2 重复(replication)

重复是指处理在相同条件下进行 2 次或 2 次以上的试验.重复试验的目的在于估计和减小随机误差.

假设 $X_1, X_2, \cdots, X_n$ 是独立同分布的观测样本,在数理统计中定义样本标准差为 $S=\sqrt{\frac{1}{n-1}\sum_{i=1}^{n}(X_i-\overline{X})^2}$,定义样本标准误为 $S_{\overline{X}}=\frac{S}{\sqrt{n}}$.由此可以看到,要估计样本标准差,需要 $n>1$,即要有重复试验才能估计误差.同时还可以看到样本标准误的大小与 $\sqrt{n}$ 成反比,即重复次数 n 大时可以降低试验误差,从而得到更精确的均值估计.当然由于实际条件的限制,重复次数并不是越多越好,需要根据具体的试验条件确定,也与试验设计方案和统计分析方法密切相关.

另外我们还需要注意重复试验和"重复测量(repeated measurement)"之间的差别.例如,假设 4 个受试者被分配到一种药物,对每个受试者进行测量.其结果是 4 个对该药物的独立观察,这就是重复试验.而如果一个受试者被分配到一种药物,然后进行 4 次测量,那么这些测量就不是独立的,我们称之为"重复测量".重复试验既反映试验间的变异又反映试验内的变异,重复测量则反映一次试验内的变异.

1.2.3 区组(blocking)

区组,也称局部控制,是根据试验条件的不均匀性,人为把空间、试验材料和试验设备等划分为若干子部分,使子部分内的试验条件相同或相近,这些子部分称为区组.区组之间存在较大的差异.区组因子是影响试验指标且无法避免的因素,但并不是试验者真正要研究、考察的因子.

通过进行区组设计,每个区组内的试验误差大大减小.虽然区组间的试验条件差异较大,但可用适当的统计分析方法来进行分析.

在实际应用中,试验设计的3个原则是相辅相成、相互补充的.合理利用这3个原则,能控制试验干扰,保证试验条件均匀一致,提高试验精度,减少试验误差.再结合适当的统计分析方法,就能准确地评价试验因子的作用,正确地估计试验误差,作出可靠的推断,从而获得正确的结论.

1.3　试验设计的基本过程

1.明确实验目的

把问题描述清楚是试验设计的第一步,特别是要弄清楚试验的目的.试验目的通常有以下几种:

(1)比较不同水平或处理的优劣.如上述例1.1的试验.

(2)因子筛选.当面对一个新的系统或过程,通常有很多因子,重要的是了解哪些因子对感兴趣的反应有显著影响.

(3)优化.在系统已经确定,并且有理由相信重要的因子已经被确定之后,下一个目标通常是优化.也就是说,找到能使响应达到最优的水平或处理.如上述例1.2的试验.一个优化实验通常是筛选实验的后续.

(4)探索和发现.在该类试验中,试验者通常试图确定探索新材料或新因子时会发生什么.如在制药业中,科学家们不断进行发现试验,以寻找新的材料或材料的组合,以便有效地治疗疾病.

2.确定试验指标(响应变量)

在选择试验指标时,试验者应该确定这个指标确实提供了关于所研究问题的有用信息.另外,试验者还需要考虑如何测量每个指标,并解决诸如如何校准测量系统以及如何在试验期间保持这种校准等问题.

3.确定因子和水平

试验设计之前要了解哪些因子可能对试验结果造成影响.有时候涉及因子较多时,可以先考虑做因子筛选试验,根据筛选试验的结果,再对所选因子和水平进行后续试验.

4.制订试验设计方案

试验设计方案制订是试验设计的核心内容.如果前几步做得好,这一步就相对容易.设计方案的选择包括考虑重复数,随机化的试验顺序,并确定是否涉及区组或其他随机化限制.

5.试验的实施

试验的实施即获取试验数据的过程,试验者需做好管理和监督工作,科学布置试验,按计划完成观察和测量任务.

6.试验数据分析

使用统计分析方法来分析数据,使结果和结论具有客观性.如果试验设计合理,并按照设计进行试验,所需的统计分析方法通常不会很复杂.有许多优秀的统计分析软件可以用来协助数据分析,而且很多时候在制订试验设计方案这一步骤中用于选择设计方案的许多程序都提供了与统计分析的直接接口. 一般来说，简单的图形方法在数据分析和解释中发挥着重要作用.

7. 结论与应用

对数据进行分析后，试验者需要给出确定的结论，并针对试验目的给出一个决策方案. 很多情况下，还应进行后续试验来验证前面试验的结论. 如果一次试验不能得到明确的结论，则应进一步安排试验，继续研究.

通过试验设计，通常可以解决如下问题：

(1)科学合理的试验可以减少试验次数，缩短试验周期，节约人力、物力、财力，提高经济效益，对多因素、多水平试验尤其有效.

(2)在众多因子中可以分清因子对试验指标影响的主次、强弱，并对其进行量化分析.

(3)可以度量并分析因子间交互作用的大小.

(4)可以度量并分析试验误差影响的大小.

(5)可以快速找到较优设计参数与生产工艺条件或配方等.

1.4 试验设计发展简史

美国统计学家蒙哥马利(Douglas C. Montgomery)在他的经典著作 *Design and Analysis of Experiments* 中将试验设计的发展大致划分为 4 个时代. 第 1 个时代是农业时代，试验设计起源于 20 世纪 20 年代. 1919 年，费舍尔(R. A. Fisher)进入英国伦敦附近的罗萨姆斯特德农业试验站(Rothamsted Experimental Station)工作. 在农业试验中，引起试验结果差异的因素主要有 2 个：一是在田间实验中，土质、光照等客观条件不同；二是实验方法不同. 由于这两个因素往往同时起作用，因此，如何从总变异中分解出这两个因素各自的影响，以及如何测定它们，是费舍尔所面临的问题. 经过持续的努力及深入研究，费舍尔对长达 60 多年的田间肥料、雨量、遗传、土质、细菌、管理试验、气候条件、收获量等资料加以整理、归纳、提取信息，1921 年起，他陆续发表了关于在农业实验中控制误差的论文，首次对方差分析进行了系统研究，提出了随机区组、拉丁方等控制、分解和测定试验误差的概念及方法，并且将成果写成一系列题为《收成变异之研究》(Studies in Crop Variation)的论文. 1925 年，他的第一本书《研究工作者的统计方法》(*Statistical Methods for Research Workers*)出版，这本书顺应了现实要求，迅速被科学界采用. 该书到他去世时共出了 14 版，还被译成法文、德文、意大利文、西班牙文和俄文等版本. 1935 年，费舍尔完成了在科学实验理论和方法上具有划时代意义的著作《试验设计》(*The Design of Experiments*). 该书的出版是试验设计发展史上具有里程碑意义的事件. 试验设计的 3 个基本原则——随机化、重复和区组也正是在他的这几本著作中提出的. 这两本著作对统计学的发展产生了深远的影响，特别是在农业和相关的生命科学领域的统计应用. 另外值得一提的是，统计史上著名的“女士品茶试验”就出自《试验设计》第二章. 关于费舍尔的传记，可参见 *The Life of a Scientist*.

从 20 世纪 30 年代开始，试验设计进入第 2 个时代，即工业时代，这一时期的代表性人物是统计学家博克斯(George E. P. Box). 博克斯和威尔逊提出的响应曲面法引领了这一时期试验设计的发展. 他们认识到许多工业试验与农业试验有着本质上的不同，表现在两个方面：(1)响应变量通常可以立即被观察到，(2)试验者可以从一小范围的试验中迅速了解关键信息，这些信息可以用来指导计划下一次试验.博克斯将工业试验的这两个特点称为即时性和序贯性.在随后的30年里,响应曲面法和其他设计技术在化学和加工工业中广泛应用.在这期间,基弗(J. Kiefe)等统计学家还开始了关于试验优化设计的工作,他们根据某种具体的客观标准选择最优设计方案.由于计算机尚未发展,这种方法在当时并没有得到广泛应用.然而,在最近二三十年,随着计算机的发展,实现最优设计的算法和计算能力都有了很大的进步,最优设计得到了广泛应用.

20世纪70年代末期,西方工业界对质量改进的兴趣日益浓厚,迎来了试验设计的第3个时代.日本统计学家田口玄一对试验设计的推广和使用产生了重大影响.他的设计称为稳健参数设计,他提出了分式析因设计和正交表等新的统计方法和技术,解决了试验设计中遇到的新问题.田口玄一的方法在理论和实践中引起了探讨和争论,这些争论产生了积极的影响.第一,试验设计在离散部件行业中得到了更广泛的应用,包括汽车和航空制造、电子和半导体以及其他以前很少使用该技术的行业.第二,20世纪80年代末期,试验设计进入了第4个时代.这期间,研究人员和从业人员重新对试验设计产生兴趣,针对工业界试验问题开发了许多新方法,比如田口玄一技术方法的替代品,使他的工程理念能够有效地付诸实践.第三,用于构建和评估试验设计的计算机软件有了很大的进步,发展了许多新的功能.第四,试验设计的教育教学正式成为大学工科专业本科生和研究生培养计划的一部分.将良好的试验设计实践成功地融入工程和科学中是未来工业竞争力的一个关键因素.

我国科学家在试验设计发展历史上也作出了重要贡献.20世纪60年代,华罗庚教授倡导的"优选法",即国外的斐波那契方法.20世纪70年代我国的数理统计学者在工业部门中普及的"正交设计法"是人们熟悉的试验设计方法.20世纪70年代末期,中国科学院的方开泰教授和王元院士提出的均匀设计方法是试验设计领域开创性的成果,得到了国内外广泛认可与应用.

时至今日,试验设计的理论与实践仍在快速发展,近三十年来,借助计算机进行试验也已经成为专门的学问,称为"计算机试验的设计和建模".试验设计的发展和应用已经远远超出了其起源时的农业领域.目前,几乎所有的科学和工程领域都在应用试验设计.

习题 1

1. 试验设计有哪些作用? 应遵循哪些基本原则?

2. 某医生希望对治疗扁桃体炎的两种不同药物——林可霉素和青霉素的疗效进行比较,以确定哪种药的疗效好.试验可以选取扁桃体炎患者若干人,分别用两种药物治疗,并记录疗效,然后比较两种药物的平均疗效.试指出该试验中的响应变量、因子、水平、处理分别是什么.

3. 试验设计的基本过程是什么?

4. 简述试验设计发展史.

第 2 章　单因子试验完全随机设计与分析

单因子试验是最简单和常见的一种试验. 由于试验只考察一个因子,故因子的每个水平即为一个处理,它的设计较为简单,在试验时采用随机化技术即可,称为完全随机化设计(completely random design,CRD). 单因子试验的设计虽然简单,但其数据分析涉及基本的效应模型、方差分析、参数估计、多重比较、残差分析和模型检验等统计方法,这些方法都是数据分析的核心内容,是后续进行多因子试验设计与数据分析的基础.

2.1　单因子试验

单因子试验在试验中只考察一个因子,试验的目的在于比较因子各水平上指标值之间的差异. 我们先看一个实例.

例 2.1　(饲料对比试验)在饲料对鸡增重的研究中,某研究所制作了 3 种饲料配方:第 1 种,以鱼粉为主;第 2 种,以槐树粉、苜蓿粉为主加少量鱼粉;第 3 种,以槐树粉、苜蓿粉为主加少量化学药品. 为比较 3 种饲料在养鸡增重上的效果,各喂养 10 只母雏鸡,于 60 d 后测量鸡的重量并记录. 我们希望通过所得到的试验结果来比较 3 种饲料在养鸡增重效果上是否存在显著差异.

在这个例子中,影响指标的因子只有一个,即饲料,用 A 表示. 每种具体的饲料为因子的一个水平,共 3 个水平,分别记为 A_1, A_2, A_3. 试验的目的是确定各水平上的鸡重有无显著的差异.

在这个试验中每个水平下要做 10 次试验,即 10 个重复. 每个水平下重复数相等的设计称为平衡设计,重复数不等的设计称为不平衡设计. 在试验时要做到随机化,可以事先对选出的 30 只母雏鸡进行编号,然后通过随机抽取等随机化手段分成 3 组,每 10 只一组,然后为每组随机分配一种饲料. 这样安排的试验在试验设计中称为完全随机设计.

在完成试验之后,得到的数据如表 2.1 所示.

表 2.1　鸡重试验数据

饲料种类	鸡重/g									
第 1 种	1073	1058	1071	1037	1066	1026	1053	1049	1065	1051
第 2 种	1016	1058	1038	1042	1020	1045	1044	1061	1034	1049
第 3 种	1084	1069	1106	1078	1075	1090	1079	1094	1111	1092

首先，将数据绘制成图形观察其特点，可以用打点图或箱线图. 每个水平下的数据可以看作来自同一总体的一个样本. 该试验涉及 3 个总体，3 个样本. 图 2.1 是根据样本值绘制的打点图，实心点表示试验数据，星号表示样本均值. 从图上看每个水平下鸡的重量都有大有小，从均值看 3 个水平有所差异，其中 A_3 的均值偏高一些. 从极差看，3 个水平相差不大. 从图上获取数据的直观印象是很重要的，但这些直观结论是否有统计意义，需要做更进一步的定量分析，这是方差分析要解决的问题. 图 2.2 是箱线图，表达的信息与打点图类似.

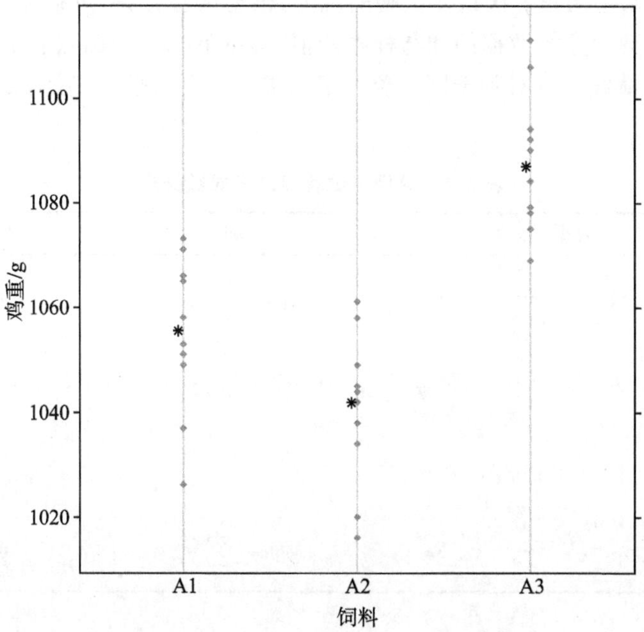

图 2.1　鸡重数据的打点图

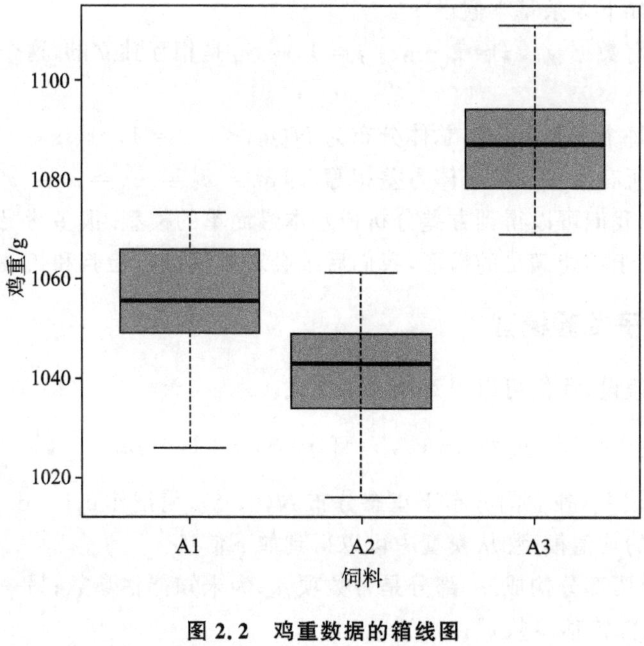

图 2.2　鸡重数据的箱线图

2.1.1 单因子试验的一般描述

设试验的因子为 A，共有 s 个水平 $A_1, A_2, \cdots, A_s$. 确定一个试验方案，除了要确定水平数 s 外，还要确定在每一水平 A_i 上的重复试验次数，记第 i 水平 A_i 上的重复数为 n_i，则整个方案的总试验次数为 $n = \sum_{i=1}^{s} n_i$. 在例 2.1 中，$s=3, n_1=n_2=n_3=10$，为等重复平衡设计试验.

设 y_{ij} 表示第 i 水平的第 j 次重复试验的观测，根据试验方案，可得 n 个观测，通常可列成表 2.2. 其中最后两列为原始数据的和与样本均值，其中下标中的圆点表示针对此位置对应的下标求和，y 上的短横线表示对关于圆点位置下标求和后再求平均，后续类似表达符号均为此含义.

表 2.2 单因子试验标准形式数据表

水平	数据				和	均值
A_1	y_{11}	y_{12}	$\cdots$	y_{1n_1}	$y_{1\cdot} = \sum_{j=1}^{n_1} y_{1j}$	$\bar{y}_{1\cdot} = \frac{1}{n_1}\sum_{j=1}^{n_1} y_{1j}$
A_2	y_{21}	y_{22}	$\cdots$	y_{2n_2}	$y_{2\cdot} = \sum_{j=1}^{n_2} y_{2j}$	$\bar{y}_{2\cdot} = \frac{1}{n_2}\sum_{j=1}^{n_2} y_{2j}$
$\vdots$	$\vdots$	$\vdots$	$\vdots$	$\vdots$	$\vdots$	$\vdots$
A_s	y_{s1}	y_{s2}	$\cdots$	y_{sn_s}	$y_{s\cdot} = \sum_{j=1}^{n_s} y_{sj}$	$\bar{y}_{s\cdot} = \frac{1}{n_s}\sum_{j=1}^{n_s} y_{sj}$

2.1.2 单因子试验的基本假设

单因子试验有如下 3 条基本假设：

(1)独立性. 所有数据 y_{ij}, $i=1,\cdots,s$; $j=1,\cdots,n_i$ 是相互独立的，这个假设由随机化设计满足.

(2)正态性. 在每个水平 A_i 下，总体分布为 $N(\mu_i, \sigma_i^2)$, $i=1,\cdots,s$.

(3)方差齐性. 所有水平下的总体方差相等，即 $\sigma_1^2 = \sigma_2^2 = \cdots = \sigma_s^2 = \sigma^2$.

由这 3 条假设，我们可以得到方差分析最基本最简单的模型. 很多情况下这 3 条假设都能满足或近似满足. 对于不能满足的情形，我们后续会对模型进行检验和拓展.

2.1.3 单因子试验模型

根据上述 3 条假设，我们可以得到如下表达式：

$$y_{ij} = \mu_i + \varepsilon_{ij}, \ i=1,\cdots,s; \ j=1,\cdots,n_i$$

其中 ε_{ij} 是随机误差，独立同分布于正态分布 $N(0,\sigma^2)$，简记作 ε_{ij} i. i. d. $\sim N(0,\sigma^2)$. 该式称为单因子方差分析的均值模型. 从模型中可以得到如下信息：

(1)观测数据由两部分构成. 一部分是常数项 μ_i，为未知待估参数；另一部分是随机误差项 ε_{ij}，其分布中包含未知待估参数 σ^2；

(2)由于 $\varepsilon_{ij} \sim N(0,\sigma^2)$,故有 $y_{ij} \sim N(\mu_i,\sigma^2)$;

(3)由 ε_{ij} 相互独立可得观测数据 y_{ij} 也相互独立.

在均值模型下我们要解决的问题有:

(1)比较因子 A 在各水平上 A_i 的均值 μ_i 是否相等,即检验假设

$$H_0:\mu_1=\mu_2=\cdots=\mu_s \text{ vs } H_1:\mu_1,\mu_2,\cdots,\mu_s \text{ 不全相等}$$

(2)估计模型参数 $\mu_1,\mu_2,\cdots,\mu_s,\sigma^2$;

(3)对模型假设的合理性进行检验.

为了统计分析的方便以及更好地拓展模型,我们对上述模型进行改写. 设 $\mu=\frac{1}{n}\sum_{i=1}^{s}n_i\mu_i$,它是 s 个水平上总体均值的加权平均,因此称 μ 为总平均. 记 $\delta_i=\mu_i-\mu$,称之为 A_i 水平的效应,即 A_i 水平均值与总平均的差异. 此时,各水平均值可以重新表达为:

$$\mu_i=\mu+\delta_i,i=1,\cdots,s$$

根据上式容易推出 $\sum_{i=1}^{s}n_i\delta_i=0$. 从而把上述均值模型等价表达为:

$$\begin{cases} y_{ij}=\mu+\delta_i+\varepsilon_{ij} \\ \sum_{i=1}^{s}n_i\delta_i=0 & i=1,\cdots,s;j=1,\cdots,n_i \\ \varepsilon_{ij}\ \text{i.i.d.} \sim N(0,\sigma^2) \end{cases}$$

上式称为单因子方差分析效应模型. 相比于均值模型,效应模型极大地增加了可拓展性,比如,对效应做不同的假设可分为固定效应模型和随机效应模型;对多因子方差分析可直接在该模型基础上增加新的效应. 这些都可以在后续章节看到.

相应地,在效应模型下要解决的问题可以等价地表达成:

(1)检验因子各水平 A_i 的效应 δ_i 是否都等于 0,即检验假设

$$H_0:\delta_1=\delta_2=\cdots=\delta_s=0 \text{ vs } H_1:\delta_1,\delta_2,\cdots,\delta_s \text{ 不全为 } 0$$

(2)估计模型参数 $\delta_1,\delta_2,\cdots,\delta_s,\mu,\sigma^2$;

(3)对模型假设的合理性进行检验.

2.2 单因子方差分析

单因子方差分析是检验单因子试验中各水平效应是否全部为 0 的一种统计方法. 即检验假设

$$H_0:\delta_1=\delta_2=\cdots=\delta_s=0 \text{ vs } H_1:\delta_1,\delta_2,\cdots,\delta_s \text{ 不全为 } 0$$

若在显著性水平 α 上拒绝原假设,则称因子 A 在显著性水平 α 上是显著的,简称因子 A 显著,否则称因子 A 不显著.

2.2.1 平方和分解

下面我们通过平方和分解的方法来给出检验方法(F 检验).

首先给出一些常用的符号. 记:

$$\bar{y}_{\cdot\cdot} = \frac{1}{n}\sum_{i=1}^{s}\sum_{j=1}^{n_i} y_{ij}\,,\ \bar{y}_{i\cdot} = \frac{1}{n_i}\sum_{j=1}^{n_i} y_{ij}\,,\ i = 1,\cdots,s$$

$$SS_T = \sum_{i=1}^{s}\sum_{j=1}^{n_i}(y_{ij}-\bar{y}_{\cdot\cdot})^2,\ SS_A = \sum_{i=1}^{s} n_i(\bar{y}_{i\cdot}-\bar{y}_{\cdot\cdot})2,\ SS_E = \sum_{i=1}^{s}\sum_{j=1}^{n_i}(y_{ij}-\bar{y}_{i\cdot})^2$$

分别称 $\bar{y}_{\cdot\cdot}$ 为样本总平均，$\bar{y}_{i\cdot}$ 为第 i 个水平的组内平均，SS_T 为总(偏差)平方和，SS_A 为组间(偏差)平方和或因子 A 的效应平方和，SS_E 为组内(偏差)平方和或误差平方和. 显然，SS_T 反映了每个观测在其总平均值上下的波动;而 SS_A 是各水平的平均减去总平均的平方和，反映了各水平间效应的变化; SS_E 是每个观测减去该水平的平均的平方和,反映的是同一水平内数据的误差波动.

在统计分析中,平方和对应着自由度,所谓自由度即在偏差平方和中独立偏差的个数. 对于 SS_T 来说,虽然作为平方项的偏差变量共有 n 个,但这 n 个变量取值并不独立,它们之间需满足等式:

$$\sum_{i=1}^{s}\sum_{j=1}^{n_i}(y_{ij}-\bar{y}_{\cdot\cdot}) = 0$$

因此独立的偏差变量只有 $n-1$ 个. 因此，SS_T 的自由度为 $f_T = n-1 =$ 观测值总数-1. 再考虑 $SS_E = \sum_{i=1}^{s}\sum_{j=1}^{n_i}(y_{ij}-\bar{y}_{i\cdot})^2$,作为平方项的偏差变量也是 n 个,但它需满足:

$$\sum_{j=1}^{n_i}(y_{ij}-\bar{y}_{i\cdot}) = 0,\ i = 1,\cdots,s$$

有 s 个独立的约束条件. 因此，SS_E 的自由度为:

$$f_e = n - s = \text{试验总数} - \text{水平数}$$

对 $SS_A = \sum_{i=1}^{s} n_i\,(\bar{y}_{i\cdot}-\bar{y}_{\cdot\cdot})^2$,则有:

$$\sum_{i=1}^{s} n_i(\bar{y}_{i\cdot}-\bar{y}_{\cdot\cdot}) = 0$$

故在 s 个平方项偏差变量中有一个约束条件,从而 SS_A 的自由度为:

$$f_A = s-1 = \text{水平数}-1$$

自由度在统计假设检验和试验设计中非常有用,需要理解其含义并能正确计算.

我们有:

$$
\begin{aligned}
SS_T &= \sum_{i=1}^{s}\sum_{j=1}^{n_i}(y_{ij}-\bar{y}_{\cdot\cdot})^2 \\
&= \sum_{i=1}^{s}\sum_{j=1}^{n_i}(y_{ij}-\bar{y}_{i\cdot}+\bar{y}_{i\cdot}-\bar{y}_{\cdot\cdot})^2 \\
&= \sum_{i=1}^{s}\sum_{j=1}^{n_i}(y_{ij}-\bar{y}_{i\cdot})^2+\sum_{i=1}^{s}\sum_{j=1}^{n_i}(\bar{y}_{i\cdot}-\bar{y}_{\cdot\cdot})^2+2\sum_{i=1}^{s}\sum_{j=1}^{n_i}(y_{ij}-\bar{y}_{i\cdot})(\bar{y}_{i\cdot}-\bar{y}_{\cdot\cdot})
\end{aligned}
$$

注意到：

$$
\sum_{i=1}^{s}\sum_{j=1}^{n_i}(y_{ij}-\bar{y}_{i\cdot})(\bar{y}_{i\cdot}-\bar{y}_{\cdot\cdot}) = \sum_{i=1}^{s}(\bar{y}_{i\cdot}-\bar{y}_{\cdot\cdot})(\sum_{j=1}^{n_i}y_{ij}-n_i\bar{y}_{i\cdot})=0
$$

从而，总平方和 SS_T 可分解为 2 个平方和，即：

$$
SS_T=SS_A+SS_E \tag{2.1}
$$

由模型结构式可以看到，数据的变化主要来自两种原因：一是因子 A 的水平变化，二是误差的波动. 式(2.1)恰好把总的波动分解为两部分：一是因子水平变化(组间)引起的，二是误差波动(组内)引起的. 所以把式(2.1)称为平方和分解式.

方差分析的实质就在于从总的方差中，根据模型结构式分解各项“原因”所引起的波动. 所以平方和分解式是方差分析中的核心重要公式. 另外注意到，平方和对应的自由度也有相应的分解式，即：

$$
f_T=n-1=(s-1)+(n-s)=f_A+f_e
$$

SS_T、SS_A 和 SS_E 用于解析公式的统计含义是十分清楚的. 为了计算和编程方便，有时也将上述平方和用式(2.2)表达：

$$
\begin{cases}
SS_T=\sum_{i=1}^{s}\sum_{j=1}^{n_i}y_{ij}^2-\dfrac{T^2}{n} \\
SS_A=\sum_{i=1}^{s}\dfrac{T_i^2}{n_i}-\dfrac{T^2}{n} \\
SS_E=\sum_{i=1}^{s}\sum_{j=1}^{n_i}y_{ij}^2-\sum_{i=1}^{s}\dfrac{T_i^2}{n_i}
\end{cases} \tag{2.2}
$$

其中 $T_i=\sum_{j=1}^{n_i}y_{ij}\,(i=1,2,\cdots,s)$，$T=\sum_{i=1}^{s}T_i=\sum_{i=1}^{s}\sum_{j=1}^{n_i}y_{ij}$，即 T_i 是第 i 水平下观测数据之和，T 是所有观测数据之和.

2.2.2　平方和的统计性质

关于平方和有如下统计结论.

定理 2.2.1　在单因子方差分析模型的基本假设下，有：

(1)$E(SS_E)=(n-s)\sigma^2$

(2)$E(SS_A)=(s-1)\sigma^2+\sum_{i=1}^{s}n_i\delta_i^2$

(3)当原假设 $H_0:\delta_1=\delta_2=\cdots=\delta_s=0$ 成立时,$E(SS_A)=(s-1)\sigma^2$.

定理 2.2.2 在单因子方差分析模型的基本假设下,有:

(1)$\frac{SS_E}{\sigma^2}\sim\chi^2(n-s)$;

(2)在原假设 $H_0:\delta_1=\delta_2=\cdots=\delta_s=0$ 成立时,$\frac{SS_A}{\sigma^2}\sim\chi^2(s-1)$;

(3)SS_E 与 SS_A 相互独立.

定理的证明和推导此处略去,感兴趣的读者可利用学过的数理统计知识自行推导或参考相应文献.

由定理 2.2.1 可以得到,$E(\frac{SS_E}{n-s})=\sigma^2$,即$\frac{SS_E}{n-s}$是方差 σ^2 的无偏估计,将其记为 $MS_E=\frac{SS_E}{n-s}$,称之为(误差)均方. $E(\frac{SS_A}{s-1})=\sigma^2+\frac{\sum_{i=1}^{s}n_i\delta_i^2}{s-1}$,即$\frac{SS_A}{s-1}$的期望比 σ^2 偏大,而当原假设 H_0:$\delta_1=\delta_2=\cdots=\delta_s=0$ 成立时,则有 $E(\frac{SS_A}{s-1})=\sigma^2$,类似于误差均方,记 $MS_A=\frac{SS_A}{s-1}$,称之为因子 A 的均方. 均方反映了单位自由度的波动量.

2.2.3 检验统计量

构造比值统计量:

$$F=\frac{MS_A}{MS_E}=\frac{SS_A/(s-1)}{SS_E/(n-s)} \tag{2.3}$$

根据上面分析,原假设 $H_0:\delta_1=\delta_2=\cdots=\delta_s=0$ 成立时,F 的分子和分母都是 σ^2 的无偏估计,而当原假设不成立时,分子的期望比 σ^2 偏大,从而当 F 较大时,有理由拒绝原假设. 要确定偏大的临界值,需要知道 F 的分布,根据定理 2.2.2 以及统计中 F 分布的定义可得:

$$F=\frac{MS_A}{MS_E}=\frac{SS_A/(s-1)\sigma^2}{SS_E/(n-s)\sigma^2}\overset{H_0\text{成立}}{\sim}F(s-1,n-s) \tag{2.4}$$

于是可利用式(2.4)来确定检验 H_0 的临界值,进而给出拒绝域,即若:

$$F=\frac{MS_A}{MS_E}=\frac{(n-s)SS_A}{(s-1)SS_E}\geqslant F_{1-\alpha}(s-1,n-s)$$

则在显著性水平 α 下拒绝 H_0,否则接受 H_0. 在统计软件中常用 p 值判断是否显著,该检验的 p 值计算公式为 $p\text{-}value=P\{Y>F\text{-}value\}$,其中随机变量 $Y\sim F(s-1,n-s)$,$F\text{-}value$ 表示由样本值计算得到的 F 比的值. 若 p 值小于显著性水平 α 下拒绝 H_0,否则接受 H_0.

2.2.4 方差分析表

上述分析结果可归纳成表 2.3,称为方差分析表.

表 2.3　方差分析表

方差来源	平方和	自由度	均方	F 比	临界值 $F_{1-\alpha}$
组间(因子 A)	SS_A	$s-1$	$MS_A=\dfrac{SS_A}{s-1}$	$\dfrac{MS_A}{MS_E}$	$F_{1-\alpha}(s-1,n-s)$
组内(误差)	SS_E	$n-s$	$MS_E=\dfrac{SS_E}{n-s}$		
总和	SS_T	$n-1$			

方差分析表回答了单因子方差分析模型中的第一个问题,即检验因子是否显著.

在讨论统计性质的过程中,我们也可以很容易地得到未知参数的估计.如:

$\hat{\sigma}^2=MS_E=\dfrac{SS_E}{f_E}$;$\hat{\mu}_i=\bar{y}_{i\cdot}$,$\hat{\mu}=\bar{y}_{\cdot\cdot}$,$\hat{\delta}_i=\bar{y}_{i\cdot}-\bar{y}_{\cdot\cdot}$,这些估计都是无偏估计.利用 $\bar{y}_{i\cdot}$ 和 SS_E 的统计分布性质,我们还可以进一步构造 δ_i,μ_i,σ^2 的置信区间.

方差分析过程的计算,目前都可利用相关统计软件(如 R,SPSS 等)完成.本书将利用 R 软件完成例子中数据分析的计算与结果输出.

下面用 R 语言中的 aov()函数对例 2.1 的数据进行计算.

例 2.1(续)　例 2.1 的 3 种饲料在养鸡的增重效果上有无显著差异($\alpha=0.05$)?

R 代码如下:

```
>Eg2_1Data<-data.frame(weight = c(1073,1058,1071,1037,1066,1026,1053,1049,
1065,1051,1016,1058,1038,1042,1020,1045,1044,1061,1034,1049,1084,1069,1106,
1078,1075,1090,1079,1094,1111,1092),fodder = factor(rep(c("A1","A2","A3"), each = 10)))
>###### ANOVA 方差分析 ######
>###### ANOVA 完整输出函数 ######
>anova.table<-function(fm){
table<-summary(fm); k<-length(table[[1]]) - 2
temp<-c(sum(table[[1]][,1]),sum(table[[1]][,2]),rep(NA,k))
table[[1]]["Total",]<-temp;table}
>########################################
>aov.Eg2_1Data <-aov(weight ~ fodder,data = Eg2_1Data)
>anova.table(aov.Eg2_1Data)
```

R 代码输出结果:

```
            Df    Sum Sq   Mean Sq   F-value   Pr(>F)
fodder       2    11675     5837      28.3     2.36e-07 ***
Residuals   27     5569      206
Total       29    17243
---
Signif. codes:  0 '***' 0.001 '**' 0.01 '*' 0.05 '.' 0.1 ' ' 1
```

上述输出结果即为方差分析表,其中因子是 fodder,对应的自由度(Df)为 2,因子效应平方和(Sum Sq)为 11675,均方为 5837=11675/2;误差(Residuals)对应的自由度(Df)为 27,误差平方和(Sum Sq)为 5569,均方为 206=5569/27;总(Total)自由度为 29,总平方和(Sum Sq)

为 17243. F 比的值(F-$value$)为 28.3=5837/206,算得的 p 值(Pr(>F))为 2.36×10^{-7}. 根据输出结果最后一行的注释,该 p 值在 0 到 0.001 之间,为高度显著,其后用"* * *"标注.

从 p 值看,应拒绝原假设,即认为 3 种饲料对增重效果有显著差异.

关于参数估计,可以从表中直接得到 σ^2 的无偏估计为 $\hat{\sigma}^2=MS_E=206$. 诸 μ_i 的估计可以用下述 R 代码实现:

```
library(Rmisc)  # 函数 summarySE()所在的包
DiscribeData <- summarySE(Eg2_1Data, measurevar = "weight", groupvars = "fodder")
```

R 代码输出结果:

```
  fodder  N  weight       sd         se        ci
1     A1  10  1054.9   15.02184   4.750322   10.74597
2     A2  10  1040.7   14.53769   4.597221   10.39964
3     A3  10  1087.8   13.48085   4.263019    9.64362
```

上述结果给出了 3 个水平下各自的样本容量(N)、样本均值(weight)、样本标准差(sd)、标准误(se)、95%置信区间半径(ci). 即 $n_1=n_2=n_3=10$, $\hat{\mu}_1=1054.9$, $\hat{\mu}_2=1040.7$, $\hat{\mu}_3=1087.8$, $s_1=15.02184$, $s_2=14.53769$, $s_3=13.48085$, $\frac{s_1}{\sqrt{10}}=4.750322$, $\frac{s_2}{\sqrt{10}}=4.597221$, $\frac{s_3}{\sqrt{10}}=4.263019$, μ_1 的 95%置信区间为(1054.9−10.74597, 1054.9+10.74597)=(1044.154, 1065.646),同理可计算 μ_2, μ_3 的 95%置信区间.

值得注意的是:F 检验仅说明各个水平之间均值有差异,但未指明哪个水平同哪个水平有差异. 例如,鸡饲料试验结果只说明 3 种饲料之间有差异,但没有说明具体哪些饲料之间存在差异. 这个问题也是试验者所关心的. 一般来说,如果 F 检验不显著,可得出"各水平之间指标值上没有显著差异,即因子水平变化对指标不起作用"的结论. 而如果 F 检验结果显著,则需要进一步检验,即后续的多重比较问题.

2.3 模型诊断

前面提到,运用方差分析,首先模型要满足独立性、正态性和方差齐性 3 条基本假设,这些假设是否满足,需要事先利用数据进行检验诊断. 其中,独立性和正态性可以通过残差分析进行检验.

2.3.1 残差分析

水平 A_i 的第 j 个观测值的残差定义为 $e_{ij}=y_{ij}-\hat{y}_{ij}$,其中 $\hat{y}_{ij}$ 是 y_{ij} 的估计,即 $\hat{y}_{ij}=\hat{\mu}+\hat{\delta}_i=\bar{y}_{\cdot\cdot}+(\bar{y}_{i\cdot}-\bar{y}_{\cdot\cdot})=\bar{y}_{i\cdot}$. 由效应模型可知 $\varepsilon_{ij}=y_{ij}-(\mu+\delta_i)$,因此残差可以看作是误差 ε_{ij} 的估计,它有类似于 ε_{ij} 的性质. 所以残差分析可以判断模型的独立性和正态性是否满足.

我们借助图形直观分析残差. 首先是 Q-Q(Quantile-Quantile)图,它是一种利用理论分位数和样本分位数绘制的散点图,横轴表示样本数据,纵轴表示理论分布的相应分位数. 因此,如果数据服从纵轴所要检验的分布时,则数据点应在一条直线附近,若偏离太远,则有理由认为数据不是来自所要检验的分布. 我们结合例 2.1,用 R 中的函数来绘制 Q-Q 图(图 2.3).

R 代码：

```
> #library(car)   ##用 car 包中的 qqPlot 函数绘制 qq 图
> aov.Eg2_1Data.res <- residuals(aov.Eg2_1Data)
> qqPlot(aov.Eg2_1Data.res,distribution = "norm",envelope = FALSE, pch = 18,main = "qq plot", col
= "blue", col.lines = "red")
```

R 输出结果：

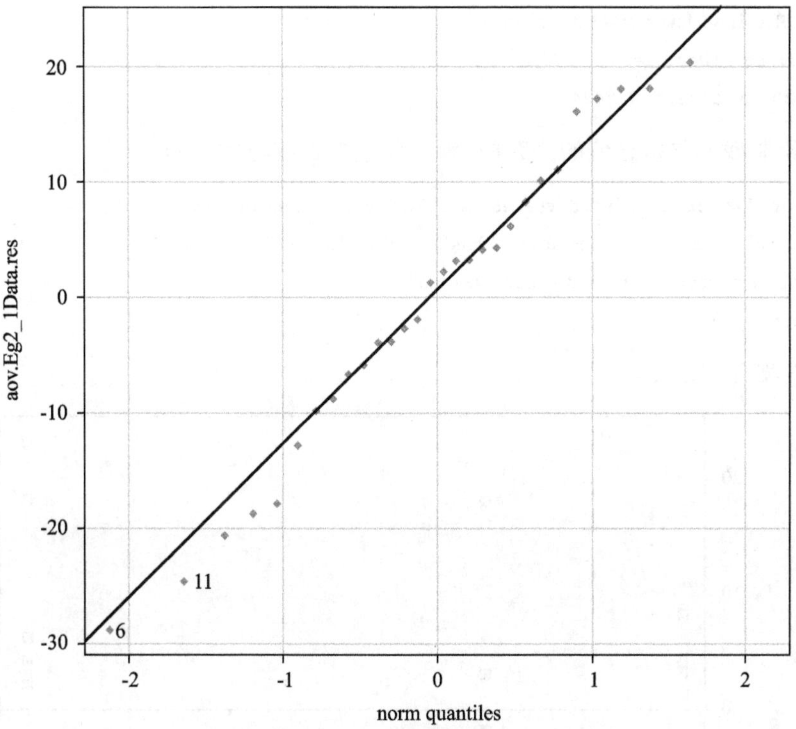

图 2.3　鸡重数据的残差 Q-Q 图

（图由 R 代码执行生成，相关文字与代码中参数设置一致. 全书类似情况同理）

从图 2.3 中看到，实心点基本围绕在直线附近，没有太大偏离，故认为数据符合正态分布. 有时候部分点可能偏离直线较远，称之为异常点，此时可以用离群点检验函数进行判断.

```
> outlierTest(aov.Eg2_1Data)

No Studentized residuals with Bonferroni p < 0.05
Largest |rstudent|:
  rstudent unadjusted p-value Bonferroni p
6  -2.28022         0.031036          0.93107
```

可能存在的异常值会严重干扰方差分析. 所以我们需要探究是否存在的异常点. 标准化残差 $d_{ij}=\frac{e_{ij}}{\sqrt{MS_E}}$ 是一种粗略检测异常点的方法，标准化残差渐近服从标准正态分布，所以绝对值超过 3 或 4 倍标准差的残差是可能的异常点.

```
> MSE <- summary(aov.Eg2_1Data)[[1]][2,3]
```

```
> max(abs(aov.Eg2_1Data.res/sqrt(MSE)))
[1] 2.012365
```

我们看到最大的残差绝对值没有超过 3 倍的标准差,可以认为没有异常点.

关于正态性假设检验的方法也很多,较常用的是 Shapiro-Wilk 检验,在 R 中实现函数代码如下:

```
> shapiro.test(aov.Eg2_1Data.res)

        Shapiro-Wilk normality test
data:  aov.Eg2_1Data.res
W = 0.9738, p-value = 0.6474
```

还可以绘制残差与拟合值的关系图,观察残差是否有异常结构.

```
> plot(aov.Eg2_1Data$fitted.values, aov.Eg2_1Data$residuals,
pch = 22, bg = "darkgrey", xlab = "Predicted", ylab = "Residuals",
sub = "Plot of residuals versus fitted values")
> abline(h = 0)
```

输出图形如下(图 2.4):

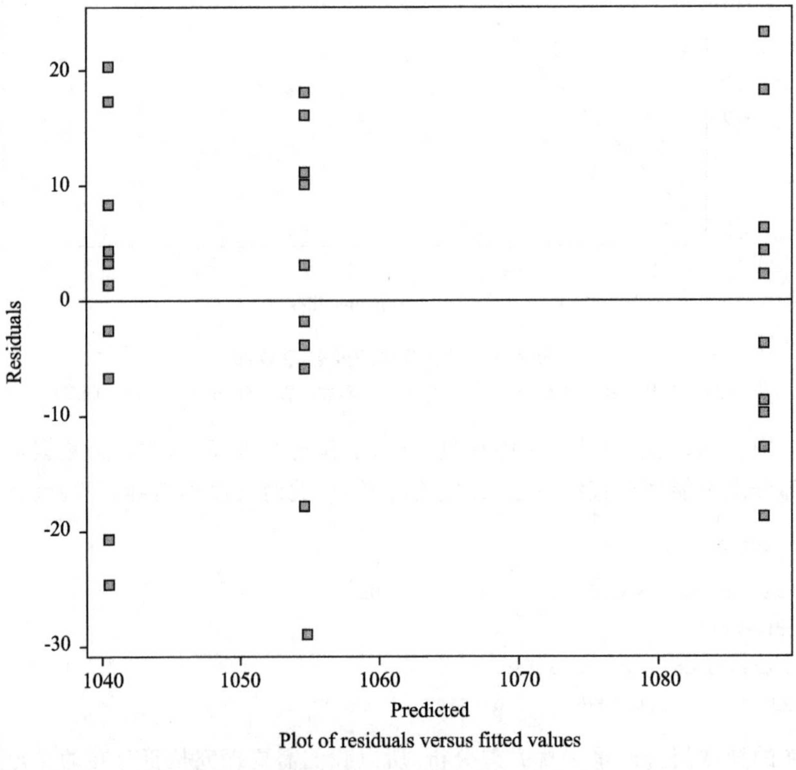

图 2.4 鸡重数据的残差值与拟合值散点图

从图 2.4 上看残差表现正常,说明模型基本正确,且每个水平下的波动情况也相差不多,这意味着可能满足方差齐性,但仍需对方差齐性进行检验.

2.3.2 方差齐性检验

正态性假设要求在每个水平 A_i 下，总体分布为 $N(\mu_i,\sigma_i^2)$，$i=1,\cdots,s$. 方差齐性假设要求所有水平下的总体方差相等，即 $\sigma_1^2=\sigma_2^2=\cdots=\sigma_s^2=\sigma^2$. 实际数据不一定满足方差齐性. 理论研究表明，$F$ 检验对正态性的偏离有一定的稳健性，而对方差齐性的偏离非常敏感，所以方差齐性检验非常重要. 方差齐性检验就是对如下假设作出判断：

$$H_0:\sigma_1^2=\sigma_2^2=\cdots=\sigma_s^2 \text{ vs } H_1:\sigma_1^2,\sigma_2^2,\cdots,\sigma_s^2 \text{ 不全相等}$$

方差齐性检验的方法很多，其中最广泛使用的是 Bartlett 检验(Bartlett test). 下面简单介绍它的检验统计量及拒绝域.

如前所述，单因子方差分析中有 s 个样本，设第 i 个样本的样本容量(重复数)为 n_i，样本方差记为 $S_i^2=\frac{1}{n_i-1}\sum_{j=1}^{n_i}(y_{ij}-\bar{y}_{i\cdot})^2\overset{\Delta}{=}\frac{Q_i}{f_i}$，其中 $Q_i=\sum_{j=1}^{n_i}(y_{ij}-\bar{y}_{i\cdot})^2$，$f_i=n_i-1$ 分别表示该样本的偏差平方和及其自由度. 这 s 个样本方差 $S_1^2,S_2^2,\cdots,S_s^2$ 的加权算术平均恰好是误差均方：

$$MS_E=\frac{\sum_{i=1}^{s}\sum_{j=1}^{n_i}(y_{ij}-\bar{y}_{i\cdot})^2}{n-s}=\frac{\sum_{i=1}^{s}Q_i}{f_e}=\sum_{i=1}^{s}\frac{f_i}{f_e}S_i^2,\ f_e=\sum_{i=1}^{s}f_i$$

相应的 s 个样本方差的几何平均记为 GMS_E，可表示为：

$$GMS_E=[(S_1^2)^{f_1}(S_2^2)^{f_2}\cdots(S_s^2)^{f_s}]^{\frac{1}{f_e}}$$

由于几何平均数一定小于等于算术平均数，从而有 $GMS_E\leqslant MS_E$，其中等号成立当且仅当诸样本方差 S_i^2 相等. S_i^2 之间的差异越大，则两个平均值的差异也越大. 因此当各水平下总体方差 $\sigma_1^2,\sigma_2^2,\cdots,\sigma_s^2$ 相等时，作为无偏估计的 $S_1^2,S_2^2,\cdots,S_s^2$ 间相差也不应该太大，从而比值 $\frac{MS_E}{GMS_E}$ 接近于 1. 反之，比值 $\frac{MS_E}{GMS_E}$ 较大则意味着样本方差间差异较大，从而反映出总体方差 $\sigma_1^2,\sigma_2^2,\cdots,\sigma_s^2$ 间差异也较大，因此检验拒绝域的形式为 $\left\{\frac{MS_E}{GMS_E}>c\right\}$，$c$ 为临界值常数. 为得到临界值，需要研究 $\frac{MS_E}{GMS_E}$ 的分布，Bartlett 证明了：在大样本下，$\ln\left(\frac{GMS_E}{MS_E}\right)$ 的某个函数近似服从自由度为 $s-1$ 的 χ^2 分布，具体为 $B=\frac{f_e}{C}(\ln MS_E-\ln GMS_E)\dot{\sim}\chi^2(s-1)$，其中 $C=1+\frac{1}{3(r-1)}\left(\sum_{i=1}^{s}\frac{1}{f_i}-\frac{1}{f_e}\right)$. 根据这个统计结论，结合对数函数的单调递增性质，可取 $B=\frac{1}{C}(f_e\ln MS_E-f_e\ln GMS_E)=\frac{1}{C}(f_e\ln MS_E-\sum_{i=1}^{s}f_i\ln S_i^2)$ 作为检验统计量，对给定的显著性水平 α，检验 $H_0:\sigma_1^2=\sigma_2^2=\cdots=\sigma_s^2$ 的拒绝域为：

$$W=\{B>\chi_{1-\alpha}^2(s-1)\}$$

其中 $\chi_{1-\alpha}^2(s-1)$ 是自由度为 $s-1$ 的 χ^2 分布的下 $1-\alpha$ 分位数. 由于统计量的分布是近似的，因此使用该检验时样本量 n_i 一般不小于 5.

针对样本量低于 5 的情形，Box 提出修正的 Bartlett 检验统计量：

$$B'=\frac{d_2BC}{d_1(A-BC)}$$

其中 B,C 如上面定义，$d_1=s-1$，$d_2=\frac{r+1}{(C-1)^2}$，$A=\frac{d_2}{2-C+2/d_2}$. 在原假设成立时，Box 证明了 $B'=\frac{d_2BC}{d_1(A-BC)}\dot{\sim}F(d_1,d_2)$，从而对给定的显著性水平 α，检验 $H_0:\sigma_1^2=\sigma_2^2=\cdots=\sigma_s^2$ 的拒绝域为：

$$W=\{B'>F_{1-\alpha}(d_1,d_2)\}$$

其中 $F_{1-\alpha}(d_1,d_2)$ 是自由度为 d_1,d_2 的 F 分布的下 $1-\alpha$ 分位数.

在 R 语言中 Bartlett 检验直接由函数 bartlett. test()实现. 对例 2.1 的检验如下.

```
> bartlett.test(weight ~ fodder, data = Eg2_1Data)

        Bartlett test of homogeneity of variances

data: weight by fodder
Bartlett's K-squared = 0.10418, df = 2, p-value = 0.9492
```

输出结果中 p 值为 0.9492，远大于显著性水平 0.05，故接受原假设，即认为方差齐性成立.

2.3.3 违背模型假设时的对策

1. 数据变换

如果经过检验确认观察值明显偏离正态，或不具有方差齐性，此时可以考虑对数据进行变换，使变换后的数据满足或近似满足假设. 数据变换方法很多，下面简单介绍几种常见的变换，有些是经验做法. 以 y 表示原始数据，y^* 表示变换后的数据.

(1)已知观察值分布时的变换.

①如果观测值是计数数据，服从泊松分布，此时可以考虑做平方根变换，即 $y^*=\sqrt{y}$ 或者 $y^*=\sqrt{1+y}$；

②如果观测值表示的是二项分布的概率，此时可采用反正弦变换，即 $y^*=\arcsin\sqrt{y}$；

③如果观测值服从对数正态分布，此时可采用对数变换，即 $y^*=\ln y$.

(2)Box-Cox 变换.

Box 和 Cox 于 1964 年提出一个有效的变换，称为 Box-Cox 变换，具体如下：

$$y^*=\begin{cases}y^\lambda, & \lambda\neq 0\\ \ln y, & \lambda=0\end{cases}$$

该变换包含了许多特例，并具有如下特点.

①该变换可以改变分布形状，使之成为正态分布，至少是对称分布；

②当 $y\geqslant 0$ 时，该变换能保持数据的大小次序；

③对变换结果有很好的解释，如：

$\lambda=2$ 时,为平方变换;

$\lambda=1$ 时,为恒等变换;

$\lambda=\frac{1}{2}$时,为平方根变换;

$\lambda=0$ 时,为对数变换;

$\lambda=-\frac{1}{2}$时,为平方根倒数变换;

$\lambda=-1$ 时,为倒数变换;

④变换是 λ 的连续函数,这为 λ 的选取带来了方便;

⑤这个变换通常在$\frac{y_{max}}{y_{min}}>2$ 时有效.

下面看一个例子.

例 2.2 一位土木工程师试图确定 4 种不同的洪水流量估计方法在应用于同一流域时,是否能产生相同的峰值流量估计.现将每种方法在此流域中使用 6 次,所得的流量数据如表 2.4 所示.

表 2.4 例 2.2 流量数据观测值

估计方法	峰值流量观测值/(cu ft/s)					
第 1 种	0.34	0.12	1.23	0.70	1.75	0.12
第 2 种	0.91	2.94	2.14	2.36	2.86	4.55
第 3 种	6.31	8.37	9.75	6.09	9.82	7.24
第 4 种	17.15	11.82	10.95	17.20	14.35	16.83

注:1cu ft=0.0283m^3.

直接给出 R 代码及结果(图 2.5):

```
> aov.Eg2_2Data <- aov(PeakDischarge ~ method,data = Eg2_2Data)
> anova.table(aov.Eg2_2Data)
            Df   Sum    Sq Mean Sq   F-value   Pr(>F)
method      3    708.3   236.1       76.07    4.11e-11 ***
Residuals   20   62.1    3.1
Total       23   770.4
---
Signif. codes:  0 ‘***’ 0.001 ‘**’ 0.01 ‘*’ 0.05 ‘.’ 0.1 ‘ ’ 1

plot(aov.Eg2_2Data $ fitted.values, aov.Eg2_2Data $ residuals,
pch = 22, bg = "darkgrey", xlab = "Predicted", ylab = "Residuals",
sub = "Plot of residuals versus fitted values")
abline(h = 0)
```

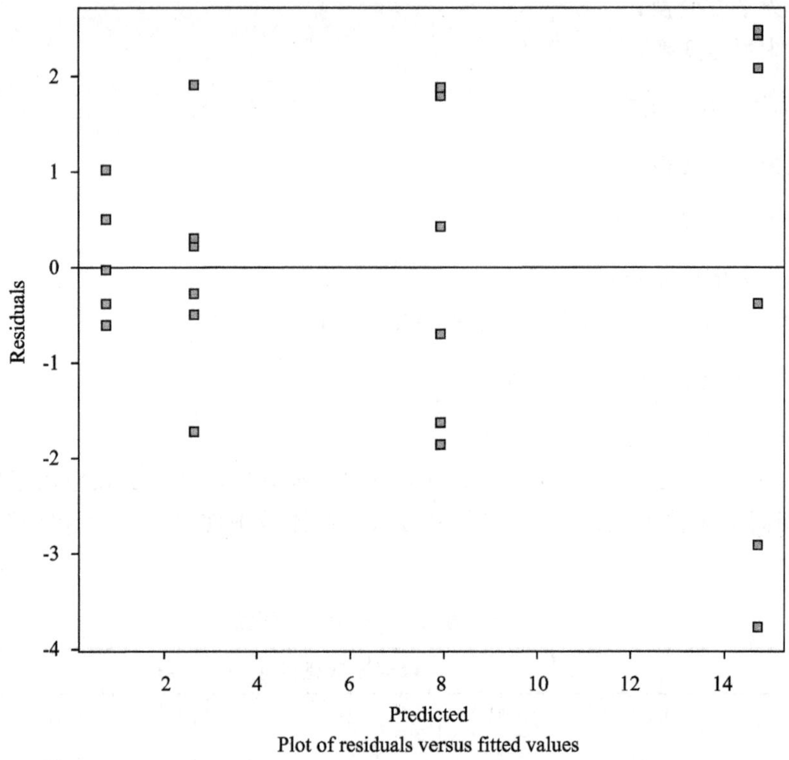

图 2.5 残差与拟合值散点图

```
> shapiro.test(aov.Eg2_2Data $ residuals)

        Shapiro-Wilk normality test

data:  aov.Eg2_2Data.res
W = 0.95701, p-value = 0.3814

> bartlett.test(PeakDischarge ~ method, data = Eg2_2Data)

        Bartlett test of homogeneity of variances

data:  PeakDischarge by method
Bartlett's K-squared = 8.9958, df = 3, p-value = 0.02935
```

从 Shapiro-Wilk 正态性检验结果看，p 值为 0.3814，可以接受正态性假设. 但从 Bartlett 检验的结果看，其 p 值为 0.029，在显著性水平 0.05 下拒绝方差齐性的假设. 下面考虑做 Box-Cox 变换看是否能改善对方差齐性假设的违背情况.

在 R 语言中可以用 MASS 包中的 boxcox()函数实现 Box-Cox 变换中参数 λ 的估计.

```
> library(MASS)
> bc <- boxcox(aov.Eg2_2Data)
> lambda <- bc $ x[which.max(bc $ y)]
> lambda
[1] 0.5454545
```

boxcox()函数会输出一张参数 λ 与对数似然的函数图(图 2.6)，从图中可以大致观察到 λ

的最优取值范围. 输出的 λ 的点估计是 0.545，方便起见可以取 0.5，即平方根变换. 下面对原始数据做平方根变换，然后再观察其结果.

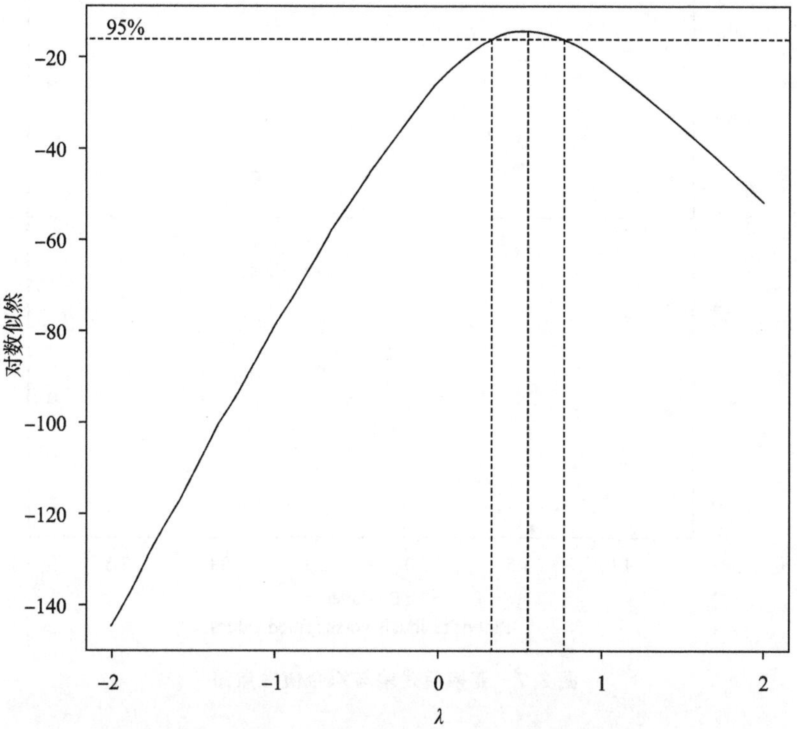

图 2.6　Box-Cox 变换中参数 λ 与对数似然的函数图

```
> shapiro.test(aov.Eg2_2DataTran.res)

        Shapiro-Wilk normality test

data:  aov.Eg2_2DataTran.res
W = 0.95877, p-value = 0.4141

> bartlett.test(PeakDischarge ~ method, data = Eg2_2DataTran)

        Bartlett test of homogeneity of variances

data:  PeakDischarge by method
Bartlett's K-squared = 0.52473, df = 3, p-value = 0.9134
```

从图 2.7 上可以明显看到，相比于图 2.5，各水平下数据波动的程度有了很大的改善. 从检验结果看，p 值为 0.913 4，远大于显著性水平 0.05，故接受方差齐性的假设. 另外从 Shapiro-Wilk 正态性检验结果看，p 值为 0.414 1，仍然接受正态性假设. 因此，从这个例子可以看到，Box-Cox 变换在一定程度上是有效果的.

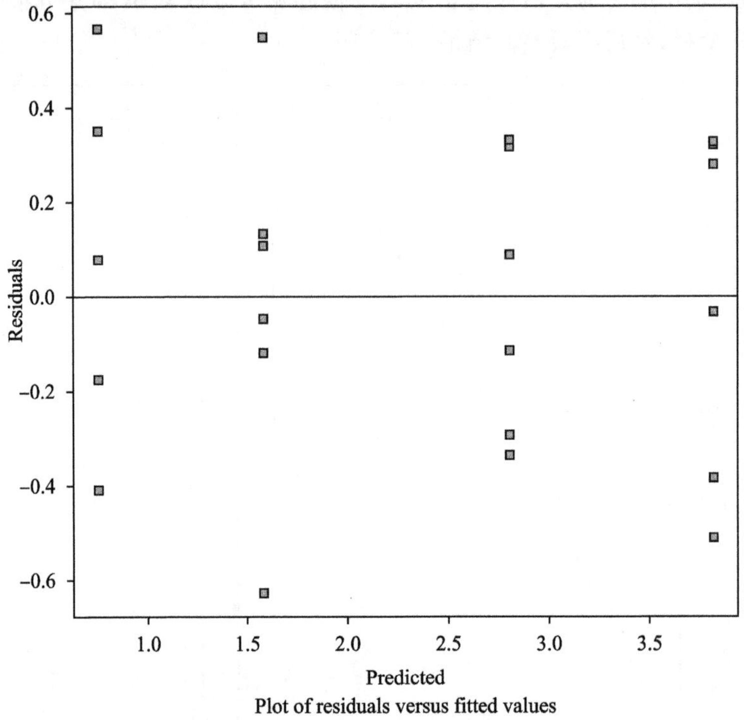

图 2.7 变换后残差与拟合值散点图

2. 直接利用非参数检验——Kruskal-Wallis 秩和检验

Kruskal-Wallis 秩和检验是对两个以上样本进行比较的非参数检验方法. 假设因子 A 在第 i 个水平下的试验数据为 $y_{i1}, y_{i2}, \cdots, y_{in_i}$，记该水平下 n_i 个数据的秩(将样本按由小到大排序后的顺序)为 $R_{i1}, R_{i2}, \cdots, R_{in_i}$，设 $R_{i1}, R_{i2}, \cdots, R_{in_i}$ 互不相等. 要检验的假设是 H_0：水平 $A_1, A_2, \cdots, A_s$ 下的数据无显著差异. Kruskal-Wallis 检验统计量定义为：

$$K = \frac{12}{n(n+1)} \sum_{i=1}^{s} n_i \left(R_{i\cdot} - \frac{n+1}{2} \right)^2$$

其中 $R_{i\cdot} = \frac{1}{n_i} \sum_{j=1}^{n_i} R_{ij}$，$n = \sum_{i=1}^{s} n_i$. 如果原假设不成立，则统计量 K 有偏大的趋势，因此拒绝域的形式为 $\{K \geqslant c\}$，其中 c 为临界值. R 软件中 Kruskal-Wallis 检验的实现函数为 kruskal.test().

例 2.2(续) 在不做数据分布假设情形下，对例 2.2 的数据进行 Kruskal-Wallis 检验.

```
> kruskal.test(PeakDischarge ~ method, data = Eg2_2Data)

        Kruskal-Wallis rank sum test
data:  PeakDischarge by method
Kruskal-Wallis chi-squared = 21.156, df = 3, p-value = 9.771e-05
```

从输出结果看，检验的 p 值为 9.771×10^{-5}，远小于显著性水平 0.05，从而拒绝原假设，即认为 4 种方法间存在显著差异.

2.4　多重比较

在方差分析中如果 F 检验拒绝了原假设 $H_0:\mu_1=\mu_2=\cdots=\mu_s$，说明因子 A 在各水平上 A_i 的均值 μ_i 不全相等，但不一定两两之间都有差异，所以根据实际需要还要进一步检验哪些水平均值间差异显著，哪些水平均值间差异不显著. 这是多重比较要解决的问题.

统计上把同时对多个总体均值两两间的相互比较称为多重比较(multiple comparisons). 这里要强调的是"同时"检验，如果有 $s(s>2)$ 个水平，则需同时检验 C_s^2 个假设：

$$H_0^{ij}:\mu_i=\mu_j,\ i<j,\ i,j=1,2,\cdots,s$$

"同时"检验的原因在于错误率的控制与单个检验不同. 如同时考虑 m 个原假设，分别记为 $H_{01},H_{02},\cdots,H_{0m}$，设第 i 个假设的显著性水平设定为 α_i，在所有原假设为真的情况下，即 $P\{拒绝\ H_{0i}\mid H_{0i}为真\}=\alpha_i$，则总的显著性水平为：

$$P\{至少拒绝某个\ H_{0i}\mid 所有\ H_{0i}\ 为真\}\leqslant\sum_{i=1}^{m}P\{拒绝\ H_{0i}\mid H_{0i}\ 为真\}=\sum_{i=1}^{m}\alpha_i$$

因此，在同时考虑多个检验时，总的显著性水平会被放大，也就是犯第一类错误的概率会增大，在很多实际问题中会造成假阳性(错误拒绝)判断增加. 为了避免这一问题，需要用多重比较的检验方法. 根据不同的错误率控制标准，统计学家们提出了很多的多重比较方法，常见的有：

☆ 最小显著性差异法(LSD 法)

☆ Scheffe 法

☆ Bonferroni 法

☆ Duncan 法

下面简单介绍最小显著性差异法(LSD 法)和 Scheffe 法，并介绍 R 语言中的多重比较实现函数.

2.4.1　最小显著性差异法(LSD 法，least significant difference)

最小显著性差异法是最早用于检验多个均值两两间差异显著性的方法，其实质是两个均值差异比较的 t 检验，只是在样本方差和自由度的计算上利用了所有水平的样本信息.

LSD 方法的基本做法是：在 F 检验显著的前提下，将任意两个样本均值之差的绝对值 $|\bar{y}_{i\cdot}-\bar{y}_{j\cdot}|$ 与对应显著性水平为 α 的最小显著差异数 LSD_α^{ij} 比较，$LSD_\alpha^{ij}=t_{1-\alpha/2}(n-s)\sqrt{MS_E\left(\frac{1}{n_i}+\frac{1}{n_j}\right)}$，其中 MS_E 为方差分析 F 检验中的误差均方.

若 $|\bar{y}_{i\cdot}-\bar{y}_{j\cdot}|>LSD_\alpha^{ij}$ 时，则 $\bar{y}_{i\cdot}$ 与 $\bar{y}_{j\cdot}$ 在 α 水平上差异显著；反之，则在 α 水平上差异不显著.

2.4.2　Scheffe 法

该方法由统计学家 Scheffe 于 1955 年提出. 当原假设 $H_0^{ij}:\mu_i=\mu_j$ 成立时，有 $\bar{y}_{i\cdot}-\bar{y}_{j\cdot}\sim N$

$\left[0,\left(\frac{1}{n_i}+\frac{1}{n_j}\right)\sigma^2\right]$，用误差均方 MS_E 代替 σ^2，由统计知识可知 MS_E 与诸 $\bar{y}_{i\cdot}$ 相互独立，故有：

$$F_{ij}=\frac{(\bar{y}_{i\cdot}-\bar{y}_{j\cdot})^2}{\left(\frac{1}{n_i}+\frac{1}{n_j}\right)MS_E}\sim F(1,f_e)$$

当 $H_0^{ij}:\mu_i=\mu_j$ 成立时，F_{ij} 不应过大，太大则拒绝 H_0^{ij}. 当一切 H_0^{ij} 都成立时，多重比较的拒绝域有如下形式：

$$W=\bigcup_{i<j}\{F_{ij}>c\}$$

要使 $P(W)=\alpha$ 来确定临界值 c. 可以推出：

$$P(W)=P\left(\bigcup_{i<j}\{F_{ij}>c\}\right)=P\left(\max_{i<j}F_{ij}>c\right)$$

Scheffe 证明了：

$$\frac{\max\limits_{i<j}F_{ij}}{r-1}\dot{\sim}F(r-1,f_e),$$

其中符号 $\dot{\sim}$ 表示近似服从. 因此给定显著性水平 α，要使 $P(W)=\alpha$，可以取 $c=(r-1)F_{1-\alpha}(r-1,f_e)$. 即对一切 $i<j$：

$$|\bar{y}_{i\cdot}-\bar{y}_{j\cdot}|>\sqrt{(r-1)F_{1-\alpha}(r-1,f_e)\left(\frac{1}{n_i}+\frac{1}{n_j}\right)MS_E}$$

若记：

$$c_{ij}=\sqrt{(r-1)F_{1-\alpha}(r-1,f_e)\left(\frac{1}{n_i}+\frac{1}{n_j}\right)MS_E}$$

则当 $|\bar{y}_{i\cdot}-\bar{y}_{j\cdot}|>c_{ij}$，$i<j$，$i,j=1,2,\cdots,s$ 时，拒绝 H_0^{ij}，否则接受 H_0^{ij}.

在 R 语言中，可以用 agricolae 包中的 LSD. test()函数，scheffe. test( )函数实现上面介绍的两种多重比较方法，另外还有 pairwise. t. test()函数，multcomp 包中的 glht( )函数等都可以实现不同方法的多重比较.

例 2.1(续)　在例 2.1 的方差分析中拒绝了各水平均值相等的假设，下面通过多重比较观察哪些水平之间有差异，哪些没有差异.

```
> library(agricolae)
> LSD.test(aov.Eg2_1Data, "fodder", alpha = 0.05, DFerror = N - a, MSerror = MSE, group = FALSE, console = TRUE)

Study: aov.Eg2_1Data ~ "fodder"

LSD t Test for weight

Mean Square Error:  206.2444

fodder,  means and individual ( 95 %) CI

   weight      std  r      LCL      UCL  Min  Max
A1 1054.9 15.02184 10 1045.582 1064.218 1026 1073
```

```
A2 1040.7 14.53769 10 1031.382 1050.018 1016 1061
A3 1087.8 13.48085 10 1078.482 1097.118 1069 1111

Alpha: 0.05 ; DF Error: 27
Critical Value of t: 2.051831

Comparison between treatments means

        difference  p-value  signif.         LCL         UCL
A1 - A2       14.2   0.0357        *    1.022057    27.37794
A1 - A3      -32.9   0.0000      ***  -46.077943   -19.72206
A2 - A3      -47.1   0.0000      ***  -60.277943   -33.92206
```

从输出结果中的 p 值列可以看到，在显著性水平 0.05 下，A_1 和 A_2，A_1 和 A_3，A_2 和 A_3 之间都有显著差异. 还可以用图形表示(图 2.8)：

```
> LSDoutput <- LSD.test(aov.Eg2_1Data, "fodder", alpha = 0.05, DFerror = N - a, MSerror = MSE,
group = TRUE)
> plot(LSDoutput)
```

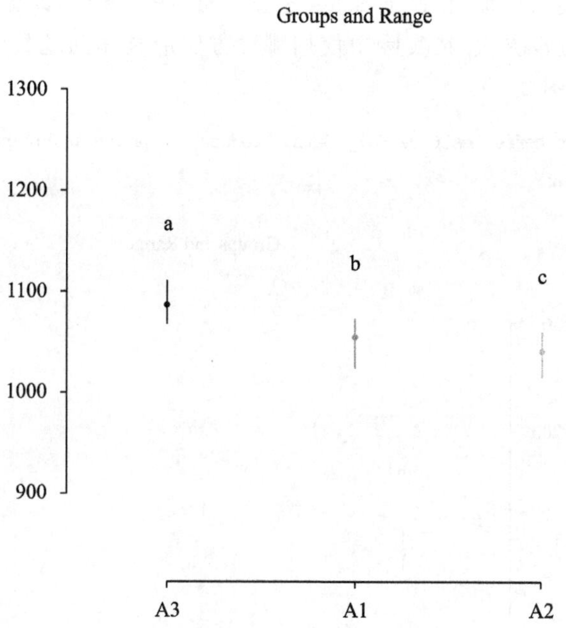

图 2.8 多重比较分组图(LSD 法)

图 2.8 中，不同的字母表示不同的组，A_1，A_2，A_3 水平上方字母各不相同，说明它们之间都有显著差异.

下面是 Scheffe 法的多重比较结果.

```
> scheffe.test(aov.Eg2_1Data, "fodder", alpha = 0.05, group = FALSE , main = NULL, console = TRUE)
Study: aov.Eg2_1Data ~ "fodder"
Scheffe Test for weight
Mean Square Error  : 206.2444
```

```
fodder, means

   weight      std  r  Min  Max
A1 1054.9 15.02184 10 1026 1073
A2 1040.7 14.53769 10 1016 1061
A3 1087.8 13.48085 10 1069 1111

Alpha: 0.05 ; DF Error: 27
Critical Value of F: 3.354131

Comparison between treatments means

        Difference  p-value  signif.        LCL        UCL
A1 - A2       14.2   0.1058           -2.434553   30.83455
A1 - A3      -32.9   0.0001      ***  -49.534553  -16.26545
A2 - A3      -47.1   0.0000      ***  -63.734553  -30.46545
```

从输出结果中的 p 值列可以看到,在显著性水平 0.05 下, A_1 和 A_3,A_2 和 A_3 之间有显著差异,但 A_1 和 A_2 之间没有显著差异. 这与 LSD 法结果不同,表明不同方法在不同的错误率控制标准下可能得到不同的结果. 相比于 Scheffe 法,LSD 法更敏感,即更容易检验出差异,但犯第一类错误的概率相应也更大. 在实际中使用哪种方法应具体问题具体分析. Scheffe 法的结果也可以用图形表示(图 2.9):

```
> scheffeoutput <- scheffe.test(aov.Eg2_1Data, "fodder", alpha = 0.05, group = TRUE, main = NULL)
> plot(scheffeoutput)
```

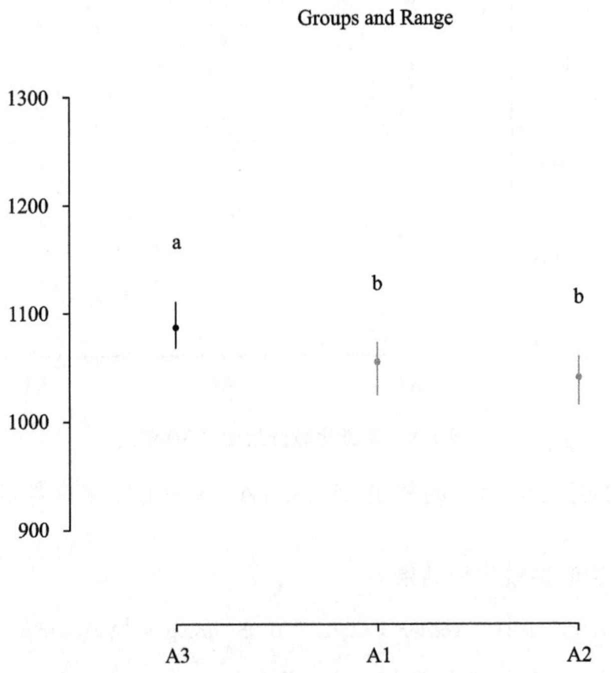

图 2.9 多重比较分组图(Scheffe 法)

注意到在图 2.9 中,A_1 和 A_2 水平上方对应的字母都是 b,这意味着它们被划分为同一组，即 A_1 和 A_2 之间没有显著差异，而 A_3 水平上方的字母为 a，说明 A_1 和 A_3 之间，A_2 和 A_3 之间有显著差异，跟数值结果是相对应的.

2.5　随机效应模型

在效应模型表达式 $y_{ij}=\mu+\delta_i+\varepsilon_{ij}$ 下，我们可以更深入地研究单因子试验. 如果因子的水平是固定的几个，则效应 δ_i 可视为固定的常数，此时称模型为固定效应模型. 如果将因子的水平认为是从众多水平中随机选取出来的，此时效应 δ_i 应视为随机变量，称该模型为随机效应模型，此时该模型分析的结果适用于因子的所有水平. 比如例 2.1，如果认为只研究这 3 种饲料，因此利用固定效应模型来分析，所得的结论只适用于这 3 个水平. 如果认为 3 种饲料是从很多种饲料中随机选取的，此时应该利用随机效应模型来分析，所得的结论能够适用于因子的所有水平.

随机效应模型与固定效应模型在方差分析上并无太大区别，主要表现在效应是固定的还是随机的，从而假设检验问题的设置和参数估计有所不同. 随机效应模型无须进行多重比较.

2.5.1　随机效应模型及其统计问题

在随机效应模型中，效应 δ_i 是随机变量，通常仍假设为正态分布，即 $\delta_i \sim N(0,\sigma_\delta^2)$，其中 σ_δ^2 为未知参数，且与随机误差 ε_{ij} 独立. 随机效应模型可描述如下：

$$\begin{cases} y_{ij}=\mu+\delta_i+\varepsilon_{ij}, \\ \delta_i \sim N(0,\sigma_\delta^2), & i=1,\cdots,s;\ j=1,\cdots,n_i \\ \varepsilon_{ij}\ \text{i.i.d.}\ \sim N(0,\sigma^2)，\text{与 } \delta_i \text{ 独立}, \end{cases}$$

此时数据 y_{ij} 的方差为 $Var(y_{ij})=\sigma_\delta^2+\sigma^2$，其中 σ_δ^2,σ^2 称为 y_{ij} 的两个方差分量，故随机效应模型又称方差分量模型.

由于 δ_i 是随机变量，故检验 $H_0:\delta_1=\delta_2=\cdots=\delta_s=0$ 不再有实际意义，此时原假设可相应变为 $H_0:\sigma_\delta^2=0$，即随机变量几乎处处为常数. 因此，随机效应模型的假设检验为：

$$H_0:\sigma_\delta^2=0 \text{ vs } H_1:\sigma_\delta^2>0$$

若拒绝 H_0，即认为 $H_1:\sigma_\delta^2>0$ 成立，则意味着因子 A 的效应存在显著差异，σ_δ^2 越大，差异则越大. 拒绝 H_0 时，对 σ_δ^2 以及在整体方差所占比例大小 $\dfrac{\sigma_\delta^2}{\sigma_\delta^2+\sigma^2}$ 的估计是随机效应模型中重要的统计推断问题.

2.5.2　随机效应模型的方差分析

在随机效应模型下，平方和分解式在代数形式上没有变化，仍然有：

$$SS_T=\sum_{i=1}^{s}\sum_{j=1}^{n_i}(y_{ij}-\bar{y}_{\cdot\cdot})^2=\sum_{i=1}^{s}\sum_{j=1}^{n_i}(y_{ij}-\bar{y}_{i\cdot})^2+\sum_{i=1}^{s}\sum_{j=1}^{n_i}(\bar{y}_{i\cdot}-\bar{y}_{\cdot\cdot})^2=SS_A+SS_E$$

及其对应的自由度分解式 $f_T=n-1=(s-1)+(n-s)=f_A+f_e$.

平方和的统计性质有所变化，有如下结论：

定理 2.5.1 在单因子方差分析随机效应模型的基本假设下，有：

$$E(SS_E)=(n-s)\sigma^2$$

$$E(SS_A)=(s-1)\sigma^2+(n-\sum_{i=1}^{s}\frac{n_i^2}{n})\sigma_\delta^2$$

当原假设 $H_0:\sigma_\delta^2=0$ 成立时，$E(SS_A)=(s-1)\sigma^2$.

定理 2.5.2 在单因子方差分析随机效应模型的基本假设下，有：

(1)$\frac{SS_E}{\sigma^2}\sim\chi^2(n-s)$；

(2)在原假设 $H_0:\sigma_\delta^2=0$ 成立时，$\frac{SS_A}{\sigma^2}\sim\chi^2(s-1)$；

(3)SS_E 与 SS_A 相互独立.

上面两个定理与定理 2.2.1 和定理 2.2.2 的结论是平行的.

构造比值统计量：

$$F=\frac{MS_A}{MS_E}=\frac{SS_A/(s-1)}{SS_E/(n-s)}$$

根据定理 2.5.1，原假设 $H_0:\sigma_\delta^2=0$ 成立时，F 的分子分母都是 σ^2 的无偏估计，而当原假设不成立时，分子的期望比 σ^2 偏大，从而当 F 较大时，有理由拒绝原假设. 要确定偏大的临界值，需要知道 F 的分布，根据定理 2.5.2 以及 F 分布的定义可得：

$$F=\frac{MS_A}{MS_E}=\frac{SS_A/(s-1)\sigma^2}{SS_E/(n-s)\sigma^2}\overset{H_0\text{成立}}{\sim}F(s-1,n-s)$$

于是可利用上式的分布结论来确定检验 H_0 的临界值，进而给出拒绝域，即若：

$$F=\frac{MS_A}{MS_E}=\frac{(n-s)SS_A}{(s-1)SS_E}\geqslant F_\alpha(s-1,n-s)$$

则在显著性水平 α 下拒绝 H_0，否则接受 H_0. 在统计软件中常用 p 值判断是否显著，该检验的 p 值计算公式为 $p\text{-}value=P\{Y>F\text{-}value\}$，其中随机变量 $Y\sim F(s-1,n-s)$，$F\text{-}value$ 表示由样本值计算得到的 F 比的值. 若 p 值小于显著性水平 α 则拒绝 H_0，否则接受 H_0.

综上所述，随机效应模型与固定效应模型在方差分析的计算及结果输出上都是一样的，区别仅在于假设的设置以及平方和的统计性质上.

由定理 2.5.2，我们还可以直接给出 σ^2，σ_δ^2 的无偏估计，即：

$$\hat{\sigma}^2=MS_E=\frac{SS_E}{n-s},\hat{\sigma}_\delta^2=\frac{MS_A-MS_E}{n_0}$$

其中 $n_0=\begin{cases}\frac{1}{s-1}(n-\sum_{i=1}^{s}\frac{n_i^2}{n}), & \text{当重复数 } n_i \text{ 不等时}\\ m, & \text{当重复数 } n_i \text{ 都相等且为 } m \text{ 时}\end{cases}$

例 2.1(续) 若在例 2.1 中将 3 种饲料看作是从众多饲料中随机选取的，则应用随机效应模型来描述数据，由于方差分析结果与之前作为固定效应模型时相同，故此处对 2 个方差分量 σ^2，σ_δ^2 进行估计.

方差分析表如下：

```
              Df    Sum Sq  Mean Sq  F-value    Pr(>F)
fodder         2    11675    5837     28.3     2.36e-07 ***
Residuals     27     5569     206
Total         29    17243
---
Signif. codes:  0 '***' 0.001 '**' 0.01 '*' 0.05 '.' 0.1 ' ' 1
```

方差分量 σ^2，σ_δ^2 的无偏估计计算如下：

$$\hat{\sigma}^2 = MS_E = 206$$

$$\hat{\sigma}_\delta^2 = \frac{MS_A - MS_E}{n_0} = \frac{5837 - 206}{10} = 563.1$$

此时总方差估计为 $\hat{V}ar(y_{ij}) = \hat{\sigma}_\delta^2 + \hat{\sigma}^2 = 563.1 + 206 = 769.1$. 可见饲料水平间误差占总方差的绝大部分.

在 R 中可以用 lme4 包中的 lmer() 函数可以方便地求得 σ^2，σ_δ^2 的无偏估计.

```
> library(lme4)
> Eg2_1Data.lme = lmer(weight ~ (1|fodder), data = Eg2_1Data)
> summary(Eg2_1Data.lme)
Linear mixed model fit by REML ['lmerMod']
Formula: weight ~ (1 | fodder)
   Data: Eg2_1Data
REML criterion at convergence: 246.9
Scaled residuals:
     Min        1Q     Median      3Q      Max
 - 2.0277   - 0.5396   0.1099   0.6479  1.6811
Random effects:
Groups    Name          Variance    Std.Dev.
fodder    (Intercept)   563.1       23.73
Residual                206.2       14.36
Number of obs: 30, groups: fodder, 3

Fixed effects:
              Estimate Std.  Error  t-value
(Intercept)    1061.13        13.95   76.07
```

从上面输出结果的 Random effects 项下的 Variance 列可以看到因子(fodder)对应的方差为 $\hat{\sigma}_\delta^2 = 563.1$，误差(Residual)对应的方差为 $\hat{\sigma}^2 = 206.2$，与前面计算的结果是一致的.

从上面例子可以看出，方差分量模型将数据波动的来源进行剖分与量化，对分析波动的原因非常重要，在遗传学、生物学、资源环境等领域有重要的应用.

习题 2

1. 设小麦品种试验中，包含有 $k=3$ 个品种，每个品种重复 6 次实验，其方差分析表为：

方差来源	SS	df	MS	F 比	p
组间				7.2	0.006
组内	1339.15			—	—
总计			—	—	—

(1)写出单因子方差分析模型及模型中要检验的假设；

(2)将上述方差分析表中空格处填写完整(保留小数点后 2 位)；

(3)在显著性水平 $\alpha=0.05$ 下，对小麦品种之间是否有显著差异作出判断，并说明理由.

2. 为了寻找飞机控制板上仪器表的最佳布置，试验了 3 个方案，观察领航员在紧急情况的反应时间(以 1/10 s 计)，随机地选择 28 名领航员，得到他们对于不同布置方案的反应时间如下：

	各方案下的反应时间/s												行和	行平方和
方案Ⅰ	14	13	9	15	11	13	14	11					100	1278
方案Ⅱ	10	12	7	11	8	12	9	10	13	9	10	9	120	1234
方案Ⅲ	11	5	9	10	6	8	8	7					64	540

(1)在显著性水平 $\alpha=0.05$ 下，检验各个方案的反应时间是否有显著差异；

(2)检验是否满足方差齐性假设；

(3)计算方案Ⅰ和方案Ⅱ的置信水平为 0.95 的置信区间.

3. 选取 5 个玉米品种进行种植试验，从各品种中抽取若干样本测量其穗长，所得数据如下表所示，试利用 R 软件绘制 5 个水平下样本的打点图和箱线图；判断玉米品种间是否有显著差异，并分别利用 LSD 法和 Scheffe 法进行多重比较(显著性水平 $\alpha=0.05$).

玉米品种	观测值/cm					
A_1	21.5	19.5	20.0	22.0	18.0	20.0
A_2	16.0	18.5	17.0	15.5	20.0	16.0
A_3	19.0	17.5	20.0	18.0	17.0	
A_4	21.0	18.5	19.0	20.0		
A_5	15.5	18.0	17.0	16.0		

4. 某试验测量了 5 个小麦品系株高的数据见下表. 比较 5 个小麦品系株高的差异显著性. 若方差分析结论是不同品种小麦的株高差异显著，检验品种间的两两差异. 利用 Bartlett 检验法检验方差齐性(显著性水平 $\alpha=0.05$).

cm

株号	小麦品系				
	Ⅰ	Ⅱ	Ⅲ	Ⅳ	Ⅴ
1	64.6	64.5	67.8	71.8	69.2
2	65.3	65.3	66.3	72.1	68.2
3	64.8	64.6	67.1	70.0	69.8
4	66.0	63.7	66.8	69.1	68.3
5	65.8	63.9	68.5	71.0	67.5

5. 某医院在大鼠营养试验中随机将大鼠分成 3 组，测得每组 8 只大鼠 6 d 尿液中氨氮的排出量的数据如下表所示. 试用 Kruskal-Wallis 检验法检验各组大鼠之间的排出量指标是否有显著差异.

大鼠	氨氮排出量观测值/mg							
第 1 组	30	27	35	35	29	33	32	36
第 2 组	43	45	53	44	51	53	54	57
第 3 组	72	66	66	76	56	52	60	59

6. 在一个车间里随机选取 5 台机器，在一段时间内观测这 5 台机器生产的产品的黏结强度. 记录黏结强度，各台机器记录次数不等，具体数据见下表：

机器	黏结强度观测值/(kg/cm^2)								
A_1	40	47	48	46	45	43			
A_2	43	45	40	40	43	45	47	44	
A_3	42	39	45	31	38	40	38	33	36	35
A_4	42	32	38	35	35	35	35	36		
A_5	31	35	34	31	37	34				

(1)请分析该问题用固定效应模型还是用随机效应模型分析？

(2)若用固定效应模型描述，完成方差分析并进行多重比较；

(3)若用随机效应模型描述，试给出方差分量的估计值.

第3章　多因子试验析因设计与分析

单因子试验只关注一个因子，在实际问题中，影响试验指标的因子很多，需要研究同时改变多个因子水平时对试验指标的影响. 当同时考虑多个因子时的试验设计问题时，最常用的是析因设计(factorial design，FD). 析因设计是指在每一次完全实验或每一次重复中，因子水平的所有可能组合都被研究到. 例如，当因子 A 有 a 个水平，因子 B 有 b 个水平时，则每次重复都包含全体 ab 个处理组合. 当这些因子被安排在某一析因设计中时，常被称为是交叉的.

效应是析因设计中常用的概念，所谓因子效应是指当这一因子的水平改变时所产生的响应变量的变化. 效应分为主效应和交互效应. 主效应来自试验中所感兴趣的每个基本因子；交互效应是指一个因子的不同水平之间的响应变量之差随着其他因子水平的不同而不同. 两个或多个因子之间联合起来对响应变量的这种影响称为交互作用. 交互作用在实际问题中是常见的. 比如，在肥料试验中，单独施加两种肥料 A 和 B 都能使作物增产，但同时施加 A 和 B 就未必能增产单独施加同量 A 和 B 时的增产之和，甚至可能会使作物减产，这就是交互作用的体现. 正是由于交互作用的存在，使得多因子试验的设计与分析都变得复杂起来.

3.1　两因子试验的设计与分析

两因子试验是多因子试验中最简单的情形.

例 3.1　在某橡胶配方中，考虑 3 种不同的促进剂(A 因子)，4 种不同分量的氧化锌(B 因子)，同样的配方做 2 次重复试验，测得 300%的定伸强力(MPa)如表 3.1 所示. 试问促进剂、氧化锌以及它们的交互作用对定伸强力有无显著影响($\alpha=0.05$)？

表 3.1　不同促进剂(A)、氧化锌(B)下的定伸强力数据　　MPa

A	B			
	B_1	B_2	B_3	B_4
A_1	31，33	34，36	35，36	39，38
A_2	33，34	36，37	37，39	38，41
A_3	35，37	37，38	39，40	42，44

在这个例子中，影响指标的因子有 2 个，分别为促进剂(用 A 表示)和氧化锌(用 B 表示). 促进剂有 3 个水平，记为 A_1,A_2,A_3；氧化锌有 4 个水平，记为 B_1,B_2,B_3,B_4. 该试验共有 12 个

处理，每个处理下重复 2 次试验，共 24 个数据. 试验目的是确定各因子及交互作用是否对试验指标定伸强力有显著影响.

3.1.1　两因子试验的一般描述

设试验中有 2 个待考察因子 A,B，其中因子 A 有 a 个水平，记为 $A_1,A_2,\cdots,A_a$；因子 B 有 b 个水平，记为 $B_1,B_2,\cdots,B_b$. 在每一处理 (A_i,B_j) 下做 $n(n\geqslant 2)$ 次重复试验，每个观察值记为 y_{ijk}，结果见表 3.2.

表 3.2　两因子试验标准形式数据表

A	B			
	B_1	B_2	$\cdots$	B_b
A_1	$y_{111},y_{112},\cdots,y_{11n}$	$y_{121},y_{122},\cdots,y_{12n}$	$\cdots$	$y_{1b1},y_{1b2},\cdots,y_{1bn}$
A_2	$y_{211},y_{212},\cdots,y_{21n}$	$y_{221},y_{222},\cdots,y_{22n}$	$\cdots$	$y_{2b1},y_{2b2},\cdots,y_{2bn}$
$\vdots$	$\vdots$	$\vdots$	$\vdots$	$\vdots$
A_a	$y_{a11},y_{a12},\cdots,y_{a1n}$	$y_{a21},y_{a22},\cdots,y_{a2n}$	$\cdots$	$y_{ab1},y_{ab2},\cdots,y_{abn}$

类似于单因子方差分析模型，做独立性、正态性和方差齐性假设，可得两因子析因设计的固定可加效应模型（也称两因子方差分析模型）为：

$$y_{ijk}=\mu+\delta_i+\beta_j+(\delta\beta)_{ij}+\varepsilon_{ijk}\,,\ i=1,2,\cdots,a;j=1,2,\cdots,b;k=1,2,\cdots,n$$

其中 μ 是总平均，δ_i 是 A 因子第 i 个水平的主效应，β_j 是 B 因子第 j 个水平的主效应，$(\delta\beta)_{ij}$ 是 A 因子第 i 个水平和 B 因子第 j 个水平的交互效应，$\varepsilon_{ijk}\sim N(0,\sigma^2)$ 是随机误差，且所有的 ε_{ijk} 相互独立. 根据效应的定义，有如下约束成立：

$$\sum_{i=1}^{a}\delta_i=0,\ \sum_{j=1}^{b}\beta_j=0,\ \sum_{i=1}^{a}(\delta\beta)_{ij}=0,\ \sum_{j=1}^{b}(\delta\beta)_{ij}=0$$

重新表达一下两因子方差分析模型如下：

$$\begin{cases} y_{ijk}=\mu+\delta_i+\beta_j+(\delta\beta)_{ij}+\varepsilon_{ijk} \\ \sum\limits_{i=1}^{a}\delta_i=0,\ \sum\limits_{j=1}^{b}\beta_j=0 \\ \sum\limits_{i=1}^{a}(\delta\beta)_{ij}=0,\ \sum\limits_{j=1}^{b}(\delta\beta)_{ij}=0 \\ \varepsilon_{ijk}\ i.i.d.\sim N(0,\sigma^2) \end{cases} \quad i=1,2,\cdots,a;j=1,2,\cdots,b;k=1,2,\cdots,n$$

根据上述模型，有 $y_{ijk}\sim N(\mu_{ij},\sigma^2)$，其中 $\mu_{ij}=\mu+\delta_i+\beta_j+(\delta\beta)_{ij}$，且相互独立，即表 3.1 中每个单元格中的数据可以视为来自同一个正态总体的简单样本.

在两因子析因设计模型中，我们需要做如下假设检验：

(1) $H_{01}:\delta_1=\delta_2=\cdots=\delta_a=0$ vs $H_{11}:\delta_1,\delta_2,\cdots,\delta_a$ 不全为 0；

(2) $H_{02}:\beta_1=\beta_2=\cdots=\beta_b=0$ vs $H_{12}:\beta_1,\beta_2,\cdots,\beta_b$ 不全为 0；

(3) $H_{03}:(\delta\beta)_{ij}=0\ \forall i,j$ vs H_{13}：至少存在一个 $(\delta\beta)_{ij}\neq 0$.

分别回答因子 A 是否显著，因子 B 是否显著，因子 A 和 B 的交互作用(记作 AB)是否显著的问题.另外还要估计各效应以及方差 σ^2.

3.1.2　两因子试验方差分析

两因子试验方差分析的关键仍在于平方和分解，下面先给出一些常用的符号.记 $y_{i\cdot\cdot}=\sum_{j=1}^{b}\sum_{k=1}^{n}y_{ijk}$，$\bar{y}_{i\cdot\cdot}=\frac{1}{bn}\sum_{j=1}^{b}\sum_{k=1}^{n}y_{ijk}$，$i=1,\cdots,a$ 表示 A_i 水平下的所有观测值的总和及平均；$y_{\cdot j\cdot}=\sum_{i=1}^{a}\sum_{k=1}^{n}y_{ijk}$，$\bar{y}_{\cdot j\cdot}=\frac{1}{an}\sum_{i=1}^{a}\sum_{k=1}^{n}y_{ijk}$，$j=1,\cdots,b$ 表示 B_j 水平下的所有观测值的总和及平均；$y_{ij\cdot}=\sum_{k=1}^{n}y_{ijk}$，$\bar{y}_{ij\cdot}=\frac{1}{n}\sum_{k=1}^{n}y_{ijk}$，$i=1,\cdots,a;j=1,\cdots,b$ 表示 A_iB_j 处理下的所有观测值的总和及平均；$y_{\cdots}=\sum_{i=1}^{a}\sum_{j=1}^{b}\sum_{k=1}^{n}y_{ijk}$，$\bar{y}_{\cdots}=\frac{1}{abn}\sum_{i=1}^{a}\sum_{j=1}^{b}\sum_{k=1}^{n}y_{ijk}$ 表示所有观测值的总和及总平均.

记 $SS_T=\sum_{i=1}^{a}\sum_{j=1}^{b}\sum_{k=1}^{n}(y_{ijk}-\bar{y}_{\cdots})^2$ 表示数据的总偏差平方和，反映了每个观测在其总平均值上下的波动；$SS_A=bn\sum_{i=1}^{a}(\bar{y}_{i\cdot\cdot}-\bar{y}_{\cdots})^2$ 表示因子 A 的效应平方和；$SS_B=an\sum_{j=1}^{b}(\bar{y}_{\cdot j\cdot}-\bar{y}_{\cdots})^2$ 表示因子 B 的效应平方和；$SS_{AB}=n\sum_{i=1}^{a}\sum_{j=1}^{b}(\bar{y}_{ij\cdot}-\bar{y}_{i\cdot\cdot}-\bar{y}_{\cdot j\cdot}+\bar{y}_{\cdots})^2$ 表示因子 A 和 B 的交互效应平方和；$SS_E=\sum_{i=1}^{a}\sum_{j=1}^{b}\sum_{k=1}^{n}(y_{ijk}-\bar{y}_{ij\cdot})^2$ 表示误差平方和.

不难证明下述平方和分解公式：

$$SS_T=SS_A+SS_B+SS_{AB}+SS_E$$

即总偏差平方和可以分解为 4 项平方和的和式，而这 4 个平方和分别对应于模型结构式 $y_{ijk}=\mu+\delta_i+\beta_j+(\delta\beta)_{ij}+\varepsilon_{ijk}$ 等号右边除了总均值 μ 之外的 4 项，即该平方和分解式将总的波动分解为 4 部分，分别是因子 A 的水平变化引起的波动，因子 B 的水平变化引起的波动，因子 A 和 B 的交互作用引起的波动以及误差引起的波动.

类似于单因子方差分析中的结果，平方和分解式也对应着自由度分解式，我们这里直接给出各平方和对应的自由度，读者可以根据自由度的定义及平方和表达式尝试自己推导.

总偏差平方和 SS_T 的自由度 $f_T=abn-1$，SS_A 的自由度 $f_A=a-1$，SS_B 的自由度 $f_B=b-1$，SS_{AB}的自由度 $f_{AB}=(a-1)(b-1)$，SS_E 的自由度 $f_e=ab(n-1)$.注意到总偏差平方和的自由度等于总数据个数减 1，因子效应平方和的自由度即为其水平数减 1，交互作用的自由度为产生此交互的因子的自由度的乘积，这个可作为一般结论直接写平方和相对应的自由度.显然有：

$$f_T=f_A+f_B+f_{AB}+f_e$$

该自由度分解式与平方和分解式各项也是一一对应的.

SS_T、SS_A、SS_B、SS_{AB}和 SS_E 用于解析公式的统计含义十分清楚.为了计算和编程方便，也将上述平方和用如下公式表达：

$$
\begin{cases}
SS_T = \sum_{i=1}^{a}\sum_{j=1}^{b}\sum_{k=1}^{n} y_{ijk}^2 - \dfrac{y_{\cdots}^2}{abn} \\
SS_A = \dfrac{1}{bn}\sum_{i=1}^{a} y_{i\cdot\cdot}^2 - \dfrac{y_{\cdots}^2}{abn} \\
SS_B = \dfrac{1}{an}\sum_{j=1}^{b} y_{\cdot j\cdot}^2 - \dfrac{y_{\cdots}^2}{abn} \\
SS_{Subtotals} = \dfrac{1}{n}\sum_{i=1}^{a}\sum_{j=1}^{b} y_{ij\cdot}^2 - \dfrac{y_{\cdots}^2}{abn} \\
SS_{AB} = SS_{Subtotals} - SS_A - SS_B \\
SS_E = SS_T - SS_A - SS_B - SS_{AB}
\end{cases}
$$

3.1.3 平方和的统计性质

关于平方和有如下统计结论：

定理 3.1.1 在两因子方差分析模型的基本假设下，有：

$$
E(SS_E) = ab(n-1)\sigma^2
$$

$$
E(SS_A) = (a-1)\sigma^2 + bn\sum_{i=1}^{a}\delta_i^2
$$

$$
E(SS_B) = (b-1)\sigma^2 + an\sum_{j=1}^{b}\beta_j^2
$$

$$
E(SS_{AB}) = (a-1)(b-1)\sigma^2 + n\sum_{i=1}^{a}\sum_{j=1}^{b}(\delta\beta)_{ij}^2
$$

当原假设 $H_{01}:\delta_1=\delta_2=\cdots=\delta_a=0$ 成立时，$E(SS_A)=(a-1)\sigma^2$；当原假设 $H_{02}:\beta_1=\beta_2=\cdots=\beta_b=0$ 成立时，$E(SS_B)=(b-1)\sigma^2$；当原假设 $H_{03}:(\delta\beta)_{ij}=0\ \forall i,j$ 成立时，$E(SS_{AB})=(a-1)(b-1)\sigma^2$.

定理 3.1.2 在两因子方差分析模型的基本假设下，有：

(1) $\dfrac{SS_E}{\sigma^2}\sim\chi^2(n-s)$；

(2) 当原假设 $H_{01}:\delta_1=\delta_2=\cdots=\delta_a=0$ 成立时，$\dfrac{SS_A}{\sigma^2}\sim\chi^2(a-1)$；

(3) 当原假设 $H_{02}:\beta_1=\beta_2=\cdots=\beta_b=0$ 成立时，$\dfrac{SS_B}{\sigma^2}\sim\chi^2(b-1)$；

(4) 当原假设 $H_{03}:(\delta\beta)_{ij}=0\ \forall i,j$ 成立时，$\dfrac{SS_{AB}}{\sigma^2}\sim\chi^2[(a-1)(b-1)]$；

(5) SS_E 与 SS_A，SS_B，SS_{AB} 相互独立.

定理的证明和推导此处略去，感兴趣的读者可利用学过的数理统计知识自行推导或参考相应文献.

由定理 3.1.1 可以得到，$\dfrac{SS_E}{ab(n-1)}$ 是方差 σ^2 的无偏估计，将其记为 $MS_E=\dfrac{SS_E}{ab(n-1)}$，称之

为(误差)均方.当上述 3 个原假设 H_{01}, H_{02}, H_{03} 都成立时,$E(\frac{SS_A}{a-1})=\sigma^2$,$E(\frac{SS_B}{b-1})=\sigma^2$,$E\left[\frac{SS_{AB}}{(a-1)(b-1)}\right]=\sigma^2$,即都为 σ^2 的无偏估计,记 $MS_A=\frac{SS_A}{a-1}$,$MS_B=\frac{SS_B}{b-1}$,$MS_{AB}=\frac{SS_{AB}}{(a-1)(b-1)}$,分别称之为因子 A 的均方,因子 B 的均方,交互作用 AB 的均方.显然当原假设不成立时,这 3 个均方的期望都比 σ^2 大.

3.1.4 检验统计量

构造比值统计量:

$$F_A=\frac{MS_A}{MS_E}=\frac{SS_A/(a-1)}{SS_E/[ab(n-1)]}$$

$$F_B=\frac{MS_B}{MS_E}=\frac{SS_B/(b-1)}{SS_E/[ab(n-1)]}$$

$$F_{AB}=\frac{MS_{AB}}{MS_E}=\frac{SS_{AB}/[(a-1)(b-1)]}{SS_E/[ab(n-1)]}$$

根据上一小节定理结论,类似于单因子方差分析的结论,上面 3 个统计量分别可作为前述 3 个假设检验问题的检验统计量,在原假设成立时分别服从下列分布:

$$F_A=\frac{MS_A}{MS_E}=\frac{SS_A/(a-1)}{SS_E/[ab(n-1)]}\overset{H_{01}\text{成立}}{\sim}F[a-1,ab(n-1)]$$

$$F_B=\frac{MS_B}{MS_E}=\frac{SS_B/(b-1)}{SS_E/[ab(n-1)]}\overset{H_{02}\text{成立}}{\sim}F[b-1,ab(n-1)]$$

$$F_{AB}=\frac{MS_{AB}}{MS_E}=\frac{SS_{AB}/[(a-1)(b-1)]}{SS_E/[ab(n-1)]}\overset{H_{03}\text{成立}}{\sim}F[(a-1)(b-1),ab(n-1)]$$

基于此可以构造上述 3 个检验的拒绝域,即:

(1)若 $F_A=\frac{MS_A}{MS_E}\geqslant F_{1-\alpha}[a-1,ab(n-1)]$,则拒绝 H_{01},认为因子 A 有显著影响;

(2)若 $F_B=\frac{MS_B}{MS_E}\geqslant F_{1-\alpha}[b-1,ab(n-1)]$,则拒绝 H_{02},认为因子 B 有显著影响;

(3)若 $F_{AB}=\frac{MS_{AB}}{MS_E}\geqslant F_{1-\alpha}[(a-1)(b-1),ab(n-1)]$,则拒绝 H_{03},认为交互作用 AB 有显著影响.

p 值计算公式与单因子方差分析一致,即 $p\text{-}value=P\{Y>F\text{-}value\}$,其中随机变量 $Y\sim F(f_X, f_e)$,$F\text{-}value$ 表示由样本值计算得到的 F 比的值,下标 X 可取 A, B, AB.若 p 值小于显著性水平 α 下拒绝 H_0,否则接受 H_0.

3.1.5 方差分析表

上述分析结果可归纳成表 3.3,称之为方差分析表.

表 3.3 方差分析表

方差来源	平方和	自由度	均方	F 比
因子 A	SS_A	$a-1$	$MS_A=\dfrac{SS_A}{a-1}$	$\dfrac{MS_A}{MS_E}$
因子 B	SS_B	$b-1$	$MS_B=\dfrac{SS_B}{b-1}$	$\dfrac{MS_B}{MS_E}$
交互作用 AB	SS_{AB}	$(a-1)(b-1)$	$MS_{AB}=\dfrac{SS_{AB}}{(a-1)(b-1)}$	$\dfrac{MS_{AB}}{MS_E}$
误差	SS_E	$ab(n-1)$	$MS_E=\dfrac{SS_E}{ab(n-1)}$	
总和	SS_T	$abn-1$		

在上述讨论过程中,我们也可以很容易地得到未知参数的估计. 如:
$\hat{\sigma}^2=MS_E=\dfrac{SS_E}{f_E}$, $\hat{\mu}_i=\bar{y}_{i\cdot\cdot}$, $\hat{\mu}=\bar{y}_{\cdots}$, $\hat{\delta}_i=\bar{y}_{i\cdot\cdot}-\bar{y}_{\cdots}$, $\hat{\beta}_j=\bar{y}_{\cdot j\cdot}-\bar{y}_{\cdots}$, $(\widehat{\delta\beta})_{ij}=\bar{y}_{ij\cdot}-\bar{y}_{i\cdot\cdot}-\bar{y}_{\cdot j\cdot}+\bar{y}_{\cdots}$ 等,这些估计都是无偏估计.

3.1.6 实例的 R 语言实现

在 R 中仍然用 aov()函数完成两因子方差分析的计算,例 3.1 的 R 实现结果如下.

```
> Eg3_1Data <- data.frame(
+         Y = c(31,33,34,36,35,36,39,38,33,34,36,37,37,39,38,41,
+              35,37,37,38,39,40,42,44),
+         A = gl(3,8,24,labels = c("A1","A2","A3")),
+         B = gl(4,2,24,labels = c("B1","B2","B3","B4"))
+         )
> ###################################################################
> ##ANOVA 方差分析
> #%%%%%%%%%%%%%% ANOVA 完整输出函数 %%%%%%%%%%%%
> anova.table<-function(fm){
+ table<-summary(fm); k<-length(table[[1]]) - 2
+ temp<-c(sum(table[[1]][,1]),sum(table[[1]][,2]),rep(NA,k))
+ table[[1]]["Total",]<-temp;table}
> ###################################################################
> aov.Eg3_1Data <- aov(Y ~ A + B + A:B, data = Eg3_1Data)
> anova.table(aov.Eg3_1Data)
            Df  Sum Sq  Mean Sq  F-value    Pr(>F)
A            2   56.58   28.29   19.400    0.000174 ***
B            3  132.12   44.04   30.200    7.12e-06 ***
A:B          6    4.75    0.79    0.543    0.766517
Residuals   12   17.50    1.46
Total       23  210.96
---
Signif. codes: 0 '***' 0.001 '**' 0.01 '*' 0.05 '.' 0.1 ' ' 1
```

从上面输出的方差分析表结果可以看到因子 A 和因子 B 对应的 p 值都远小于显著性水平 0.05,故认为这两个因子都是显著的.交互作用 AB 对应的检验 p 值为 0.7665,所以不能拒绝原假设,即认为交互作用不显著.另外从方差分析表中还可以直接得到 σ^2 的无偏估计 $\hat{\sigma}^2 = MS_E = 1.46$.

对显著的因子 A 和因子 B 的各水平进行多重比较,结果如下,此处仅给出 LSD 法的 R 结果:

(1)关于因子 A 的各水平的多重比较结果

```
> LSD.test(aov.Eg3_1Data,c("A"),group = FALSE, console = TRUE)

Study: aov.Eg3_1Data ~ c("A")

LSD t Test for Y

Mean Square Error: 1.458333

A, means and individual ( 95 % ) CI

        Y      std  r      LCL      UCL  Min Max
A1 35.250 2.604940  8 34.31974 36.18026  31  39
A2 36.875 2.587746  8 35.94474 37.80526  33  41
A3 39.000 2.927700  8 38.06974 39.93026  35  44

Alpha: 0.05 ; DF Error: 12
Critical Value of t: 2.178813

Comparison between treatments means

        difference p-value  signif.       LCL        UCL
A1 - A2     -1.625  0.0196        *  -2.940583 -0.3094168
A1 - A3     -3.750  0.0000      ***  -5.065583 -2.4344168
A2 - A3     -2.125  0.0042       **  -3.440583 -0.8094168
```

(2)关于因子 B 的各水平的多重比较结果

```
> LSD.test(aov.Eg3_1Data,c("B"),group = FALSE, console = TRUE)

Study: aov.Eg3_1Data ~ c("B")

LSD t Test for Y

Mean Square Error:  1.458333

B,  means and individual ( 95 % ) CI

          Y      std r      LCL      UCL  Min Max
B1 33.83333 2.041241 6 32.75916 34.90750  31  37
B2 36.33333 1.366260 6 35.25916 37.40750  34  38
B3 37.66667 1.966384 6 36.59250 38.74084  35  40
B4 40.33333 2.422120 6 39.25916 41.40750  38  44

Alpha: 0.05 ; DF Error: 12
Critical Value of t: 2.178813
```

```
Comparison between treatments means

          difference  p-value  signif.        LCL          UCL
B1 - B2  - 2.500000   0.0037     **      - 4.019105   - 0.9808953
B1 - B3  - 3.833333   0.0001     ***     - 5.352438   - 2.3142287
B1 - B4  - 6.500000   0.0000     ***     - 8.019105   - 4.9808953
B2 - B3  - 1.333333   0.0800      .      - 2.852438     0.1857713
B2 - B4  - 4.000000   0.0001     ***     - 5.519105   - 2.4808953
B3 - B4  - 2.666667   0.0024   - **      - 4.185771   - 1.1475620
```

上面多重比较结果中可根据 p 值直接判断两个水平或处理间是否有显著差异，也可以直接看“ * ”号的多少，“ * ”越多表明差异越显著.

绘制因子交互效应图：

```
> op<-par(mfrow = c(1,2))
> with(Eg3_1Data, interaction.plot(A,B,Y,trace.label = "A"))
> with(Eg3_1Data, interaction.plot(B,A,Y,trace.label = "B"))
```

从图 3.1 可以直观看出因子 A 的各水平的变化趋势在因子 B 的每个水平上大致相同.类似地，因子 B 的各水平的变化趋势在因子 A 的每个水平上也大致相同，因此交互作用不很明显，这跟方差分析 F 检验的结果是一致的.

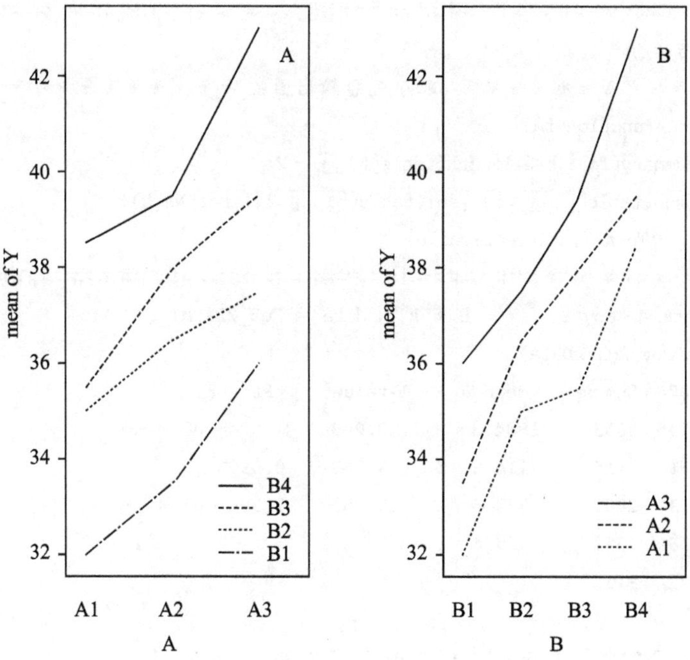

图 3.1　因子的交互效应图 1

例 3.2　设有 4 个果树品种(A)，其水平记为 A_1, A_2, A_3, A_4，2 种栽培方法(B)，其水平记为 B_1, B_2.要进行产量比较试验，每个处理进行 3 次重复，考虑各因子及交互作用对产量(kg)的影响.产量数据表如表 3.4 所示.

表 3.4 不同果树品种(A)、栽培方法(B)下的产量数据 kg

A	B	
	B_1	B_2
A_1	60.0,65.0,72.5	32.5,25.0,27.5
A_2	50.0, 47.5, 62.5	65.0, 75.0, 75.0
A_3	80.0, 77.5, 70.0	92.5, 87.5, 80.0
A_4	95.0, 90.0, 85.0	75.0, 87.5, 80.0

R 语言方差分析如下：

```
> Eg3_2Data <- data.frame(
+          Y = c(60.0, 65.0, 72.5, 32.5, 25.0, 27.5,
+                50.0, 47.5, 62.5, 65.0, 75.0, 75.0,
+                80.0, 77.5, 70.0, 92.5, 87.5, 80.0,
+                95.0, 90.0, 85.0, 75.0, 87.5, 80.0),
+          A = gl(4,6,24,labels = c("A1","A2","A3","A4")),
+          B = gl(2,3,24,labels = c("B1","B2"))
+          )
> ####################################################################
> ##ANOVA  方差分析
> #%%%%%%%%%%%%%%% ANOVA 完整输出函数 %%%%%%%%%%%
> anova.table<-function(fm){
+   table<-summary(fm); k<-length(table[[1]]) - 2
+   temp<-c(sum(table[[1]][,1]),sum(table[[1]][,2]),rep(NA,k))
+   table[[1]]["Total",]<-temp;table}
> ####################################################################
> aov.Eg3_2Data <- aov(Y ~ A + B + A:B, data = Eg3_2Data)
> anova.table(aov.Eg3_2Data)
            Df  Sum Sq   Mean Sq   F-value    Pr(>F)
A            3   5653    1884.3     53.203    1.52e-08 ***
B            1    115     114.8      3.243    0.0906 .
A:B          3   2801     933.6     26.360    1.98e-06 ***
Residuals   16    567      35.4
Total       23   9135
---
Signif. codes:  0 '***' 0.001 '**' 0.01 '*' 0.05 '.' 0.1 ' ' 1
```

从上面输出的方差分析表结果可以看到因子 A 和交互作用 AB 对应的 p 值都远小于显著性水平 0.05,故认为它们都是高度显著的.而因子 B 对应的 p 值为 0.0906,在 0.05 显著性水平上不显著.

对显著的因子 A 和交互作用 AB 做多重比较,结果如下：

(1)关于因子 A 的各水平的多重比较结果

```
> LSD.test(aov.Eg3_2Data,c("A"),group = FALSE, console = TRUE)

Study: aov.Eg3_2Data ~ c("A")

LSD t Test for Y

Mean Square Error: 35.41667

A, means and individual ( 95 % ) CI

          Y        std     r    LCL       UCL      Min   Max
A1  47.08333  21.060429  6  41.93289  52.23378  25.0  72.5
A2  62.50000  11.832160  6  57.34956  67.65044  47.5  75.0
A3  81.25000   7.866066  6  76.09956  86.40044  70.0  92.5
A4  85.41667   7.144345  6  80.26622  90.56711  75.0  95.0

Alpha: 0.05 ; DF Error: 16
Critical Value of t: 2.119905

Comparison between treatments means

         difference  p-value  signif.    LCL        UCL
A1 - A2  -15.416667  0.0004   ***     -22.70049  -8.132839
A1 - A3  -34.166667  0.0000   ***     -41.45049  -26.882839
A1 - A4  -38.333333  0.0000   ***     -45.61716  -31.049505
A2 - A3  -18.750000  0.0001   ***     -26.03383  -11.466172
A2 - A4  -22.916667  0.0000   ***     -30.20049  -15.632839
A3 - A4   -4.166667  0.2429           -11.45049   3.117161
```

(2)关于因子 A 和 B 的交互作用各水平组合的多重比较结果

```
> LSD.test(aov.Eg3_2Data,c("A","B"),group = FALSE, console = TRUE)

Study: aov.Eg3_2Data ~ c("A", "B")

LSD t Test for Y

Mean Square Error: 35.41667

A:B, means and individual ( 95 % ) CI

           Y        std    r    LCL       UCL      Min   Max
A1:B1  65.83333  6.291529  3  58.54951  73.11716  60.0  72.5
A1:B2  28.33333  3.818813  3  21.04951  35.61716  25.0  32.5
A2:B1  53.33333  8.036376  3  46.04951  60.61716  47.5  62.5
A2:B2  71.66667  5.773503  3  64.38284  78.95049  65.0  75.0
A3:B1  75.83333  5.204165  3  68.54951  83.11716  70.0  80.0
A3:B2  86.66667  6.291529  3  79.38284  93.95049  80.0  92.5
A4:B1  90.00000  5.000000  3  82.71617  97.28383  85.0  95.0
A4:B2  80.83333  6.291529  3  73.54951  88.11716  75.0  87.5

Alpha: 0.05 ; DF Error: 16
```

```
Critical Value of t: 2.119905

Comparison between treatments means

              difference  p-value  signif.         LCL          UCL
A1:B1 - A1:B2  37.500000   0.0000      ***   27.199112   47.8008882
A1:B1 - A2:B1  12.500000   0.0205        *    2.199112   22.8008882
A1:B1 - A2:B2  -5.833333   0.2474           -16.134222    4.4675549
A1:B1 - A3:B1 -10.000000   0.0563           -20.300888    0.3008882
A1:B1 - A3:B2 -20.833333   0.0006      ***  -31.134222  -10.5324451
A1:B1 - A4:B1 -24.166667   0.0001      ***  -34.467555  -13.8657785
A1:B1 - A4:B2 -15.000000   0.0071       **  -25.300888   -4.6991118
A1:B2 - A2:B1 -25.000000   0.0001      ***  -35.300888  -14.6991118
A1:B2 - A2:B2 -43.333333   0.0000      ***  -53.634222  -33.0324451
A1:B2 - A3:B1 -47.500000   0.0000      ***  -57.800888  -37.1991118
A1:B2 - A3:B2 -58.333333   0.0000      ***  -68.634222  -48.0324451
A1:B2 - A4:B1 -61.666667   0.0000      ***  -71.967555  -51.3657785
A1:B2 - A4:B2 -52.500000   0.0000      ***  -62.800888  -42.1991118
A2:B1 - A2:B2 -18.333333   0.0017       **  -28.634222   -8.0324451
A2:B1 - A3:B1 -22.500000   0.0003      ***  -32.800888  -12.1991118
A2:B1 - A3:B2 -33.333333   0.0000      ***  -43.634222  -23.0324451
A2:B1 - A4:B1 -36.666667   0.0000      ***  -46.967555  -26.3657785
A2:B1 - A4:B2 -27.500000   0.0000      ***  -37.800888  -17.1991118
A2:B2 - A3:B1  -4.166667   0.4038           -14.467555    6.1342215
A2:B2 - A3:B2 -15.000000   0.0071       **  -25.300888   -4.6991118
A2:B2 - A4:B1 -18.333333   0.0017       **  -28.634222   -8.0324451
A2:B2 - A4:B2  -9.166667   0.0775        .  -19.467555    1.1342215
A3:B1 - A3:B2 -10.833333   0.0405        *  -21.134222   -0.5324451
A3:B1 - A4:B1 -14.166667   0.0101        *  -24.467555   -3.8657785
A3:B1 - A4:B2  -5.000000   0.3188           -15.300888    5.3008882
A3:B2 - A4:B1  -3.333333   0.5025           -13.634222    6.9675549
A3:B2 - A4:B2   5.833333   0.2474            -4.467555   16.1342215
A4:B1 - A4:B2   9.166667   0.0775        .   -1.134222   19.4675549
```

再看一下交互效应图(图 3.2).

```
> op<-par(mfrow = c(1,2))
> with(Eg3_2Data, interaction.plot(A,B,Y,trace.label = "A"))
> with(Eg3_2Data, interaction.plot(B,A,Y,trace.label = "B"))
```

图 3.2 与图 3.1 相比,可以看到明显的不同,图 3.2 中的效应连线有明显交叉,因此存在比较明显的交互作用.

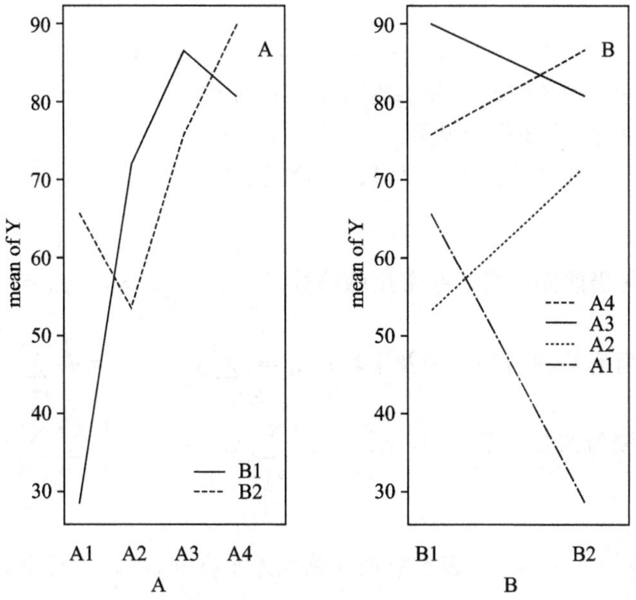

图 3.2　因子的交互效应图 2

3.1.7　两因子试验无交互作用时的模型与分析

注意到例 3.1 中,交互作用是不显著的,此时模型可以简化,从试验设计的角度来看可以不做重复试验也能进行方差分析.在实际中可以事先根据经验或试验条件的限制先对交互作用是否显著或是否值得研究进行判断.下面考虑两因子试验无重复试验时的模型与分析.

对两因子试验的两个待考察因子 A,B,其中因子 A 有 a 个水平,记为 $A_1,A_2,\cdots,A_a$;因子 B 有 b 个水平,记为 $B_1,B_2,\cdots,B_b$.在每一处理(A_i,B_j)下做 1 次试验,每个观察值记为 y_{ij},结果见表 3.5.

表 3.5　两因子无重复试验标准形式数据表

A	B			
	B_1	B_2	$\cdots$	B_b
A_1	y_{11}	y_{12}	$\cdots$	y_{1b}
A_2	y_{21}	y_{22}	$\cdots$	y_{2b}
$\vdots$	$\vdots$	$\vdots$	$\vdots$	$\vdots$
A_a	y_{a1}	y_{a2}	$\cdots$	y_{ab}

此时两因子无重复试验方差分析模型为:

$$\begin{cases} y_{ij}=\mu+\delta_i+\beta_j+\varepsilon_{ij} \\ \sum_{i=1}^{a}\delta_i=0,\ \sum_{j=1}^{b}\beta_j=0 \qquad i=1,2,\cdots,a;j=1,2,\cdots,b \\ \varepsilon_{ij}\ \text{i. i. d.}\ \sim N(0,\sigma^2) \end{cases}$$

根据上述模型,有 $y_{ij}\sim N(\mu_{ij},\sigma^2)$,其中 $\mu_{ij}=\mu+\delta_i+\beta_j$,且相互独立.该模型下的原假设

和备择假设为：

(1)$H_{01}:\delta_1=\delta_2=\cdots=\delta_a=0$ vs $H_{11}:\delta_1,\delta_2,\cdots,\delta_a$ 不全为 0；

(2)$H_{02}:\beta_1=\beta_2=\cdots=\beta_b=0$ vs $H_{12}:\beta_1,\beta_2,\cdots,\beta_b$ 不全为 0.

分别回答因子 A，因子 B 是否显著.

方差分析过程与有重复试验时类似，只是需要注意无重复数目对应的下标 k 时表达式的变化.

做平方和分解前仍然先定义一些常用的符号. 记 $y_{i\cdot}=\sum_{j=1}^{b}y_{ij}$，$\bar{y}_{i\cdot}=\frac{1}{b}\sum_{j=1}^{b}y_{ij}$，$i=1,\cdots,a$ 表示 A_i 水平下的所有观测值的总和及平均；$y_{\cdot j}=\sum_{i=1}^{a}y_{ij}$，$\bar{y}_{\cdot j}=\frac{1}{a}\sum_{i=1}^{a}y_{ij}$，$j=1,\cdots,b$ 表示 B_j 水平下的所有观测值的总和及平均；$y_{\cdot\cdot}=\sum_{i=1}^{a}\sum_{j=1}^{b}y_{ij}$，$\bar{y}_{\cdot\cdot}=\frac{1}{ab}\sum_{i=1}^{a}\sum_{j=1}^{b}y_{ij}$，表示所有观测值的总和及总平均.

记 $SS_T=\sum_{i=1}^{a}\sum_{j=1}^{b}(y_{ij}-\bar{y}_{\cdot\cdot})^2$ 表示数据的总偏差平方和，反映了每个观测在其总平均值上下的波动；$SS_A=b\sum_{i=1}^{a}(\bar{y}_{i\cdot}-\bar{y}_{\cdot\cdot})^2$ 表示因子 A 的效应平方和；$SS_B=a\sum_{j=1}^{b}(\bar{y}_{\cdot j}-\bar{y}_{\cdot\cdot})^2$ 表示因子 B 的效应平方和；$SS_E=\sum_{i=1}^{a}\sum_{j=1}^{b}(y_{ij}-\bar{y}_{i\cdot}-\bar{y}_{\cdot j}+\bar{y}_{\cdot\cdot})^2$ 表示误差平方和.

不难证明下述平方和分解公式：

$$SS_T=SS_A+SS_B+SS_E$$

即总偏差平方和可以分解为 3 项平方和的和式，而这 3 个平方和分别对应于模型结构式 $y_{ij}=\mu+\delta_i+\beta_j+\varepsilon_{ij}$ 等号右边除了总均值 μ 之外的 3 项，即该平方和分解式将总的波动分解为 3 部分，分别是因子 A 的水平变化引起的，因子 B 的水平变化引起的以及误差引起的波动.

平方和分解式也对应着自由度分解式. 总偏差平方和 SS_T 的自由度 $f_T=ab-1$，SS_A 的自由度 $f_A=a-1$，SS_B 的自由度 $f_B=b-1$，SS_E 的自由度 $f_e=(a-1)(b-1)$. 显然有：

$$f_T=f_A+f_B+f_e$$

该自由度分解式与平方和分解式各项也是一一对应的.

其他结论不再赘述，直接给出方差分析表(表 3.6).

表 3.6 两因子无重复试验时模型的方差分析表

方差来源	平方和	自由度	均方	F 比
因子 A	SS_A	$a-1$	$MS_A=\frac{SS_A}{a-1}$	$\frac{MS_A}{MS_E}$
因子 B	SS_B	$b-1$	$MS_B=\frac{SS_B}{b-1}$	$\frac{MS_B}{MS_E}$
误差	SS_E	$(a-1)(b-1)$	$MS_E=\frac{SS_E}{(a-1)(b-1)}$	
总和	SS_T	$ab-1$		

注意到在有重复试验模型下的平方和分解式中 $SS_E = \sum_{i=1}^{a}\sum_{j=1}^{b}\sum_{k=1}^{n}(y_{ijk}-\bar{y}_{ij\cdot})^2$，当无重复试验，即重复次数 $n=1$ 时，该项等于 0. 所以如果要考虑交互效应，不做重复试验时总偏差平方和不能分解出误差平方和项，从而就不能做一般意义上的方差分析. 另外，如果试验中有交互作用而假设其无交互作用，且不做重复试验进行方差分析，此时误差平方和所体现的波动实际上是由交互作用带来的而不是真正的随机误差波动，因此这种情况下进行方差分析就会产生误导. 实际问题中，对交互作用的处理应该非常谨慎.

例 3.3　一种化学产品中的杂质受 2 个因子：温度(A)与压力(B)的影响. 此两因子实验的单次重复数据如表 3.7 所示. 考虑各因子对杂质的影响.

表 3.7　不同温度(A)、压力(B)下的杂质数据

温度 A/°F	压力 B/Pa				
	B_1(25)	B_2(30)	B_3(35)	B_4(40)	B_5(45)
A_1(100)	5	4	6	3	5
A_2(125)	3	1	4	2	3
A_3(150)	1	1	3	1	2

R 语言方差分析结果如下：

```
> Eg3_3Data <- data.frame(
+           Y = c(5,4,6,3,5,3,1,4,2,3,1,1,3,1,2),
+           A = gl(3,5,15,labels = c("A1","A2","A3")),
+           B = gl(5,1,15,labels = c("B1","B2","B3","B4","B5"))
+           )
> ###############################################################9
> ##ANOVA  方差分析
> #%%%%%%%%%%%%%% ANOVA 完整输出函数 %%%%%%%%%%%
> anova.table<-function(fm){
+   table<-summary(fm); k<-length(table[[1]]) - 2
+   temp<-c(sum(table[[1]][,1]),sum(table[[1]][,2]),rep(NA,k))
+   table[[1]]["Total",]<-temp;table}
> ################################################################
> aov.Eg3_3Data <- aov(Y ~ A + B, data = Eg3_3Data)
> anova.table(aov.Eg3_3Data)
            Df  Sum Sq Mean Sq F-value  Pr(>F)
A            2  23.33   11.67   46.67   3.88e-05 ***
B            4  11.60    2.90   11.60   0.00206  **
Residuals    8   2.00    0.25
Total       14  36.93
---
Signif. codes:  0 '***' 0.001 '**' 0.01 '*' 0.05 '.' 0.1 ' ' 1
```

从上面输出的方差分析表结果可以看到因子 A 和因子 B 对应的 p 值都小于显著性水平 0.05，故认为它们都是显著的.

这种情形下，若在 aov()函数的参数中输入 $Y \sim A+B+A:B$，即要考虑交互作用的影响，此时输出结果如下：

```
> aov.Eg3_3DataInt <- aov(Y ~ A + B + A:B, data = Eg3_3Data)
> anova.table(aov.Eg3_3DataInt)
         Df  Sum Sq  Mean Sq
A         2  23.33   11.67
B         4  11.60    2.90
A:B       8   2.00    0.25
Total    14  36.93
```

从输出结果看，没能完成方差分析，因为不能分解出误差平方和项.

3.2 三因子试验的设计与分析

在实际问题中影响试验指标的因子可能比两个更多，但上一节的两因子析因设计模型及分析方法可以类似推广到更一般的多因子场合，本节我们以三因子试验为例进行讨论，在讨论过程中注意与上一节相对应内容的类比.

例 3.4 某研究者用大白鼠做试验，试验指标是肝重与体重之比(%)，试验目的是希望了解药物 A 对试验指标的作用，同时要考察用生理盐水和戊巴比妥作为诱导药对药物 A 毒性作用有无影响，对不同性别大白鼠诱导的作用有何不同，以及对不同性别大白鼠使用药物 A 的作用是否相同. 通过试验得到表 3.8 数据.

表 3.8 大白鼠肝重与体重之比试验数据 %

因子 A	因子 B	因子 C	肝重与体重之比
不用药	生理盐水	雌	5.26，5.68，5.83
不用药	生理盐水	雄	5.00，5.52，5.38
不用药	戊巴比妥	雌	5.87，5.50，6.20
不用药	戊巴比妥	雄	6.13，6.46，5.21
用药	生理盐水	雌	5.42，5.60，5.70
用药	生理盐水	雄	6.30，7.02，5.90
用药	戊巴比妥	雌	4.64，4.60，5.44
用药	戊巴比妥	雄	6.02，5.70，5.48

在这个例子中，影响试验指标的因子有 3 个，是否用药用 A 表示，诱导药物种类用 B 表示，大白鼠性别用 C 表示. 每个因子有 2 个水平，分别记为 A_1 =“不用药”，A_2 =“用药”，B_1 =“生理盐水”，B_2 =“戊巴比妥”，C_1 =“雌”，C_2 =“雄”. 该试验共有 8 个处理，每个处理下重复 3 次试验，共 24 个数据，试验目的是确定各因子及交互作用是否对试验指标有显著影响.

3.2.1 三因子试验的一般描述

设试验中有3个待考察因子A,B,C,其中因子A有a个水平,记为$A_1,A_2,\cdots,A_a$;因子B有b个水平,记为$B_1,B_2,\cdots,B_b$;因子C有c个水平,记为$C_1,C_2,\cdots,C_c$.在每一处理(A_i,B_j,C_k)下做$n(n\geqslant 2)$次重复试验,每个观测数据记为y_{ijkl},总共有$abcn$个观测数据.

三因子试验的固定效应模型(也称三因子方差分析模型)可用下式表示:

$$y_{ijkl}=\mu+\delta_i+\beta_j+\gamma_k+(\delta\beta)_{ij}+(\beta\gamma)_{jk}+(\delta\gamma)_{jk}+(\delta\beta\gamma)_{ijk}+\varepsilon_{ijkl}$$
$$i=1,2,\cdots,a;j=1,2,\cdots,b;k=1,2,\cdots,c;l=1,2,\cdots,n$$

其中,μ是总平均;δ_i是A因子第i个水平的主效应;β_j是B因子第j个水平的主效应;γ_k是C因子第k个水平的主效应;$(\delta\beta)_{ij}$是A因子第i个水平和B因子第j个水平的交互效应;$(\beta\gamma)_{jk}$是B因子第j个水平和C因子第k个水平的交互效应;$(\delta\gamma)_{ik}$是A因子第i个水平和C因子第k个水平的交互效应;$(\delta\beta\gamma)_{ijk}$是$A$因子第$i$个水平、$B$因子第$j$个水平与$C$因子第$k$个水平的交互效应;$\varepsilon_{ijkl}\sim N(0,\sigma^2)$是随机误差,且所有的$\varepsilon_{ijkl}$相互独立.

根据效应的定义,有如下约束成立:

$$\sum_{i=1}^{a}\delta_i=0,\ \sum_{j=1}^{b}\beta_j=0,\ \sum_{k=1}^{c}\gamma_k=0;$$
$$\sum_{i=1}^{a}(\delta\beta)_{ij}=0,\ j=1,2,\cdots,b;\ \sum_{j=1}^{b}(\delta\beta)_{ij}=0,\ i=1,2,\cdots,a;$$
$$\sum_{j=1}^{b}(\beta\gamma)_{jk}=0,\ k=1,2,\cdots,c;\ \sum_{k=1}^{c}(\beta\gamma)_{jk}=0,\ j=1,2,\cdots,b;$$
$$\sum_{i=1}^{a}(\delta\gamma)_{ik}=0,\ k=1,2,\cdots,c;\ \sum_{k=1}^{c}(\delta\gamma)_{ik}=0,\ i=1,2,\cdots,a;$$
$$\sum_{i=1}^{a}(\delta\beta\gamma)_{ijk}=0,\forall j,k;\ \sum_{j=1}^{b}(\delta\beta\gamma)_{ijk}=0,\forall i,k;\ \sum_{k=1}^{c}(\delta\beta\gamma)_{ijk}=0,\forall i,j.$$

根据上述模型,有$y_{ijkl}\sim N(\mu_{ijk},\sigma^2)$,其中$\mu_{ijk}=\mu+\delta_i+\beta_j+\gamma_k+(\delta\beta)_{ij}+(\beta\gamma)_{jk}+(\delta\gamma)_{ik}+(\delta\beta\gamma)_{ijk}$,即效应可加.所有的$y_{ijkl}$相互独立.

在三因子方差分析模型中,我们需要做如下假设检验:

(1)$H_{01}:\delta_1=\delta_2=\cdots=\delta_a=0$ vs $H_{11}:\delta_1,\delta_2,\cdots,\delta_a$不全为0;

(2)$H_{02}:\beta_1=\beta_2=\cdots=\beta_b=0$ vs $H_{12}:\beta_1,\beta_2,\cdots,\beta_b$不全为0;

(3)$H_{03}:\gamma_1=\gamma_2=\cdots=\gamma_c=0$ vs $H_{13}:\gamma_1,\gamma_2,\cdots,\gamma_c$不全为0;

(4)$H_{04}:(\delta\beta)_{ij}=0\ \forall i,j$ vs H_{14}:至少存在一个$(\delta\beta)_{ij}\neq 0$;

(5)$H_{05}:(\delta\gamma)_{ik}=0\ \forall i,k$ vs H_{15}:至少存在一个$(\delta\gamma)_{ik}\neq 0$;

(6)$H_{06}:(\beta\gamma)_{jk}=0\ \forall i,j$ vs H_{16}:至少存在一个$(\beta\gamma)_{jk}\neq 0$;

(7)$H_{07}:(\delta\beta\gamma)_{ijk}=0\ \forall i,j,k$ vs H_{17}:至少存在一个$(\delta\beta\gamma)_{ijk}\neq 0$.

分别回答因子A是否显著,因子B是否显著,因子C是否显著,因子A、B的交互作用(记作AB)是否显著,因子A、C的交互作用(记作AC)是否显著,因子B、C的交互作用(记作BC)是否显著,因子A、B、C的交互作用(记作ABC)是否显著,另外还要估计各效应以及方差σ^2.

注意到上述模型的复杂之处在于随着因子数增多,交互作用数快速增加,因此需要的试验次数也将快速上升.我们把2个因子的交互作用称为一级交互作用,3个因子的交互作用称为二级交互作用，以此类推. 实际中，由于人力、物力、财力的限制，在因子个数较多时，很难做全面试验，因此也就无法考察所有的交互作用效应. 根据经验，很多场合下高级交互作用可以忽略，主要关注一级交互作用，这样结合适当的试验设计方案就可以达到减少试验次数并尽可能减少信息损失的目的. 这是后面正交设计等章节要解决的问题.

3.2.2 三因子试验方差分析

三因子试验方差分析的关键仍在于平方和分解. 下面先给出一些常用的符号. 记 $y_{i\cdots}=\sum_{j=1}^{b}\sum_{k=1}^{c}\sum_{l=1}^{n}y_{ijkl}$，$\bar{y}_{i\cdots}=\frac{1}{bcn}\sum_{j=1}^{b}\sum_{k=1}^{c}\sum_{l=1}^{n}y_{ijkl}$，$i=1,\cdots,a$ 表示 A_i 水平下的所有观测值的总和及平均；$y_{\cdot j\cdot\cdot}=\sum_{i=1}^{a}\sum_{k=1}^{c}\sum_{l=1}^{n}y_{ijkl}$，$\bar{y}_{\cdot j\cdot\cdot}=\frac{1}{acn}\sum_{i=1}^{a}\sum_{k=1}^{c}\sum_{l=1}^{n}y_{ijkl}$，$j=1,\cdots,b$ 表示 B_j 水平下的所有观测值的总和及平均；$y_{ij\cdot\cdot}=\sum_{k=1}^{c}\sum_{l=1}^{n}y_{ijkl}$，$\bar{y}_{ij\cdot\cdot}=\frac{1}{cn}\sum_{k=1}^{c}\sum_{l=1}^{n}y_{ijkl}$，$i=1,\cdots,a;j=1,\cdots,b$ 表示 A_iB_j 处理下的所有观测值的总和及平均；$y_{i\cdot k\cdot}=\sum_{j=1}^{b}\sum_{l=1}^{n}y_{ijkl}$，$\bar{y}_{ij\cdot\cdot}=\frac{1}{bn}\sum_{j=1}^{b}\sum_{l=1}^{n}y_{ijkl}$，$i=1,\cdots,a;k=1,\cdots,c$ 表示 A_iC_k 处理下的所有观测值的总和及平均；$y_{\cdot jk\cdot}=\sum_{i=1}^{a}\sum_{l=1}^{n}y_{ijkl}$，$\bar{y}_{\cdot jk\cdot}=\frac{1}{an}\sum_{i=1}^{a}\sum_{l=1}^{n}y_{ijkl}$，$j=1,\cdots,b;k=1,\cdots,c$ 表示 B_jC_k 处理下的所有观测值的总和及平均；$y_{ijk\cdot}=\sum_{l=1}^{n}y_{ijkl}$，$\bar{y}_{ijk\cdot}=\frac{1}{n}\sum_{l=1}^{n}y_{ijkl}$，$i=1,\cdots,a;j=1,\cdots,b;k=1,\cdots,c$ 表示 $A_iB_jC_k$ 处理下的所有观测值的总和及平均；$y_{\cdots\cdot}=\sum_{i=1}^{a}\sum_{j=1}^{b}\sum_{k=1}^{c}\sum_{l=1}^{n}y_{ijkl}$，$\bar{y}_{\cdots\cdot}=\frac{1}{abcn}\sum_{i=1}^{a}\sum_{j=1}^{b}\sum_{k=1}^{c}\sum_{l=1}^{n}y_{ijkl}$ 表示所有观测值的总和及总平均.

记 $SS_T=\sum_{i=1}^{a}\sum_{j=1}^{b}\sum_{k=1}^{c}\sum_{l=1}^{n}(y_{ijkl}-\bar{y}_{\cdots\cdot})^2$ 表示数据的总偏差平方和，反映了每个观测在其总平均值上下的波动；$SS_A=bcn\sum_{i=1}^{a}(\bar{y}_{i\cdots}-\bar{y}_{\cdots\cdot})^2$ 表示因子 A 的效应平方和；$SS_B=acn\sum_{j=1}^{b}(\bar{y}_{\cdot j\cdot\cdot}-\bar{y}_{\cdots\cdot})^2$ 表示因子 B 的效应平方和；$SS_C=abn\sum_{k=1}^{c}(\bar{y}_{\cdot\cdot k\cdot}-\bar{y}_{\cdots\cdot})^2$ 表示因子 C 的效应平方和；$SS_{AB}=cn\sum_{i=1}^{a}\sum_{j=1}^{b}(\bar{y}_{ij\cdot\cdot}-\bar{y}_{i\cdots}-\bar{y}_{\cdot j\cdot\cdot}+\bar{y}_{\cdots\cdot})^2$ 表示因子 A 和 B 的交互效应平方和；$SS_{AC}=bn\sum_{i=1}^{a}\sum_{k=1}^{c}(\bar{y}_{i\cdot k\cdot}-\bar{y}_{i\cdots}-\bar{y}_{\cdot\cdot k\cdot}+\bar{y}_{\cdots\cdot})^2$ 表示因子 A 和 C 的交互效应平方和；$SS_{BC}=an\sum_{j=1}^{b}\sum_{k=1}^{c}(\bar{y}_{\cdot jk\cdot}-\bar{y}_{\cdot j\cdot\cdot}-\bar{y}_{\cdot\cdot k\cdot}+\bar{y}_{\cdots\cdot})^2$ 表示因子 B 和 C 的交互效应平方和；$SS_{ABC}=n\sum_{i=1}^{a}\sum_{j=1}^{b}\sum_{k=1}^{c}(\bar{y}_{ijk\cdot}-\bar{y}_{ij\cdot\cdot}-\bar{y}_{i\cdot k\cdot}-\bar{y}_{\cdot jk\cdot}+\bar{y}_{i\cdots}+\bar{y}_{\cdot j\cdot\cdot}+\bar{y}_{\cdot\cdot k\cdot}-\bar{y}_{\cdots\cdot})^2$ 表示因子 A、B 和 C 的交互效应平方和；$SS_E=\sum_{i=1}^{a}\sum_{j=1}^{b}\sum_{k=1}^{c}\sum_{l=1}^{n}(y_{ijkl}-\bar{y}_{ijk\cdot})^2$ 表示误差平方和.

不难证明下述平方和分解公式：

$$SS_T=SS_A+SS_B+SS_C+SS_{AB}+SS_{AC}+SS_{BC}+SS_{ABC}+SS_E$$

即总偏差平方和可以分解为 8 项平方和的和式，而这 8 个平方和分别对应于模型结构式 $y_{ijkl}=\mu+\delta_i+\beta_j+\gamma_k+(\delta\beta)_{ij}+(\beta\gamma)_{jk}+(\delta\gamma)_{ik}+(\delta\beta\gamma)_{ijk}+\varepsilon_{ijkl}$ 等号右边除了总均值 μ 之外的 8 项，即该平方和分解式将总的波动分解为 8 部分，分别是因子 A 的水平变化引起的波动，因子 B 的水平变化引起的波动，因子 C 的水平变化引起的波动，因子 A 和 B 的交互作用引起的波动，因子 A 和 C 的交互作用引起的波动，因子 B 和 C 的交互作用引起的波动，因子 A、B 和 C 的二级交互作用引起的波动以及误差引起的波动.

平方和分解式也对应着自由度分解式，这里直接给出各平方和对应的自由度，读者也可以根据自由度的定义及平方和表达式尝试自己推导.

关于自由度可以由之前提到过的一般规律直接写出，即总偏差平方和的自由度等于总数据个数减 1，因子效应平方和的自由度即为其水平数减 1，交互作用的自由度为产生此交互的因子的自由度的乘积. 总偏差平方和 SS_T 的自由度 $f_T=abcn-1$，SS_A 的自由度 $f_A=a-1$，SS_B 的自由度 $f_B=b-1$，SS_C 的自由度 $f_C=c-1$，SS_{AB} 的自由度 $f_{AB}=(a-1)(b-1)$，SS_{AC} 的自由度 $f_{AC}=(a-1)(c-1)$，SS_{BC} 的自由度 $f_{AB}=(b-1)(c-1)$，SS_{ABC} 的自由度 $f_{ABC}=(a-1)(b-1)(c-1)$，SS_E 的自由度 $f_e=abc(n-1)$. 显然有：

$$f_T=f_A+f_B+f_C+f_{AB}+f_{AC}+f_{BC}+f_{ABC}+f_e$$

该自由度分解式与平方和分解式各项也是一一对应的.

3.2.3　平方和的统计性质

关于平方和有如下统计结论：

定理 3.2.1　在三因子方差分析模型的基本假设下，有：

$$E(SS_E)=abc(n-1)\sigma^2$$

$$E(SS_A)=(a-1)\sigma^2+bcn\sum_{i=1}^{a}\delta_i^2$$

$$E(SS_B)=(b-1)\sigma^2+acn\sum_{j=1}^{b}\beta_j^2$$

$$E(SS_C)=(c-1)\sigma^2+abn\sum_{k=1}^{c}\gamma_k^2$$

$$E(SS_{AB})=(a-1)(b-1)\sigma^2+cn\sum_{i=1}^{a}\sum_{j=1}^{b}(\delta\beta)_{ij}^2$$

$$E(SS_{AC})=(a-1)(c-1)\sigma^2+bn\sum_{i=1}^{a}\sum_{k=1}^{c}(\delta\gamma)_{ik}^2$$

$$E(SS_{BC})=(b-1)(c-1)\sigma^2+an\sum_{j=1}^{b}\sum_{k=1}^{c}(\beta\gamma)_{jk}^2$$

$$E(SS_{ABC})=(a-1)(b-1)(c-1)\sigma^2+n\sum_{i=1}^{a}\sum_{j=1}^{b}\sum_{k=1}^{c}(\delta\beta\gamma)_{ijk}^2$$

当原假设 $H_{01},H_{02},\cdots,H_{07}$ 成立时，有：

$$E(SS_A)=(a-1)\sigma^2,\ E(SS_B)=(b-1)\sigma^2,\ E(SS_C)=(c-1)\sigma^2$$

$$E(SS_{AB})=(a-1)(b-1)\sigma^2,\ E(SS_{AC})=(a-1)(c-1)\sigma^2,\ E(SS_{BC})=(b-1)(c-1)\sigma^2$$
$$E(SS_{ABC})=(a-1)(b-1)(c-1)\sigma^2$$

定理 3.2.2 在两因子方差分析模型的基本假设下,有:

(1)$\frac{SS_E}{\sigma^2}\sim\chi^2(n-s)$;

(2)在原假设 $H_{01}:\delta_1=\delta_2=\cdots=\delta_a=0$ 成立时,$\frac{SS_A}{\sigma^2}\sim\chi^2(a-1)$;

(3)在原假设 $H_{02}:\beta_1=\beta_2=\cdots=\beta_b=0$ 成立时,$\frac{SS_B}{\sigma^2}\sim\chi^2(b-1)$;

(4)在原假设 $H_{03}:\gamma_1=\gamma_2=\cdots=\gamma_c=0$ 成立时,$\frac{SS_C}{\sigma^2}\sim\chi^2(c-1)$;

(5)在原假设 $H_{04}:(\delta\beta)_{ij}=0\ \forall i,j$ 成立时,$\frac{SS_{AB}}{\sigma^2}\sim\chi^2[(a-1)(b-1)]$;

(6)在原假设 $H_{05}:(\delta\gamma)_{ik}=0\ \forall i,k$ 成立时,$\frac{SS_{AC}}{\sigma^2}\sim\chi^2[(a-1)(c-1)]$;

(7)在原假设 $H_{06}:(\beta\gamma)_{jk}=0\ \forall j,k$ 成立时,$\frac{SS_{BC}}{\sigma^2}\sim\chi^2[(b-1)(c-1)]$;

(8)在原假设 $H_{07}:(\delta\beta\gamma)_{ijk}=0\ \forall i,j,k$ 成立时,$\frac{SS_{ABC}}{\sigma^2}\sim\chi^2[(a-1)(b-1)(c-1)]$;

(9)SS_E 与 $SS_A,SS_B,SS_C,SS_{AB},SS_{AC},SS_{BC},SS_{ABC}$ 相互独立.

3.2.4 方差分析表

根据平方和分解公式及定理 3.2.1 和定理 3.2.2 可以构造检验 $H_{01},H_{02},\cdots,H_{07}$ 的 F 比统计量及相应的拒绝域,构造过程与两因子方差分析模型类似,不再赘述,下面直接给出方差分析表(表 3.9).

表 3.9 方差分析表

方差来源	平方和	自由度	均方	F 比
因子 A	SS_A	$a-1$	$MS_A=\frac{SS_A}{a-1}$	$\frac{MS_A}{MS_E}$
因子 B	SS_B	$b-1$	$MS_B=\frac{SS_B}{b-1}$	$\frac{MS_B}{MS_E}$
因子 C	SS_C	$c-1$	$MS_C=\frac{SS_C}{c-1}$	$\frac{MS_C}{MS_E}$
交互作用 AB	SS_{AB}	$(a-1)(b-1)$	$MS_{AB}=\frac{SS_{AB}}{(a-1)(b-1)}$	$\frac{MS_{AB}}{MS_E}$
交互作用 AC	SS_{AC}	$(a-1)(c-1)$	$MS_{AC}=\frac{SS_{AC}}{(a-1)(c-1)}$	$\frac{MS_{AC}}{MS_E}$
交互作用 BC	SS_{BC}	$(b-1)(c-1)$	$MS_{BC}=\frac{SS_{BC}}{(b-1)(c-1)}$	$\frac{MS_{BC}}{MS_E}$
交互作用 ABC	SS_{ABC}	$(a-1)(b-1)(c-1)$	$MS_{ABC}=\frac{SS_{ABC}}{(a-1)(b-1)(c-1)}$	$\frac{MS_{ABC}}{MS_E}$
误差	SS_E	$abc(n-1)$	$MS_E=\frac{SS_E}{abc(n-1)}$	
总和	SS_T	$abcn-1$		

在 R 中仍然用 aov()函数完成三因子方差分析的计算，例 3.3 的 R 实现结果如下.

```
> Eg3_4Data <- data.frame(
+          Y = c(5.26, 5.68, 5.83, 5.00, 5.52, 5.38, 5.87, 5.50, 6.20, 6.13, 6.46, 5.21,
+                5.42, 5.60, 5.70, 6.30, 7.02, 5.90, 4.64, 4.60, 5.44, 6.02, 5.70, 5.48),
+          A = gl(2,12,24,labels = c("A1","A2")),
+          B = gl(2,6,24,labels = c("B1","B2")),
+          C = gl(2,3,24,labels = c("C1","C2"))
+          )
> ##################################################################
> ## ANOVA  方差分析
> # % % % % % % % % % % % % % % ANOVA 完整输出函数 % % % % % % % % % % %
> anova.table<-function(fm){
+   table<-summary(fm); k<-length(table[[1]]) - 2
+   temp<-c(sum(table[[1]][,1]),sum(table[[1]][,2]),rep(NA,k))
+   table[[1]]["Total",]<-temp;table}
> ##################################################################
> aov.Eg3_4Data <- aov(Y ~ A * B * C, data = Eg3_4Data)
> anova.table(aov.Eg3_4Data)
            Df Sum Sq Mean Sq F-value  Pr(>F)
A            1  0.002  0.0020   0.012  0.91407
B            1  0.077  0.0771   0.459  0.50766
C            1  0.799  0.7993   4.763  0.04432 *
A : B        1  1.904  1.9041  11.346  0.00391 * *
A : C        1  1.335  1.3348   7.954  0.01231 *
B : C        1  0.052  0.0523   0.311  0.58451
A : B : C    1  0.049  0.0486   0.290  0.59788
Residuals   16  2.685  0.1678
Total       23  6.903
---
Signif. codes:  0 '* * *' 0.001 '* *' 0.01 '*' 0.05 '.' 0.1 ' ' 1
```

从方差分析表看到，因子 C、因子 A 和 B 的交互作用 AB、因子 A 和 C 的交互作用 AC 在显著性水平 0.05 下是显著的，其他因子和交互作用不显著.

对显著因子和交互作用进行多重比较，结果如下：

```
> LSD.test(aov.Eg3_4Data,c("C"),group = FALSE, console = TRUE)

Study: aov.Eg3_4Data ~ c("C")

LSD t Test for Y

Mean Square Error: 0.1678125

C, means and individual ( 95 % ) CI

         Y        std   r      LCL      UCL  Min   Max
C1 5.478333 0.4699871  12 5.227643 5.729024  4.6  6.20
```

```
C2  5.843333  0.5779326  12  5.592643  6.094024  5.0  7.02

Alpha: 0.05 ; DF Error: 16
Critical Value of t: 2.119905

Comparison between treatments means

        difference  p-value  signif.    LCL        UCL
C1 - C2     -0.365  0.0443       *  -0.71953   -0.01047

> LSD.test(aov.Eg3_4Data,c("A","B"),group = FALSE, console = TRUE)

Study: aov.Eg3_4Data ~ c("A", "B")

LSD t Test for Y

Mean Square Error: 0.1678125

A:B, means and individual ( 95 %) CI

             Y       std r      LCL      UCL  Min  Max
A1:B1 5.445000 0.2985130 6 5.090470 5.799530 5.00 5.83
A1:B2 5.895000 0.4676216 6 5.540470 6.249530 5.21 6.46
A2:B1 5.990000 0.5875713 6 5.635470 6.344530 5.42 7.02
A2:B2 5.313333 0.5753144 6 4.958803 5.667863 4.60 6.02

Alpha: 0.05 ; DF Error: 16
Critical Value of t: 2.119905

Comparison between treatments means

              difference p-value signif.         LCL         UCL
A1:B1 - A1:B2 -0.4500000  0.0752       .  -0.95138113  0.05138113
A1:B1 - A2:B1 -0.5450000  0.0349       *  -1.04638113 -0.04361887
A1:B1 - A2:B2  0.1316667  0.5854          -0.36971447  0.63304780
A1:B2 - A2:B1 -0.0950000  0.6932          -0.59638113  0.40638113
A1:B2 - A2:B2  0.5816667  0.0257       *   0.08028553  1.08304780
A2:B1 - A2:B2  0.6766667  0.0113       *   0.17528553  1.17804780

> LSD.test(aov.Eg3_4Data,c("A","C"),group = FALSE, console = TRUE)

8Study: aov.Eg3_4Data ~ c("A", "C")

LSD t Test for Y

Mean Square Error: 0.1678125

A:C, means and individual ( 95 %) CI

             Y       std r      LCL      UCL  Min  Max
A1:C1 5.723333 0.3245099 6 5.368803 6.077863 5.26 6.20
A1:C2 5.616667 0.5631578 6 5.262137 5.971197 5.00 6.46
A2:C1 5.233333 0.4864018 6 4.878803 5.587863 4.60 5.70
A2:C2 6.070000 0.5425495 6 5.715470 6.424530 5.48 7.02

Alpha: 0.05 ; DF Error: 16
```

```
Critical Value of t: 2.119905

Comparison between treatments means

              difference  p-value signif.        LCL          UCL
A1:C1 - A1:C2   0.1066667  0.6580          -0.39471447    0.6080478
A1:C1 - A2:C1   0.4900000  0.0548      .   -0.01138113    0.9913811
A1:C1 - A2:C2  -0.3466667  0.1621          -0.84804780    0.1547145
A1:C2 - A2:C1   0.3833333  0.1246          -0.11804780    0.8847145
A1:C2 - A2:C2  -0.4533333  0.0733      .   -0.95471447    0.0480478
A2:C1 - A2:C2  -0.8366667  0.0027     **   -1.33804780   -0.3352855
```

注意到例3.4中3个因子的水平数都是2,这一类所有因子都取2个水平的特殊试验称之为二水平试验,其设计称为 2^k 析因设计,其中 k 为因子个数,是水平数最少的多因子析因试验,其数据分析的计算相对比较简单,有着特殊的简化计算规律,在计算机不发达的年代这一点尤其重要,因此在试验设计发展历史上得到特别的关注.另外,在许多问题研究之初,可能会有很多待选因子,此时 2^k 设计就特别有用,因为它只需要最少的试验次数就可以研究完全析因设计的 k 个因子.因此,这种设计可以广泛地用于因子筛选实验.关于 2^k 析因设计与分析的详细介绍可参见文献[16].

在学习了两因子和三因子析因设计的模型与数据分析之后,我们可以发现无论在效应模型的表达,还是方差分析过程中的平方和分解及计算、均方期望公式、F 检验统计量的构造及其统计性质等方面,都有很强的规律性,读者可以自行体会并尝试将其推广至更多因子的析因设计情形中.

☒ 习题3

1. 在某橡胶配方中,考虑3种不同的促进剂(A),4种不同分量的氧化锌(B),同样的配方重复1次,测得300%的定伸强力(MPa)如下表所示.试考虑:

(1)按固定效应有交互作用情形写出统计模型.

(2)氧化锌、促进剂以及它们的交互作用对定伸强力有无显著影响($\alpha=0.01$)?要求写出平方和分解公式及方差分析表结果.

(3)给出模型假设中共同方差的无偏估计.

MPa

A	B			
	B_1	B_2	B_3	B_4
A_1	31,33	34,36	35,36	39,38
A_2	33,34	36,37	37,39	38,41
A_3	35,37	37,38	39,40	42,44

2. 土壤因子(A)有砂土、壤土和黏土3个水平,施肥因子(B)有对照(不施肥)、施N肥、施N肥和K肥、施N肥和P肥4个水平,进行育苗试验.每个处理设置3个苗床,苗床呈完全随

机分布.秋后落叶调查树苗高度(cm),测量数据如下表.试分析土壤、施肥和它们的交互作用对苗高生长的影响.

cm

A	B			
	B_1	B_2	B_3	B_4
A_1	31, 35, 30	45, 43, 47	76, 71, 75	60, 64, 62
A_2	50, 52, 54	61, 63, 65	88, 90, 92	74, 75, 70
A_3	40, 45, 44	55, 52, 56	86, 84, 84	70, 71, 69

3. 为考察收缩率 A(%)和总拉伸倍数 B 对某种合成纤维弹性(GPa)的影响,选定因子 A 的 4 个水平(0,4,8,12)和因子 B 的 4 个水平(460,520,580,640)在每个水平组合下做一次试验,试验结果如下:

		收缩率 A/%			
		0(A_1)	4(A_2)	8(A_3)	12(A_4)
总拉伸倍数 B	460(B_1)	71	73	76	75
	520(B_2)	72	76	79	73
	580(B_3)	75	78	74	70
	640(B_4)	77	74	74	69

(1)试写出这个试验的无交互作用固定效应模型及方差分析要检验的假设.

(2)对上述数据进行方差分析.

(3)分别给出 A_1,B_2 的主效应的点估计和区间估计.

4. 为提高雷达的目标亮度(cd/m^2),考察 3 个因子 A,B,C 如下:

cd/m^2

因子	一水平	二水平	三水平	四水平
抛物干扰 A	弱	中等	强	
滤光片类型 B	B_1	B_2		
操作人员 C	甲	乙	丙	丁

试验后测得亮度值如下:

A	C_1		C_2		C_3		C_4	
	B_1	B_2	B_1	B_2	B_1	B_2	B_1	B_2
A_1	90	86	96	84	100	92	92	80
A_2	102	87	106	90	105	97	96	81
A_3	114	93	112	91	108	95	98	83

(1)假定不同水平组合下试验结果服从同方差正态分布，在显著性水平 0.05 下，各因子及一级交互作用对亮度有无显著影响？

(2)亮度达到最大的水平组合是什么？对其均值给出点估计.

5. 在一个寻找某种微生物的适宜培养条件的试验中，考察 3 个因子：A 为黄豆粉与蛋白胨的含量，B 为 KH_2PO_4 的含量，C 为基量. 每个因子取 2 个水平，试验结果为产量，数据如下表所示，对其做方差分析.

A	B_1		B_2	
	C_1	C_2	C_1	C_2
A_1	68.9,70.1	65.5,65.0	68.4,70.2	54.0,60.3
A_2	92.5,91.6	86.3,88.9	113.0,113.6	115.0,120.2

6. 考虑三因子试验固定效应模型，

$$y_{ijk}=\mu+\alpha_i+\beta_j+\gamma_k+(\alpha\beta)_{ij}+(\beta\gamma)_{jk}+\varepsilon_{ijk}$$
$$i=1,2,\cdots,a;\ j=1,2,\cdots,b;\ k=1,2,\cdots,c$$

注意每个处理只有一次实验. 根据上述模型写出完整的方差分析表，说明方差分析表中各项平方和的计算表达式，均方的期望表达式. 并说明如何设置误差均方来检验各个效应的显著性.

第4章　区组设计

在很多试验中，由干扰因子产生的变异会对试验结果产生影响．在单因子试验方差分析中，要比较某因子 A 的 a 个水平时，希望除了水平变化之外，其他条件都尽量保持不变，从而使统计结果更为可信．但这个条件在有干扰因子存在的情况下很难满足．比如在农业田间试验中，要比较不同玉米品种的产量，研究的因子是玉米品种，然而在试验地中的不同区域不可避免地存在土壤肥力、水力、光照等方面的差异，它们对试验指标也会产生不可忽略的影响，最终会使得分析结果不可靠，这类因子都属于干扰因子．区组设计是解决这类问题的常用方法．区组一词来源于田间试验，是由统计学家费舍尔最早提出．区组设计的思想是将整个试验单元划分为若干组，称为区组，使每个区组内部的试验单元条件差异较小，而区组间的差异较大，从而达到局部控制进而减轻干扰因子影响的目的．

4.1　随机完全区组设计

随机完全区组设计(randomized complete blocks design，RCBD)是针对完全随机设计的缺点提出的，它在完全随机设计的基础上增加了局部控制原则，从而将试验条件均匀性的控制范围从整个试验缩小到一个个区组，区组间的差异可以通过方差分析使其与误差分离开．其中"完全"是指每个区组内包含了要考察的诸因子的所有处理．

例 4.1　在比较 7 个大豆品种($A_1,A_2,\cdots,A_7$)的蛋白质含量试验中，每个品种安排 3 次重复，共 21 次试验，将整个试验田均分为 21 块，若将这 21 块试验地块随机分成 7 组，每组 3 块，种植同一种大豆，具体种植哪一种大豆也随机选取(图 4.1)．之后的田间管理也完全相同，这种试验安排称为完全随机设计，最后的数据分析按第 2 章的单因子方差分析进行即可．

A_1	A_4	A_6	A_7	A_3	A_7	A_2
A_4	A_1	A_6	A_3	A_4	A_1	A_7
A_3	A_2	A_5	A_5	A_2	A_6	A_5

图 4.1　大豆蛋白质含量试验完全随机设计示意图

然而在这个试验中存在一个潜在的问题，根据经验，整个试验田的土壤肥力在南北(图中显示为上下)方向不一致，且有较大差异，可能对试验结果产生不可忽略的影响．此时将肥力作为噪声干扰因子，为消除其影响，采用区组设计方法进行试验．按肥力方向将整个试验田划分为 3 个区组Ⅰ,Ⅱ,Ⅲ,在每一区组内肥力水平相对一致,每个区组内再均匀划分 7 个小块,每个品种的大豆必须各安排一次试验,采用随机顺序安排(图 4.2),这种试验安排称为随机完全区组设计. 这种设计的特点是:每个区组内部实现随机化,每个处理在区组内都出现(这是“完全”的含义)且仅出现一次;区组间的差异保持不变.

区组Ⅰ	A_2	A_4	A_5	A_3	A_1	A_7	A_6
区组Ⅱ	A_5	A_1	A_7	A_2	A_6	A_4	A_3
区组Ⅲ	A_7	A_3	A_4	A_1	A_5	A_6	A_2

图 4.2　大豆蛋白质含量试验随机完全区组设计示意图

4.1.1　随机完全区组设计的一般描述

一般地,设试验有 a 个处理和 b 个区组,共需进行 $n(n=ab)$ 次试验,其中一个区组内的 a 个试验次序是随机的,区组相当于是对随机性的一个约束.

设 y_{ij} 表示第 i 处理在第 j 个区组进行试验所得的观测值,$i=1,2,\cdots,a;j=1,2,\cdots,b$. 根据试验方案,可得 n 个观测,列成表 4.1.

表 4.1　随机化完全区组设计试验标准数据表

处理	区组			
	Blk_1	Blk_2	$\cdots$	Blk_b
1	y_{11}	y_{12}	$\cdots$	y_{1b}
2	y_{21}	y_{22}	$\cdots$	y_{2b}
$\vdots$	$\vdots$	$\vdots$	$\vdots$	$\vdots$
n	y_{a1}	y_{a2}	$\cdots$	y_{ab}

4.1.2　单因子随机完全区组设计模型

单因子随机完全区组设计通常用如下效应模型描述:

$$\begin{cases} y_{ij}=\mu+\delta_i+\beta_j+\varepsilon_{ij} \\ \sum_{i=1}^{a}\delta_i=0,\ \sum_{j=1}^{b}\beta_j=0, \quad i=1,2,\cdots,a;j=1,2,\cdots,b \\ \varepsilon_{ij}\ \text{i. i. d.}\ \sim N(0,\sigma^2) \end{cases}$$

其中 μ 表示总平均,δ_i 表示第 i 个处理的效应,β_j 表示第 j 个区组效应. 注意到该模型在形式上与上一章两因子析因设计方差分析模型完全一致,但这两个在试验设计方案和统计解释上有着本质的不同. 在析因模型中,所有 ab 个试验都是以随机顺序进行的,而在随机区组设计模型中,随机化仅在区组之内,区组是一个随机化约束. 因而,收集数据的方法以及对两个模型的解释都是完全不同的.

虽然从形式上看,随机完全区组设计模型中的区组效应可以视为两因子方差分析模型中的一个因子效应,但区组能否视为一个因子,许多统计学家对此有不少争论. 为了讨论方便,本书中就将区组当作因子,但要注意方差分析中对区组效应的检验结果只能作为一个参考,由于不满足完全随机性,所以其理论上是有缺陷的.在随机完全区组设计试验中,试验者主要关注因子的效应,因此需要检验的假设只有:

$$H_0:\delta_1=\delta_2=\cdots=\delta_a=0 \text{ vs } H_1:\delta_1,\delta_2,\cdots,\delta_a \text{ 不全为 } 0$$

检验方法和过程与两因子无重复试验方差分析模型基本一致.

4.1.3 平方和分解

做平方和分解前仍然先定义一些符号.记 $y_{i\cdot}=\sum_{j=1}^{b}y_{ij}$, $\bar{y}_{i\cdot}=\frac{1}{b}\sum_{j=1}^{b}y_{ij}$, $i=1,\cdots,a$ 表示 A_i 处理下的所有观测值的总和及平均;$y_{\cdot j}=\sum_{i=1}^{a}y_{ij}$, $\bar{y}_{\cdot j}=\frac{1}{a}\sum_{i=1}^{a}y_{ij}$, $j=1,\cdots,b$ 表示区组 Blk_j 下的所有观测值的总和及平均;$y_{\cdot\cdot}=\sum_{i=1}^{a}\sum_{j=1}^{b}y_{ij}$, $\bar{y}_{\cdot\cdot}=\frac{1}{ab}\sum_{i=1}^{a}\sum_{j=1}^{b}y_{ij}$,表示所有观测值的总和及总平均.

记 $SS_T=\sum_{i=1}^{a}\sum_{j=1}^{b}(y_{ij}-\bar{y}_{\cdot\cdot})^2$ 表示数据的总偏差平方和,反映了每个观测在其总平均值上下的波动;$SS_A=b\sum_{i=1}^{a}(\bar{y}_{i\cdot}-\bar{y}_{\cdot\cdot})^2$ 表示因子 A 的效应平方和;$SS_B=a\sum_{j=1}^{b}(\bar{y}_{\cdot j}-\bar{y}_{\cdot\cdot})^2$ 表示区组的效应平方和;$SS_E=\sum_{i=1}^{a}\sum_{j=1}^{b}(y_{ij}-\bar{y}_{i\cdot}-\bar{y}_{\cdot j}+\bar{y}_{\cdot\cdot})^2$ 表示误差平方和.

不难证明下述平方和分解公式:

$$SS_T=SS_A+SS_B+SS_E$$

即总偏差平方和可以分解为 3 项平方和的和式,而这 3 个平方和分别对应于模型结构式 $y_{ij}=\mu+\delta_i+\beta_j+\varepsilon_{ij}$ 等号右边除了总平均 μ 之外的 3 项,即该平方和分解式将总的波动分解为 3 部分,分别是因子 A 的水平变化引起的波动,区组的水平变化引起的波动以及误差引起的波动.

平方和分解式也对应着自由度分解式.总偏差平方和 SS_T 的自由度 $f_T=ab-1$,SS_A 的自由度 $f_A=a-1$,SS_B 的自由度 $f_B=b-1$,SS_E 的自由度 $f_e=(a-1)(b-1)$.显然有

$$f_T=f_A+f_B+f_e$$

该自由度分解式与平方和分解式各项也是一一对应的.

其他结论不再赘述,直接给出方差分析表(表 4.2).

表 4.2 单因子随机完全区组设计试验模型的方差分析表

方差来源	平方和	自由度	均方	F 比
处理	SS_A	$a-1$	$MS_A=\frac{SS_A}{a-1}$	$\frac{MS_A}{MS_E}$
区组	SS_B	$b-1$	$MS_B=\frac{SS_B}{b-1}$	$\frac{MS_B}{MS_E}$

续表 4.2

方差来源	平方和	自由度	均方	F 比
误差	SS_E	$(a-1)(b-1)$	$MS_E=\dfrac{SS_E}{(a-1)(b-1)}$	
总和	SS_T	$ab-1$		

4.1.4　例 4.1 的 R 语言实现

例 4.1(续)　在例 4.1 中,经过试验得到表 4.3 中的数据,试分析大豆品种对蛋白质含量(%)是否有显著影响($\alpha=0.05$)?

表 4.3　大豆蛋白质含量试验数据　%

区组 I	43.33	44.26	43.73	43.72	45.48	41.14	43.15
区组 II	43.25	44.73	43.43	42.94	43.78	44.65	42.26
区组 III	42.21	43.25	44.1	44.25	41.22	44.0	43.1

```
> Eg4_1Data <- data.frame(
+         Y = c(43.33, 44.26, 43.73, 43.72, 45.48, 41.14, 43.15,
+               43.25, 44.73, 43.43, 42.94, 43.78, 44.65, 42.26,
+               42.21, 43.25, 44.1, 44.25, 41.22, 44.0, 43.1),
+         A = c("A2", "A4", "A5", "A3", "A1", "A7", "A6",
+               "A5", "A1", "A7", "A2", "A6", "A4", "A3",
+               "A7", "A3", "A4", "A1", "A5", "A6", "A2"),
+         B = gl(3,7,21,labels = c("B1","B2","B3"))
+ )
> ##########################################################################
> ##ANOVA  方差分析
> #%%%%%%%%%%%%%% ANOVA 完整输出函数 %%%%%%%%%%%
> anova.table<-function(fm){
+   table<-summary(fm); k<-length(table[[1]]) - 2
+   temp<-c(sum(table[[1]][,1]),sum(table[[1]][,2]),rep(NA,k))
+   table[[1]]["Total",]<-temp;table}
> ##########################################################################
> aov.Eg4_1Data <- aov(Y ~ A + B, data = Eg4_1Data)
> anova.table(aov.Eg4_1Data)
          Df  Sum Sq Mean Sq  F-value   Pr(>F)
A          6  14.618  2.4364   3.685   0.026 *
B          2   0.748  0.3739   0.565   0.583
Residuals 12   7.934  0.6612
Total     20  23.300
---
Signif. codes:  0 '***' 0.001 '**' 0.01 '*' 0.05 '.' 0.1 ' ' 1
```

4.1.5 两因子随机完全区组设计

在 4.1.1 节随机完全区组设计的一般描述中我们假设试验有 a 个要比较的处理，这 a 个处理在单因子试验下就是指 a 个水平，在两因子试验下则指两因子的所有水平搭配，虽然我们在 4.1.2 至 4.1.4 中介绍的是单因子随机完全区组设计，但随机完全区组设计可以用于两因子乃至更多因子试验中. 下面通过一个例子看一下两因子随机完全区组设计的方案.

例 4.2 小麦有 3 个不育系(A_1,A_2,A_3)与 4 个恢复系(B_1,B_2,B_3,B_4)杂交，配成 12 个 F1 种子，进行产量比较试验. 采用随机完全区组设计(表 4.4)，重复 3 次(设置 3 个区组)，小区面积 6 m^2. 试给出设计示意图.

表 4.4 小麦品种产量试验两因子随机完全区组设计

区组Ⅰ	A_2B_2	A_2B_4	A_1B_1	A_3B_2	A_2B_1	A_3B_4	A_1B_4	A_1B_2	A_3B_3	A_3B_1	A_2B_3	A_1B_3
区组Ⅱ	A_1B_1	A_1B_3	A_1B_2	A_3B_4	A_2B_3	A_3B_1	A_3B_3	A_2B_2	A_1B_4	A_2B_1	A_3B_2	A_2B_4
区组Ⅲ	A_1B_3	A_3B_1	A_2B_3	A_1B_2	A_3B_3	A_1B_4	A_2B_1	A_3B_4	A_1B_1	A_3B_2	A_2B_2	A_2B_4

两因子随机完全区组设计的效应模型表示为：

$$\begin{cases} y_{ijk} = \mu + \delta_i + \tau_j + (\delta\tau)_{ij} + \beta_k + \varepsilon_{ijk} \\ \sum_{i=1}^{a} \delta_i = 0,\ \sum_{j=1}^{b} \tau_j = 0, \sum_{k=1}^{c} \beta_k = 0 \\ \sum_{i=1}^{a} (\delta\tau)_{ij} = 0, \sum_{j=1}^{b} (\delta\tau)_{ij} = 0 \\ \varepsilon_{ijk}\ \text{i.i.d.} \sim N(0,\sigma^2), i = 1,2,\cdots,a; j = 1,2,\cdots,b; k = 1,2,\cdots,c \end{cases}$$

其中 μ 表示总平均，δ_i 表示主因子 A 的第 i 个水平效应，τ_j 表示主因子 B 的第 j 个水平效应，β_k 表示第 k 个区组效应. 在例 4.2 中，$a=3,b=4,c=3$.

需要检验的假设有：

$$H_{01}:\delta_1=\delta_2=\cdots=\delta_a=0 \text{ vs } H_{11}:\delta_1,\delta_2,\cdots,\delta_a \text{ 不全为 } 0$$
$$H_{02}:\tau_1=\tau_2=\cdots=\tau_b=0 \text{ vs } H_{12}:\tau_1,\tau_2,\cdots,\tau_b \text{ 不全为 } 0$$

用以回答关注的因子 A 和 B 是否显著.

注意到上述模型就是在两因子完全随机析因设计模型基础上增加了区组效应项，类似于单因子完全随机设计模型基础上增加了区组效应项，其检验方法类似，具体方差分析表等结果留给读者思考.

4.1.6 随机完全区组设计的 R 语言实现

单因子随机完全区组设计可通过 design. rcbd()函数实现. 比如要设计一个单因子五水平，4 个区组的随机完全区组设计，代码及执行结果如下：

```
> library(agricolae)
> A <- c("A1","A2","A3","A4","A5")
> Block <- 4
```

```
> rcbdDesignPlan <- design.rcbd(A,Block)
> rcbdDesignPlan $ sketch
     [,1] [,2] [,3] [,4] [,5]
[1,] "A4" "A1" "A5" "A3" "A2"
[2,] "A5" "A4" "A3" "A1" "A2"
[3,] "A5" "A4" "A3" "A2" "A1"
[4,] "A2" "A1" "A4" "A5" "A3"
> rcbdDesignPlan $ book
   plots block  A
1    101     1 A4
2    102     1 A1
3    103     1 A5
4    104     1 A3
5    105     1 A2
6    201     2 A5
7    202     2 A4
8    203     2 A3
9    204     2 A1
10   205     2 A2
11   301     3 A5
12   302     3 A4
13   303     3 A3
14   304     3 A2
15   305     3 A1
16   401     4 A2
17   402     4 A1
18   403     4 A4
19   404     4 A5
20   405     4 A3
```

两因子随机完全区组设计方案可通过 design. ab()函数实现. 假设试验中两主因子 A 和 B 分别为二水平和三水平,设置 3 个区组. 此时随机完全区组设计的 R 代码及执行结果如下:

```
> levels <- c(2,3)
> block <- 4
> rcbdDesignPlan <- design.ab(levels, r = block, design = "rcbd")
> rcbdDesignPlan $ book
   plots block A B
1    101     1 1 1
2    102     1 1 2
3    103     1 2 1
4    104     1 1 3
5    105     1 2 2
6    106     1 2 3
```

```
7    107    2 1 2
8    108    2 2 2
9    109    2 2 1
10   110    2 1 3
11   111    2 1 1
12   112    2 2 3
13   113    3 1 1
14   114    3 1 3
15   115    3 2 3
16   116    3 1 2
17   117    3 2 1
18   118    3 2 2
19   119    4 1 2
20   120    4 2 3
21   121    4 1 3
22   122    4 2 2
23   123    4 2 1
24   124    4 1 1
```

上述结果中 A,B 和 block 列即给出一个试验设计方案,数字为各因子对应的水平数.

4.2 拉丁方设计

随机完全区组设计可以减少由一个已知的干扰因子的变异性所引起的试验误差.在很多试验中,还可能需要处理两个或更多个干扰因子,这一节我们介绍拉丁方设计(Latin square design, LSD),它通过行和列在两个方向上设置区组,对两个干扰因子进行处理,从而实现在两个方向进行局部控制,提高试验的精确度.

例 4.3 一个实验者正在研究机组人员逃生系统使用的 5 种不同配方的火箭推进剂对燃烧率的影响.每种配方都取自一批仅够配成 5 份供试验用的原料.此外,这些配方是由 5 个操作人员准备的,而这些操作人员的技能和经验可能存在很大的差异.因此,在设计中,有两个干扰因子需要考虑:原料批次和操作员.对于这个问题,适当的设计包括在每批原料中精确地测试每个配方,而每个配方由 5 个操作者各准备一次.表 4.5 所示的设计方案可以满足上述要求.在表 4.5 中,拉丁字母 A,B,C,D,E 表示 5 种配方(处理),原料批次称为行因子,操作员称为列因子,各有 5 个水平,作为区组因子.

表 4.5 火箭推进剂问题的拉丁方设计

原料批次	操作员				
	1	2	3	4	5
1	A	B	C	D	E
2	B	C	D	E	A
3	C	D	E	A	B

续表 4.5

原料批次	操作员				
	1	2	3	4	5
4	*D*	*E*	*A*	*B*	*C*
5	*E*	*A*	*B*	*C*	*D*

从上表可以看出,每种处理(即表中的字母)在每一行和每一列都出现了一次而且仅出现了一次,这就是拉丁方.要构成拉丁方,必须使行数等于列数,并且两者都要等于试验处理的个数.

4.2.1 拉丁方简介

"拉丁方"最初由统计学家费舍尔命名,是指以 p 个拉丁字母 $A,B,C,\cdots$ 为元素,做一个 p 阶方阵,若这 p 个拉丁字母在这 p 阶方阵的每一行、每一列都出现且只出现一次,则称该 p 阶方阵为 p 阶拉丁方.

例如:2 阶拉丁方

A	*B*
B	*A*

B	*A*
A	*B*

3 阶拉丁方

A	*B*	*C*
B	*C*	*A*
C	*A*	*B*

B	*C*	*A*
A	*B*	*C*
C	*A*	*B*

C	*A*	*B*
A	*B*	*C*
B	*C*	*A*

5 阶拉丁方

A	*B*	*C*	*D*	*E*
B	*A*	*E*	*C*	*D*
C	*D*	*A*	*E*	*B*
D	*E*	*B*	*A*	*C*
E	*C*	*D*	*B*	*A*

A	*B*	*C*	*D*	*E*
B	*A*	*D*	*E*	*C*
C	*E*	*B*	*A*	*D*
D	*C*	*E*	*B*	*A*
E	*D*	*A*	*C*	*B*

显然拉丁方不唯一,我们把第一行与第一列的拉丁字母按自然顺序排列的拉丁方,称为标准拉丁方.三阶标准拉丁方只有上面介绍的 1 种,四阶标准型拉丁方有 4 种,五阶标准拉丁方

有 56 种，等等. 若交换标准拉丁方的行或列，可得到更多的拉丁方. 利用拉丁方进行的试验设计称为拉丁方设计. 在进行拉丁方设计时，可从上述多种拉丁方中随机选择一种；或选择一种标准型，随机改变其行列顺序即可.

拉丁方设计的主要优点在于试验的精确度较高，它能在不增加试验单元的情况下，比完全随机区组设计多设置一个区组因子，能将拉丁方的行和列两种区组间的变异从试验误差中分离出来，提高检验的精确性. 拉丁方设计的缺点是要求行数、列数、处理数必须相等，灵活性差一些. 另外还要注意，行、列因子与试验因子间不应存在交互作用，否则不能采用拉丁方设计.

在 R 语言中可以用 agricolae 包中的 design.lsd() 函数生成拉丁方，其引用格式为：

```
design.lsd(trt, serie = 2, seed = 0, kinds = "Super - Duper", first = TRUE, randomization = TRUE)
```

其中 trt 是由不同拉丁字母构成的向量，比如要生成五阶拉丁方可以令 trt = c("A","B","C","D","E")，first = TRUE 表示默认第 1 行、列按顺序取排列，randomization = TRUE 表示由最初拉丁方生成最终的拉丁方是否要经过随机变换；serie 是对象的数字标签顺序，seed 表示随机数字种子，设定随机数字种子后，可重现该设计，kinds 中包含了各种完全随机的随机化方法，具体设置项可参考 R 帮助文档. 如生成一个六阶拉丁方：

```
> TrtFac <- c("A","B","C","D","E","F")
> LatinSquareEg <- design.lsd(TrtFac,first = TRUE,randomization = FALSE)
> LatinSquareEg $ sketch
     [,1] [,2] [,3] [,4] [,5] [,6]
[1,] "A"  "B"  "C"  "D"  "E"  "F"
[2,] "B"  "C"  "D"  "E"  "F"  "A"
[3,] "C"  "D"  "E"  "F"  "A"  "B"
[4,] "D"  "E"  "F"  "A"  "B"  "C"
[5,] "E"  "F"  "A"  "B"  "C"  "D"
[6,] "F"  "A"  "B"  "C"  "D"  "E"
> LatinSquareEg $ book
   plots row col  TrtFac
1   101   1   1     A
2   102   1   2     B
3   103   1   3     C
4   104   1   4     D
5   105   1   5     E
6   106   1   6     F
7   201   2   1     B
8   202   2   2     C
9   203   2   3     D
10  204   2   4     E
11  205   2   5     F
12  206   2   6     A
13  301   3   1     C
14  302   3   2     D
```

15	303	3	3	E
16	304	3	4	F
17	305	3	5	A
18	306	3	6	B
19	401	4	1	D
20	402	4	2	E
21	403	4	3	F
22	404	4	4	A
23	405	4	5	B
24	406	4	6	C
25	501	5	1	E
26	502	5	2	F
27	503	5	3	A
28	504	5	4	B
29	505	5	5	C
30	506	5	6	D
31	601	6	1	F
32	602	6	2	A
33	603	6	3	B
34	604	6	4	C
35	605	6	5	D
36	606	6	6	E

4.2.2　拉丁方设计的统计模型和方差分析

拉丁方设计的方差分析模型为：

$$y_{ijk}=\mu+\delta_i+\beta_j+\gamma_k+\varepsilon_{ijk},\ i=1,2,\cdots,p;j=1,2,\cdots,p;k=1,2,\cdots,p$$

其中 y_{ijk} 是第 j 个处理在行因子第 i 水平和列因子第 k 水平下的观测值，μ 是总平均，δ_i 是第 i 个行效应，β_j 是第 j 个处理的效应，γ_k 是第 k 个列效应，$\varepsilon_{ijk}\sim N(0,\sigma^2)$ 是随机误差，且所有的 ε_{ijk} 相互独立. p 是拉丁方的阶数. 模型中各因子间不存在交互效应. 根据效应的定义，有如下约束成立：

$$\sum_{i=1}^{p}\delta_i=0,\ \sum_{j=1}^{p}\beta_j=0,\ \sum_{i=1}^{p}\gamma_k=0$$

在拉丁方设计方差分析模型中，我们要检验如下假设：

$$H_0:\beta_1=\beta_2=\cdots=\beta_p=0\ \text{vs}\ H_1:\beta_1,\beta_2,\cdots,\beta_p\ \text{不全为}\ 0$$

拉丁方设计方差分析的关键仍在于平方和分解，即把总平方和分解为行因子平方和、处理平方和、列因子平方和以及误差平方和.

仍然先给出一些符号. 记 $y_{i\cdot\cdot}=\sum_j\sum_k y_{ijk}$，$\bar{y}_{i\cdot\cdot}=\dfrac{1}{p}\sum_j\sum_k y_{ijk}$，$i=1,\cdots,p$ 表示行因子第 i 水平下的所有（p 个）观测值的总和及平均；$y_{\cdot j\cdot}=\sum_i\sum_k y_{ijk}$，$\bar{y}_{\cdot j\cdot}=\dfrac{1}{p}\sum_i\sum_k y_{ijk}$，$j=$

$1,\cdots,p$ 表示处理因子第 j 水平下的所有(p 个)观测值的总和及平均；$y_{\cdot\cdot k}=\sum_i\sum_j y_{ijk}$，$\bar{y}_{\cdot\cdot k}=\frac{1}{p}\sum_i\sum_j y_{ijk}$，$k=1,\cdots,p$ 表示列因子在第 k 水平下的所有(p 个)观测值的总和及平均；$y_{\cdots}=\sum_i\sum_j\sum_k y_{ijk}$，$\bar{y}_{\cdots}=\frac{1}{p^2}\sum_i\sum_j\sum_k y_{ijk}$ 表示所有(p^2 个)观测值的总和及总平均.

上述求和下标与之前章节有所区别，下标 i,j,k 的取值不再独立，因为拉丁方试验不是全面试验，即不是所有的因子组合都进行试验，或者说不是所有的 y_{ijk}，$i=1,\cdots,p$；$j=1,\cdots,p$；$k=1,\cdots,p$ 都存在，因此要注意观测值下标与设计方案相对应.

平方和分解式如下所示：

$$SS_T=SS_{Row}+SS_B+SS_{Col}+SS_E$$

其中 $SS_T=\sum_i\sum_j\sum_k(y_{ijk}-\bar{y}_{\cdots})^2=\sum_i\sum_j\sum_k y_{ijk}^2-\frac{y_{\cdots}^2}{p^2}$ 为总平方和，其自由度为 $f_T=p^2-1$；$SS_{Row}=\sum_{i=1}^{p}y_{i\cdot\cdot}^2-\frac{y_{\cdots}^2}{p^2}$ 为行因子平方和，其自由度为 $f_{Row}=p-1$；$SS_B=\sum_{j=1}^{p}y_{\cdot j\cdot}^2-\frac{y_{\cdots}^2}{p^2}$ 为处理平方和，其自由度为 $f_B=p-1$；$SS_{Col}=\sum_{k=1}^{p}y_{\cdot\cdot k}^2-\frac{y_{\cdots}^2}{p^2}$ 为列因子平方和，其自由度为 $f_{Col}=p-1$；误差平方和可以通过 $SS_E=SS_T-SS_{Row}-SS_B-SS_{Col}$ 进行计算，其自由度为 $f_e=(p-1)(p-2)$.

各平方和的统计性质跟之前模型类似，在 $\varepsilon_{ijk}\sim N(0,\sigma^2)$ 的假设下，$\frac{SS_E}{\sigma^2}$，$\frac{SS_{Row}}{\sigma^2}$，$\frac{SS_B}{\sigma^2}$，$\frac{SS_{Col}}{\sigma^2}$ 是独立的服从 χ^2 分布的随机变量. 用来检验 $H_0:\beta_1=\beta_2=\cdots=\beta_p=0$ 的统计量为 $F_B=\frac{MS_B}{MS_E}=\frac{SS_B/(p-1)}{SS_E/[(p-1)(p-2)]}$，在原假设 H_0 成立下 $F_B\sim F[p-1,(p-1)(p-2)]$，拒绝域为：

$$\{F_B>F_{1-\alpha}[p-1,(p-1)(p-2)]\}$$

下面给出拉丁方设计的方差分析表(表 4.6).

表 4.6　p 阶拉丁方设计方差分析表

方差来源	平方和	自由度	均方	F 比
处理	SS_B	$p-1$	$MS_B=\frac{SS_B}{p-1}$	$\frac{MS_B}{MS_E}$
行因子	SS_{Row}	$p-1$	$MS_{Row}=\frac{SS_{Row}}{p-1}$	
列因子	SS_{Col}	$p-1$	$MS_{Col}=\frac{SS_{Col}}{p-1}$	
误差	SS_E	$(p-1)(p-2)$	$MS_E=\frac{SS_E}{(p-1)(p-2)}$	
总和	SS_T	p^2-1		

4.2.3 例 4.3 的 R 语言实现

例 4.3 中试验数据如表 4.7 所示，试对其进行方差分析.

表 4.7 火箭推进剂问题的拉丁方设计试验数据

原料批次	操作员				
	1	2	3	4	5
1	$A=24$	$B=20$	$C=19$	$D=24$	$E=24$
2	$B=17$	$C=24$	$D=30$	$E=27$	$A=36$
3	$C=18$	$D=38$	$E=26$	$A=27$	$B=21$
4	$D=26$	$E=31$	$A=26$	$B=23$	$C=22$
5	$E=22$	$A=30$	$B=20$	$C=29$	$D=31$

在 R 中仍然用 aov()函数完成拉丁方设计方差分析的计算，例 4.1 的 R 实现结果如下.

```
> Eg4_3Data <- data.frame(y = c(24,20,19,24,24,
+                               17,24,30,27,36,
+                               18,38,26,27,21,
+                               26,31,26,23,22,
+                               22,30,20,29,31),
+                          B = c("A","B","C","D","E",
+                               "B","C","D","E","A",
+                               "C","D","E","A","B",
+                               "D","E","A","B","C",
+                               "E","A","B","C","D"),
+                        Row = rep(c(1:5), 5),
+                        Col = c(rep(1, 5), rep(2, 5), rep(3, 5),
+                               rep(4, 5), rep(5, 5)))
> head(Eg4_3Data)
   y B Row Col
1 24 A   1   1
2 20 B   2   1
3 19 C   3   1
4 24 D   4   1
5 24 E   5   1
6 17 B   1   2
> aov.Eg4_3Data = aov(y ~ B + factor(Row) + factor(Col), Eg4_3Data)
> summary(aov.Eg4_3Data)
             Df  Sum Sq  Mean Sq  F-value  Pr(>F)
B             4   330    82.50    7.734    0.00254 **
factor(Row)   4   150    37.50    3.516    0.04037 *
factor(Col)   4    68    17.00    1.594    0.23906
```

```
Residuals    12    128     10.67
---
Signif. codes:  0 '***' 0.001 '**' 0.01 '*' 0.05 '.' 0.1 ' ' 1
```

由输出的方差分析表可以看到，处理 B 对应的 p 值为 0.00254，因此在显著性水平 0.05 下拒绝原假设，即不同的火箭推进剂配方所产生的燃烧率有显著性差异. 作为参考，行因子(原料批次)对试验结果可能有显著影响，而列因子(操作员)对结果影响不大.

4.3 正交拉丁方设计

上一节介绍的拉丁方设计可以从两个方向设置区组，从而实现了 2 个干扰因子的控制. 如果试验中有 3 个干扰因子，则可以考虑正交拉丁方设计(orthogonal Latin squares design)或称为希腊-拉丁方设计(Graceo-Latin square desgin).

例 4.3(续) 在火箭推进剂试验中还有一个重要的干扰因子需要考虑，即试验装配，不同的试验装配对试验结果影响也较大，现在有 5 种不同的试验装配，分别记为希腊字母 $\alpha,\beta,\gamma,\delta,\varepsilon$，希望通过试验设计也对这一因子进行控制.

4.3.1 正交拉丁方简介

考虑 2 个 p 阶拉丁方，其中一个的元素用拉丁字母 $A,B,C,\cdots$表示，另一个的元素用希腊字母 $\alpha,\beta,\gamma,\cdots$表示，将它们叠加起来，满足拉丁字母和希腊字母的组合都出现且仅出现 1 次，则称这 2 个拉丁方是正交的，称为正交拉丁方(也称希腊-拉丁方)，以此构造的设计称为正交拉丁方设计.

例 4.4 以四阶拉丁方为例，考虑如下 2 个拉丁方：

A	B	C	D
B	A	D	C
C	D	A	B
D	C	B	A

α	β	γ	δ
δ	γ	β	α
β	α	δ	γ
γ	δ	α	β

将它们叠加起来得到如下结果：

$A\alpha$	$B\beta$	$C\gamma$	$D\delta$
$B\delta$	$A\gamma$	$D\beta$	$C\alpha$
$C\beta$	$D\alpha$	$A\delta$	$B\gamma$
$D\gamma$	$C\delta$	$B\alpha$	$A\beta$

注意到 A,B,C,D 和 $\alpha,\beta,\gamma,\delta$ 的 16 种组合在上面都出现且仅出现 1 次，满足正交拉丁方的条件，因此这是 1 个正交拉丁方.

在 R 语言中可以用 des. MOLS()函数找到部分正交拉丁方，使用该函数之前先加载 Alg-Design，gtools 和 crossdes 包，其调用格式为：

```
des.MOLS(trt, k = trt)
```

其中 trt 是处理数，k 表示因子个数，默认值为 trt. 需要注意，$p=2$ 和 $p=6$ 时正交拉丁方不存在，其他各阶正交拉丁方都存在，但 des. MOLS()不一定能找到所有阶的正交拉丁方.

例 4.5　使用 des. MOLS()构造五阶正交拉丁方.

```
> GL5 = des.MOLS(5)  # 生成 20 行 5 列的矩阵
> Latin501 = GL5[1:5,]
> Latin502 = GL5[6:10,]
> Latin503 = GL5[11:15,]
> Latin504 = GL5[16:20,]
> Latin501
     [,1] [,2] [,3] [,4] [,5]
[1,]    1    2    3    4    5
[2,]    2    3    4    5    1
[3,]    3    4    5    1    2
[4,]    4    5    1    2    3
[5,]    5    1    2    3    4
> Latin502
     [,1] [,2] [,3] [,4] [,5]
[1,]    1    3    5    2    4
[2,]    2    4    1    3    5
[3,]    3    5    2    4    1
[4,]    4    1    3    5    2
[5,]    5    2    4    1    3
> Latin503
     [,1] [,2] [,3] [,4] [,5]
[1,]    1    4    2    5    3
[2,]    2    5    3    1    4
[3,]    3    1    4    2    5
[4,]    4    2    5    3    1
[5,]    5    3    1    4    2
> Latin504
     [,1] [,2] [,3] [,4] [,5]
[1,]    1    5    4    3    2
[2,]    2    1    5    4    3
[3,]    3    2    1    5    4
[4,]    4    3    2    1    5
[5,]    5    4    3    2    1
```

可以验证上面 4 个五阶方阵 Latin501，Latin502，Latin503，Latin504 都是拉丁方，且两两正交.

对例 4.3(续)构造五阶正交拉丁方设计如表 4.8 所示：

表 4.8　火箭推进剂问题的正交拉丁方设计

原料批次	操作员				
	1	2	3	4	5
1	$A\alpha$	$B\gamma$	$C\varepsilon$	$D\beta$	$E\delta$
2	$B\beta$	$C\delta$	$D\alpha$	$E\gamma$	$A\varepsilon$
3	$C\gamma$	$D\varepsilon$	$E\beta$	$A\delta$	$B\alpha$
4	$D\delta$	$E\alpha$	$A\gamma$	$B\varepsilon$	$C\beta$
5	$E\varepsilon$	$A\beta$	$B\delta$	$C\alpha$	$D\gamma$

在试验中，行因子、列因子和处理跟上一节一样，只是把第 3 个干扰因子，即试验装配的 5 个水平代入希腊字母 $\alpha,\beta,\gamma,\delta,\varepsilon$ 即可完成试验设计. 通常称这第 3 个干扰因子为希腊因子.

4.3.2　正交拉丁方设计的统计模型和方差分析

正交拉丁方设计的方差分析模型为：

$$y_{ijkl}=\mu+\delta_i+\beta_j+\gamma_k+\varphi_l+\varepsilon_{ijkl}$$
$$i=1,2,\cdots,p;j=1,2,\cdots,p;k=1,2,\cdots,p;l=1,2,\cdots,p$$

其中 y_{ijkl} 是第 j 个处理在行因子第 i 水平、列因子第 k 水平和希腊因子第 l 水平下的观测值，μ 是总平均，δ_i 是第 i 个行效应，β_j 是第 j 个处理的效应，γ_k 是第 k 个列效应，φ_l 是希腊因子的第 l 个效应，$\varepsilon_{ijkl}\sim N(0,\sigma^2)$ 是随机误差，且所有的 ε_{ijkl} 相互独立，p 是拉丁方的阶数，模型中各因子间不存在交互效应. 根据效应的定义，有如下约束成立：

$$\sum_{i=1}^{p}\delta_i=0,\ \sum_{j=1}^{p}\beta_j=0,\ \sum_{k=1}^{p}\gamma_k=0,\ \sum_{l=1}^{p}\varphi_l=0$$

在正交拉丁方设计方差分析模型中，我们仍要检验如下假设：

$$H_0:\beta_1=\beta_2=\cdots=\beta_p=0 \text{ vs } H_1:\beta_1,\beta_2,\cdots,\beta_p \text{ 不全为 } 0$$

正交拉丁方设计方差分析的关键仍在于平方和分解，即把总平方和分解为行因子平方和、处理平方和、列因子平方和、希腊因子平方和以及误差平方和.

先给出一些符号. 记 $y_{i\cdots}=\sum_j\sum_k\sum_l y_{ijkl}$，$\bar{y}_{i\cdots}=\frac{1}{p}\sum_j\sum_k\sum_l y_{ijkl}$，$i=1,\cdots,p$ 表示行因子第 i 水平下的所有(p 个)观测值的总和及平均；$y_{\cdot j\cdot\cdot}=\sum_i\sum_k\sum_l y_{ijkl}$，$\bar{y}_{\cdot j\cdot\cdot}=\frac{1}{p}\sum_i\sum_k\sum_l y_{ijkl}$，$j=1,\cdots,p$ 表示处理因子第 j 水平下的所有(p 个)观测值的总和及平均；$y_{\cdot\cdot k\cdot}=\sum_i\sum_j\sum_l y_{ijkl}$，$\bar{y}_{\cdot\cdot k\cdot}=\frac{1}{p}\sum_i\sum_j\sum_l y_{ijkl}$，$k=1,\cdots,p$ 表示列因子在第 k 水平下的所有(p 个)观测值的总和及平均；$y_{\cdots l}=\sum_i\sum_j\sum_k y_{ijkl}$，$\bar{y}_{\cdots l}=\frac{1}{p}\sum_i\sum_j\sum_k y_{ijkl}$，$l=1,\cdots,p$ 表

示希腊因子在第 l 水平下的所有(p 个)观测值的总和及平均；$y_{\cdots\cdots}=\sum_i\sum_j\sum_k\sum_l y_{ijkl}$，$\bar{y}_{\cdots\cdots}=\frac{1}{p^2}\sum_i\sum_j\sum_k\sum_l y_{ijkl}$ 表示所有(p^2 个)观测值的总和及总平均.

与拉丁方设计类似,正交拉丁方试验也不是全面试验,即不是所有的因子组合都做试验,或者说不是所有的 y_{ijkl},$i=1,\cdots,p$;$j=1,\cdots,p$;$k=1,\cdots,p$;$l=1,\cdots,p$ 都存在,因此要注意观测值下标与设计方案相对应.

平方和分解式如下所示:

$$SS_T=SS_{Row}+SS_B+SS_{Col}+SS_{Gra}+SS_E$$

其中 $SS_T=\sum_i\sum_j\sum_k\sum_l(y_{ijkl}-\bar{y}_{\cdots\cdots})^2=\sum_i\sum_j\sum_k\sum_l y_{ijkl}^2-\frac{y_{\cdots\cdots}^2}{p^2}$ 为总平方和,其自由度为 $f_T=p^2-1$;$SS_{Row}=\sum_{i=1}^{p}y_{i\cdots}^2-\frac{y_{\cdots\cdots}^2}{p^2}$ 为行因子平方和,其自由度为 $f_{Row}=p-1$;$SS_B=\sum_{j=1}^{p}y_{\cdot j\cdot\cdot}^2-\frac{y_{\cdots\cdots}^2}{p^2}$ 为处理平方和,其自由度为 $f_B=p-1$;$SS_{Col}=\sum_{k=1}^{p}y_{\cdot\cdot k\cdot}^2-\frac{y_{\cdots\cdots}^2}{p^2}$ 为列因子平方和,其自由度为 $f_{Col}=p-1$;$SS_{Gra}=\sum_{l=1}^{p}y_{\cdots l}^2-\frac{y_{\cdots\cdots}^2}{p^2}$ 为希腊因子平方和,其自由度为 $f_{Gra}=p-1$;误差平方和可以通过 $SS_E=SS_T-SS_{Row}-SS_B-SS_{Col}-SS_{Gra}$ 进行计算,其自由度为 $f_e=(p-1)(p-3)$.

各平方和的统计性质跟之前模型类似,在 $\varepsilon_{ijkl}\sim N(0,\sigma^2)$ 的假设下,$\frac{SS_E}{\sigma^2}$,$\frac{SS_{Row}}{\sigma^2}$,$\frac{SS_B}{\sigma^2}$,$\frac{SS_{Col}}{\sigma^2}$,$\frac{SS_{Gra}}{\sigma^2}$ 是独立的服从 χ^2 分布的随机变量.用来检验 $H_0:\beta_1=\beta_2=\cdots=\beta_p=0$ 的统计量为 $F_B=\frac{MS_B}{MS_E}=\frac{SS_B/(p-1)}{SS_E/[(p-1)(p-3)]}$,在原假设 H_0 成立下 $F_B\sim F[p-1,(p-1)(p-3)]$,拒绝域为:

$$\{F_B>F_{1-\alpha}[p-1,(p-1)(p-3)]\}$$

下面给出正交拉丁方设计的方差分析表(表 4.9).

表 4.9　p 阶正交拉丁方设计方差分析表

方差来源	平方和	自由度	均方	F 比
处理	SS_B	$p-1$	$MS_B=\frac{SS_B}{p-1}$	$\frac{MS_B}{MS_E}$
行因子	SS_{Row}	$p-1$	$MS_{Row}=\frac{SS_{Row}}{p-1}$	
列因子	SS_{Col}	$p-1$	$MS_{Col}=\frac{SS_{Col}}{p-1}$	
希腊因子	SS_{Gra}	$p-1$	$MS_{Gra}=\frac{SS_{Gra}}{p-1}$	
误差	SS_E	$(p-1)(p-3)$	$MS_E=\frac{SS_E}{(p-1)(p-3)}$	
总和	SS_T	p^2-1		

4.3.3 例 4.3(续)的 R 语言实现

例 4.3(续)中试验数据如表 4.10 所示,试对其进行方差分析.

表 4.10 火箭推进剂问题的正交拉丁方设计试验数据

原料批次	操作员				
	1	2	3	4	5
1	$A\alpha=24$	$B\gamma=20$	$C\varepsilon=19$	$D\beta=24$	$E\delta=24$
2	$B\beta=17$	$C\delta=24$	$D\alpha=30$	$E\gamma=27$	$A\varepsilon=36$
3	$C\gamma=18$	$D\varepsilon=38$	$E\beta=26$	$A\delta=27$	$B\alpha=21$
4	$D\delta=26$	$E\alpha=31$	$A\gamma=26$	$B\varepsilon=23$	$C\beta=22$
5	$E\varepsilon=22$	$A\beta=30$	$B\delta=20$	$C\alpha=29$	$D\gamma=31$

用 aov()函数完成正交拉丁方设计方差分析的计算,例 4.3(续)的 R 实现结果如下.

```
> Eg4_3DataRe <- data.frame(y = c(24,20,19,24,24,
+                              17,24,30,27,36,
+                              18,38,26,27,21,
+                              26,31,26,23,22,
+                              22,30,20,29,31),
+                        B = c("A","B","C","D","E",
+                              "B","C","D","E","A",
+                              "C","D","E","A","B",
+                              "D","E","A","B","C",
+                              "E","A","B","C","D"),
+                      Gra = c("alpha","gamma","epsilon","beta","delta",
+                              "beta","delta","alpha","gamma","epsilon",
+                              "gamma","epsilon","beta","delta","alpha",
+                              "delta","alpha","gamma","epsilon","beta",
+                              "epsilon","beta","delta","alpha","gamma"),
+                      Row = rep(c(1:5), 5),
+                     Col = c(rep(1, 5), rep(2, 5), rep(3, 5), rep(4, 5), rep(5, 5)))
> aov.Eg4_3DataRe = aov(y ~ B + factor(Row) + factor(Col) + Gra, Eg4_3DataRe)
> summary(aov.Eg4_3DataRe)
             Df  Sum Sq  Mean Sq  F-value   Pr(>F)
B             4    330    82.50   10.000    0.00334 **
factor(Row)   4    150    37.50    4.545    0.03293 *
factor(Col)   4     68    17.00    2.061    0.17831
Gra           4     62    15.50    1.879    0.20764
Residuals     8     66     8.25
---
Signif. codes:  0 '***' 0.001 '**' 0.01 '*' 0.05 '.' 0.1 ' ' 1
```

可以看到，处理 B 对应的 p 值为 0.00334，因此在显著性水平 0.05 下拒绝原假设，即不同的火箭推进剂配方所产生的燃烧率有显著性差异. 作为参考，行因子(原料批次)对试验结果可能有显著影响，而其他 2 个干扰因子(操作员和试验装配)对结果影响不大.

拉丁方设计和正交拉丁方设计分别能对 2 个和 3 个干扰因子进行区组设计，从而达到分离区组变异、提高试验精度的目的. 从理论上看，如果存在 4 个干扰因子，可以构造 3 个拉丁方使之相互正交，这种方法称为超方设计. 更多个干扰因子的超方设计以此类推，只要能找到更多的正交拉丁方即可. 但受各种条件的限制，超方设计在实际中较少使用.

4.4 裂区设计

在某些多因子完全随机区组设计试验中，由于因子及试验条件的特殊性，无法在区组内将所有处理完全随机化，这些问题的出现导致了完全随机区组设计的一些推广设计，比如裂区设计(split plot design，SPD)和条区设计(strip design，SD).

4.4.1 裂区试验设计方法

在裂区设计中，先将一个因子按照随机区组进行设计，每一个试验单元称为主区(main plot)，也称整区；将主区分裂成更小的小区，称为裂区(split plot)，裂区内可以随机安排另一个试验因子，以便研究这两个因子单独的主效应和交互效应.

例 4.6 牧场试验中的裂区设计问题. 试验因子有 2 个：一个是牧草品种 B，有 B_1，B_2，B_3，B_4，B_5，B_6 6 个水平；另一个是放牧吃草方式 A，有 A_1，A_2 2 个水平. 牧草可以在各区组内随机配置来种植，但放牧吃草方式需要大片土地，因为太小了不够畜群吃. 此时可以采用如下裂区设计方案(表 4.11)：

表 4.11 牧场试验的裂区设计

第一步

区组 Ⅰ	A_2	A_1
区组 Ⅱ	A_1	A_2

第二步

区组 Ⅰ	A_2 B_4	A_2 B_6	A_2 B_3	A_2 B_2	A_2 B_1	A_2 B_5	A_1 B_2	A_1 B_5	A_1 B_6	A_1 B_4	A_1 B_3	A_1 B_1
区组 Ⅱ	A_1 B_4	A_1 B_6	A_1 B_3	A_1 B_2	A_1 B_1	A_1 B_5	A_2 B_4	A_2 B_6	A_2 B_3	A_2 B_2	A_2 B_1	A_2 B_5

在上表的第一步中，先将每个区组分成 2 个小区，随机安排因子 A 的 2 个水平 A_1，A_2，称为主区，因子 A 称为主区因子；第二步把每个主区根据另一因子的水平数分成 6 个子区(称为裂区或副区)，把 6 个牧草品种随机配置进去，因而把因子 B 称为子区因子或副因子，这种试

验设计称为二裂式裂区试验. 注意这种设计与两因子随机完全区组设计的区别,在两因子随机完全区组设计中所有处理 A_iB_j 在整个区组内是完全随机设置的,而在裂区试验中,副因子在主小区内随机配置,主区因子的随机性受到约束. 如果还有其他因子在子区内需要进一步划分小区安排,称为再裂区,此时为三裂式裂区试验,本书对此不做详细讨论.

在以下几种情形下适合采取裂区设计:

(1)当两个因子的处理需要的操作单元大小不同时,适合采取裂区设计,要求操作单元大的因子放在主区,操作单元小的因子放在裂区. 比如,田间试验的耕地、灌溉、施肥等需要的操作单元较大时更易操作,适合放在主区,而品种、种植密度等因子需要的操作单元相对较小,可以设置在裂区.

(2)在原有的一个因子试验的基础上,再追加一个新的试验因子时,可以采用裂区设计,原来因子的试验小区自然形成主区,新追加的因子设置裂区.

(3)参与试验的两个因子有主次之分,要求精度不一样时,适合采用裂区设计,精度要求低的次要因子放在主区,精度要求高的主要因子放在裂区.

裂区设计方案在 R 中可通过 design.split() 函数实现. 比如要设计一个主区因子 A 有 2 个水平,副区因子 B 有 4 个水平,设置 3 个区组的裂区试验方案,代码如下:

```
> Block <- 3
> A_main <- c("A1","A2")
> B_sub <- c("B1","B2","B3","B4")
> SplitDesign <- design.split(A_main, B_sub, r = Block)
> SplitPlan <- SplitDesign $ book[2:5]
> SplitPlan
   Splots block A_main B_sub
1       1     1     A2    B2
2       2     1     A2    B3
3       3     1     A2    B1
4       4     1     A2    B4
5       1     1     A1    B3
6       2     1     A1    B1
7       3     1     A1    B2
8       4     1     A1    B4
9       1     2     A1    B3
10      2     2     A1    B2
11      3     2     A1    B4
12      4     2     A1    B1
13      1     2     A2    B3
14      2     2     A2    B4
15      3     2     A2    B1
16      4     2     A2    B2
17      1     3     A2    B2
18      2     3     A2    B4
19      3     3     A2    B3
```

20	4	3	A2	B1
21	1	3	A1	B4
22	2	3	A1	B1
23	3	3	A1	B2
24	4	3	A1	B3

输出结果中 Splots 列表示裂区号，block 列表示区组号，A_main 列表示主区因子水平，B_sub 列表示副区因子水平.

4.4.2　裂区设计的统计模型及方差分析

假设主区因子 A 有 a 个水平，副区因子 B 有 b 个水平，设置 r 个区组，则试验共有 abr 个观测值. 记 $y_{ijk}, i=1,2,\cdots,a; j=1,2,\cdots,b; k=1,2,\cdots,r$ 表示处理 A_iB_j 在第 k 个区组的观测值. 裂区设计的统计模型为：

$$y_{ijk}=\mu+\delta_i+\gamma_k+\omega_{ik}+\beta_j+(\delta\beta)_{ij}+\varepsilon_{ijk}$$
$$i=1,2,\cdots,a;j=1,2,\cdots,b;k=1,2,\cdots,r$$

其中 μ 是总平均，δ_i 是主区因子 A 的第 i 个水平的效应，γ_k 是第 k 个区组的效应，β_j 是副区因子 B 的第 j 个水平的效应，$(\delta\beta)_{ij}$ 是因子 A 和 B 的交互效应，$\omega_{ik}\sim N(0,\sigma_\omega^2)$ 为主区随机误差，相互独立，$\varepsilon_{ijk}\sim N(0,\sigma_\varepsilon^2)$ 为副区随机误差，且所有的 ε_{ijk} 相互独立. 根据效应的定义，有如下约束成立：

$$\sum_{i=1}^{a}\delta_i=0,\ \sum_{k=1}^{r}\gamma_k=0,\ \sum_{j=1}^{b}\beta_j=0,\ \sum_{i=1}^{a}(\delta\beta)_{ij}=\sum_{j=1}^{b}(\delta\beta)_{ij}=0$$

裂区设计的方差分析表如表 4.12 所示.

表 4.12　裂区设计方差分析表

方差来源		平方和	自由度	均方	F 比
	区组	SS_{Blk}	$r-1$	$MS_{Blk}=\dfrac{SS_{Blk}}{r-1}$	
主区部分	A	SS_A	$a-1$	$MS_A=\dfrac{SS_A}{a-1}$	$\dfrac{MS_A}{MS_{E_a}}$
	误差 E_a	SS_{E_a}	$(r-1)(a-1)$	$MS_{E_a}=\dfrac{SS_{E_a}}{(r-1)(a-1)}$	
	主区总和	SS_{T_a}	$ar-1$		
副区部分	B	SS_B	$b-1$	$MS_B=\dfrac{SS_B}{b-1}$	$\dfrac{MS_B}{MS_{E_b}}$
	AB	SS_{AB}	$(a-1)(b-1)$	$MS_{AB}=\dfrac{SS_{AB}}{(a-1)(b-1)}$	$\dfrac{MS_{AB}}{MS_{E_b}}$
	误差 E_b	SS_{E_b}	$a(r-1)(b-1)$	$MS_{E_b}=\dfrac{SS_{E_b}}{a(r-1)(b-1)}$	
	裂区总和	SS_T	$abr-1$		

从上述方差分析表可以看出，与之前模型方差分析不同的是裂区设计在方差来源上分主

区部分和副区部分，各自有所在部分的误差和相应的自由度.因此，在做检验时，主区部分效应的检验用的是主区对应的误差均方项，而副区部分效应的检验需要用副区对应的误差均方项.

相关符号及各平方和计算公式如下.

记 $y_{i\cdot\cdot}=\sum_{j=1}^{b}\sum_{k=1}^{r}y_{ijk}$，$\bar{y}_{i\cdot\cdot}=\frac{1}{br}\sum_{j=1}^{b}\sum_{k=1}^{r}y_{ijk}$，$i=1,\cdots,a$ 表示主区因子 A 的第 i 个水平下的所有观测值的总和及平均；$y_{\cdot j\cdot}=\sum_{i=1}^{a}\sum_{k=1}^{r}y_{ijk}$，$\bar{y}_{\cdot j\cdot}=\frac{1}{ar}\sum_{i=1}^{a}\sum_{k=1}^{r}y_{ijk}$，$j=1,\cdots,b$ 表示副区因子的 B 的第 j 个水平下的所有观测值的总和及平均；$y_{\cdot\cdot k}=\sum_{i=1}^{a}\sum_{j=1}^{b}y_{ijk}$，$\bar{y}_{\cdot\cdot k}=\frac{1}{ab}\sum_{i=1}^{a}\sum_{j=1}^{b}y_{ijk}$，$k=1,\cdots,r$ 表示区组在第 k 水平下的所有观测值的总和及平均；$y_{ij\cdot}=\sum_{k=1}^{r}y_{ijk}$，$\bar{y}_{ij\cdot}=\frac{1}{r}\sum_{k=1}^{r}y_{ijk}$，$i=1,\cdots,a;j=1,\cdots,b$ 表示主区因子 A 的第 i 个水平和副区因子的 B 的第 j 个水平 A_iB_j 处理下的所有观测值的总和及平均；$y_{i\cdot k}=\sum_{j=1}^{b}y_{ijk}$，$\bar{y}_{i\cdot k}=\frac{1}{b}\sum_{j=1}^{b}y_{ijk}$，$i=1,\cdots,a;k=1,\cdots,c$ 表示主区因子 A 的第 i 个水平在第 k 个区组下的所有观测值的总和及平均；$y_{\cdots}=\sum_{i=1}^{a}\sum_{j=1}^{b}\sum_{k=1}^{r}y_{ijk}$，$\bar{y}_{\cdots}=\frac{1}{abr}\sum_{i=1}^{a}\sum_{j=1}^{b}\sum_{k=1}^{r}y_{ijk}$ 表示所有观测值的总和及总平均.

平方和分解式如下所示：

$$SS_T=SS_{Blk}+SS_A+SS_{E_a}+SS_B+SS_{AB}+SS_{E_b}$$

其中 $SS_T=\sum_{i=1}^{a}\sum_{j=1}^{b}\sum_{k=1}^{r}(y_{ijk}-\bar{y}_{\cdots})^2=\sum_{i=1}^{a}\sum_{j=1}^{b}\sum_{k=1}^{r}y_{ijk}^2-\frac{y_{\cdots}^2}{abr}$ 为总平方和，其自由度为 $f_T=abr-1$；$SS_A=\frac{1}{br}\sum_{i=1}^{a}y_{i\cdot\cdot}^2-\frac{y_{\cdots}^2}{abr}$ 为因子 A 平方和，其自由度为 $f_A=a-1$；$SS_{E_a}=\frac{1}{b}\sum_{i=1}^{a}\sum_{k=1}^{r}y_{i\cdot k}^2-\frac{1}{ab}\sum_{k=1}^{r}y_{\cdot\cdot k}^2-\frac{1}{br}\sum_{i=1}^{a}y_{i\cdot\cdot}^2+\frac{y_{\cdots}^2}{abr}$ $SS_{Blk}=\frac{1}{ab}\sum_{k=1}^{r}y_{\cdot\cdot k}^2-\frac{y_{\cdots}^2}{abr}$ 为主区的误差平方和，其自由度为 $f_{E_a}=(a-1)(r-1)$；$SS_B=\frac{1}{ar}\sum_{j=1}^{b}y_{\cdot j\cdot}^2-\frac{y_{\cdots}^2}{abr}$ 为因子 B 平方和，其自由度为 $f_B=b-1$；$SS_{AB}=\frac{1}{r}\sum_{i=1}^{a}\sum_{j=1}^{b}y_{ij\cdot}^2-\frac{y_{\cdots}^2}{abr}-SS_A-SS_B$ 为因子 A 和 B 的交互效应平方和，其自由度为 $f_{Col}=(a-1)(b-1)$；$SS_{E_b}=SS_T-(SS_{Blk}+SS_a+SS_{E_a})-SS_B-SS_{AB}$ 为副区误差平方和，其自由度为 $f_{E_b}=a(r-1)(b-1)$.

4.4.3 裂区设计的例子及 R 语言实现

例 4.7 设有一小麦中耕次数(A)和施肥量(B)的两因子试验，主因子为 A，有 A_1，A_2，A_3 3 个水平；副因子为 B，有 B_1，B_2，B_3，B_4 4 个水平，设置 3 个区组进行裂区设计，裂区计产面积 66 m^2，田间排列与试验产量(kg/66 m^2)结果如表 4.13 所示. 试做方差分析.

表 4.13　例 4.7 小麦试验田间排列与产量表　　kg/66 m²

区组Ⅰ	A_1B_2	A_1B_1	A_3B_3	A_3B_2	A_2B_4	A_2B_3
	37	29	15	31	13	13
	A_1B_3	A_1B_4	A_3B_4	A_3B_1	A_2B_1	A_2B_2
	18	17	16	30	28	31
区组Ⅱ	A_3B_1	A_3B_3	A_2B_4	A_2B_3	A_1B_2	A_1B_3
	27	14	12	13	32	14
	A_3B_4	A_3B_2	A_2B_2	A_2B_1	A_1B_4	A_1B_1
	15	28	28	29	16	28
区组Ⅲ	A_1B_4	A_1B_3	A_3B_2	A_3B_4	A_2B_1	A_2B_2
	15	17	31	13	25	29
	A_1B_2	A_1B_1	A_3B_1	A_3B_3	A_2B_3	A_2B_4
	31	32	26	11	10	12

在 R 中用 sp. plot()函数完成裂区设计方差分析及多重比较，例 4.7 的 R 实现结果如下：

```
> library(agricolae)
> Block <- factor(rep(c(1,2,3),each = 12))
> A_Blk1 <- rep(rep(c("A1","A3","A2"),each = 2),2)
> A_Blk2 <- rep(rep(c("A3","A2","A1"),each = 2),2)
> A_Blk3 <- rep(rep(c("A1","A3","A2"),each = 2),2)
> A <- c(A_Blk1,A_Blk2,A_Blk3)
> B <- c("B2","B1","B3","B2","B4","B3","B3","B4","B4","B1","B1","B2",
+        "B1","B3","B4","B3","B2","B3","B4","B2","B2","B1","B4","B1",
+        "B4","B3","B2","B4","B1","B2","B2","B1","B1","B3","B3","B4")
> y <- c(37,29,15,31,13,13,18,17,16,30,28,31,27,14,12,13,32,14,
+        15,28,28,29,16,28,15,17,31,13,25,29,31,32,26,11,10,12)
> Eg4_7Data <- data.frame(Block, A, B, y)
> aov.Eg4_7Data <- with(Eg4_7Data, sp.plot(Block, A, B, y))

ANALYSIS SPLIT PLOT:  y
Class level information

A       :  A1 A3 A2
B       :  B2 B1 B3 B4
Block   :  1 2 3

Number of observations:  36

Analysis of Variance Table

Response: y
      Df  Sum Sq  Mean Sq  F-value  Pr(>F)
Block  2  32.67   16.33    NaN      NaN
A      2  80.17   40.08    17.4909  0.01053 *
```

```
Ea        4       9.17    2.29        NaN          NaN
B         3    2179.67  726.56   283.2780    2.442e-15 ***
A:B       6       7.17    1.19     0.4657      0.82462
Eb       18      46.17    2.56        NaN          NaN
---
Signif. codes:  0 '***' 0.001 '**' 0.01 '*' 0.05 '.' 0.1 ' ' 1
cv(a) = 6.9 %, cv(b) = 7.3 %, Mean = 21.83333
>
> gla <- aov.Eg4_7Data$gl.a
> glb <- aov.Eg4_7Data$gl.b
> Ea <- aov.Eg4_7Data$Ea
> Eb <- aov.Eg4_7Data$Eb
>
> with(Eg4_7Data, scheffe.test(y, A, DFerror = gla, MSerror = Ea, group = FALSE, console = TRUE))
Study: y ~ A
Scheffe Test for y
Mean Square Error  : 2.291667
A,  means
          y        std   r  Min Max
A1  23.83333  8.343025  12   14  37
A2  20.25000  8.582487  12   10  31
A3  21.41667  7.971065  12   11  31
Alpha: 0.05 ; DF Error: 4
Critical Value of F: 6.944272
Comparison between treatments means
         Difference  p-value  signif.        LCL       UCL
A1 - A2    3.583333   0.0113        *   1.2801503  5.886516
A1 - A3    2.416667   0.0430        *   0.1134836  4.719850
A2 - A3   -1.166667   0.2797           -3.4698497  1.136516
> with(Eg4_7Data, scheffe.test(y, B, DFerror = glb, MSerror = Eb, group = FALSE, console = TRUE))
Study: y ~ B
Scheffe Test for y
Mean Square Error  : 2.564815
B,  means
          y        std  r Min Max
B1  28.22222  2.108185  9  25  32
B2  30.88889  2.713137  9  28  37
B3  13.88889  2.571208  9  10  18
```

```
B4   14.33333   1.870829   9   12   17

Alpha: 0.05 ; DF Error: 18
Critical Value of F: 3.159908

Comparison between treatments means

          Difference   p-value   signif.      LCL          UCL
B1 - B2   -2.6666667   0.0211      *      -4.991113   -0.3422201
B1 - B3   14.3333333   0.0000     ***     12.008887   16.6577799
B1 - B4   13.8888889   0.0000     ***     11.564442   16.2133355
B2 - B3   17.0000000   0.0000     ***     14.675553   19.3244466
B2 - B4   16.5555556   0.0000     ***     14.231109   18.8800021
B3 - B4   -0.4444444   0.9499             -2.768891    1.8800021
```

4.5　条区设计

4.5.1　条区试验设计方法

条区设计是裂区设计的一种衍生设计. 在两因子 A 和 B 的随机完全区组试验中,若因子 A 需要较大的试验单元,而因子 B 可以在区组内随机配置,此时可以采用裂区设计. 如果试验要考察的 2 个因子都需要较大的试验单元时,此时可以考虑条区设计,可以理解成把横向、纵向都进行裂区安排的设计方案. 假设试验中因子 A 有 a 个水平,因子 B 有 b 个水平,在进行条区设计时,先把区组按纵向划分成 a 个条形小区,随机安排 $A_1, A_2, \cdots, A_a$,然后把区组横向划分为 b 个条形小区,随机安排 $B_1, B_2, \cdots, B_b$,这种设计方式称为随机区组式的条区设计,因子 A 和 B 互为主、副因子.

例 4.8　设有一水稻移栽期和施用绿肥的两因子试验,移栽期(A)有 3 个水平:A_1=7 月 16 日,A_2=8 月 16 日,A_3=9 月 16 日;施用绿肥(B)有 3 个水平:B_1=黄花苜蓿,B_2=苕子,B_3=不施绿肥. 由于移栽期和施用绿肥都希望各自连成一片,故采用条区设计方法. A 和 B 均采用随机区组式排列,6 个重复的田间排列与试验产量(kg/40 m^2)结果如表 4.14 所示.

表 4.14　例 4.8 水稻试验田间排列与产量表　　kg/40 m^2

区组Ⅰ				区组Ⅱ			
	A_1	A_3	A_2		A_2	A_1	A_3
B_2	376	455	480	B_1	549	369	496
B_3	386	476	496	B_3	533	388	482
B_1	355	433	446	B_2	540	406	512
区组Ⅲ				区组Ⅳ			
	A_2	A_1	A_3		A_2	A_3	A_1
B_2	500	347	468	B_3	413	334	201
B_3	482	337	435	B_1	469	436	239
B_1	513	387	476	B_2	436	396	280

续表 4.14

	区组Ⅴ				区组Ⅵ		
	A_3	A_1	A_2		A_2	A_3	A_1
B_1	458	366	474	B_3	490	447	348
B_3	413	333	425	B_2	509	473	356
B_2	434	356	465	B_1	520	487	397

从上述设计可以看到,因子 A 和 B 的水平搭配在每个区组都不是完全随机的,无论是行还是列,随机性都受到约束,因此虽然观测值数与两因子裂区设计一致,但设计思想与模型都不同,从而在平方和分解以及自由度分解,即方差分析上都有所不同.

条区设计方案在 R 中可通过 design. strip()函数实现. 比如要设计一个两因子条区设计试验,因子 A 有 3 个水平,因子 B 有 4 个水平,设置 2 个区组的两因子条区试验方案,代码如下:

```
> Block <- 2
> A <- c("A1","A2","A3")
> B <- c("B1","B2","B3","B4")
> StripDesign <- design.strip(A, B, r = Block)
> StripPlan <- StripDesign$book[2:4]
> StripPlan
   block  A  B
1      1 A1 B3
2      1 A1 B2
3      1 A1 B4
4      1 A1 B1
5      1 A2 B3
6      1 A2 B2
7      1 A2 B4
8      1 A2 B1
9      1 A3 B3
10     1 A3 B2
11     1 A3 B4
12     1 A3 B1
13     2 A2 B3
14     2 A2 B2
15     2 A2 B1
16     2 A2 B4
17     2 A3 B3
18     2 A3 B2
19     2 A3 B1
20     2 A3 B4
21     2 A1 B3
```

```
22        2 A1 B2
23        2 A1 B1
24        2 A1 B4
```

上面输出结果中 block 列表示区组号，A 表示 A 因子水平，B 表示 B 因子水平.

4.5.2　条区设计的统计模型及方差分析

假设 2 个试验因子的条区设计，横向因子 A 有 a 个水平，纵向因子 B 有 b 个水平，设置 r 个区组，则试验共有 abr 个观测值. 记 y_{ijk}，$i=1,2,\cdots,a;j=1,2,\cdots,b;k=1,2,\cdots,r$ 表示处理 A_iB_j 在第 k 个区组的观测值. 条区设计的统计模型为：

$$y_{ijk}=\mu+\delta_i+\gamma_k+\omega_{ik}+\beta_j+\theta_{jk}+(\delta\beta)_{ij}+\varepsilon_{ijk}$$
$$i=1,2,\cdots,a;j=1,2,\cdots,b;k=1,2,\cdots,r$$

其中 μ 是总平均，δ_i 是横向因子 A 的第 i 个水平的效应，γ_k 是第 k 个区组的效应，β_j 是纵向因子 B 的第 j 个水平的效应，$(\delta\beta)_{ij}$ 是因子 A 和 B 的交互效应，$\omega_{ik}\sim N(0,\sigma_\omega^2)$ 为横向区组误差，相互独立，$\theta_{jk}\sim N(0,\sigma_\theta^2)$ 为纵向区组误差，相互独立，$\varepsilon_{ijk}\sim N(0,\sigma_\varepsilon^2)$ 为随机误差，且所有的 ε_{ijk} 相互独立. 根据效应的定义，有如下约束成立：

$$\sum_{i=1}^{a}\delta_i=0,\ \sum_{k=1}^{r}\gamma_k=0,\ \sum_{j=1}^{b}\beta_j=0,\ \sum_{i=1}^{a}(\delta\beta)_{ij}=\sum_{j=1}^{b}(\delta\beta)_{ij}=0$$

条区设计的方差分析表如表 4.15 所示.

表 4.15　条区设计方差分析表

方差来源	平方和	自由度	均方	F 比
区组	SS_{Blk}	$r-1$	$MS_{Blk}=\dfrac{SS_{Blk}}{r-1}$	
A	SS_A	$a-1$	$MS_A=\dfrac{SS_A}{a-1}$	$\dfrac{MS_A}{MS_{E_a}}$
误差 E_a	SS_{E_a}	$(r-1)(a-1)$	$MS_{E_a}=\dfrac{SS_{E_a}}{(r-1)(a-1)}$	
B	SS_B	$b-1$	$MS_B=\dfrac{SS_B}{b-1}$	$\dfrac{MS_B}{MS_{E_b}}$
误差 E_b	SS_{E_b}	$(r-1)(b-1)$	$MS_{E_b}=\dfrac{SS_{E_b}}{(r-1)(b-1)}$	
AB	SS_{AB}	$(a-1)(b-1)$	$MS_{AB}=\dfrac{SS_{AB}}{(a-1)(b-1)}$	$\dfrac{MS_{AB}}{MS_E}$
误差 E	SS_E	$(r-1)(a-1)(b-1)$	$MS_E=\dfrac{SS_E}{(r-1)(a-1)(b-1)}$	
裂区总和	SS_T	$abr-1$		

从上述方差分析表可以看出，与裂区设计相比，在 2 个方向都要将误差分离出来，各自有所在部分的误差和相应的自由度. 因此，在做检验时，对因子 A、因子 B 以及交互作用显著性的 F 检验统计量要用各自部分对应的误差均方项. 具体计算从略，下面通过例子给出条区设

计方差分析在 R 语言中的实现.

4.5.3 条区设计的例子及 R 语言实现

在 R 中用 strip.plot()函数完成条区设计方差分析的计算,例 4.8 的 R 实现结果如下:

```
> library(agricolae)
> Block <- factor(rep(c(1,2,3,4,5,6),each = 9))
> A_Blk1 <- rep(c("A1","A3","A2"),3)
> A_Blk2 <- rep(c("A2","A1","A3"),3)
> A_Blk3 <- rep(c("A2","A1","A3"),3)
> A_Blk4 <- rep(c("A2","A3","A1"),3)
> A_Blk5 <- rep(c("A3","A1","A2"),3)
> A_Blk6 <- rep(c("A2","A3","A1"),3)
> A <- c(A_Blk1,A_Blk2,A_Blk3,A_Blk4,A_Blk5,A_Blk6)
> B_Blk1 <- rep(c("B2","B3","B1"),each = 3)
> B_Blk2 <- rep(c("B1","B3","B2"),each = 3)
> B_Blk3 <- rep(c("B2","B3","B1"),each = 3)
> B_Blk4 <- rep(c("B3","B1","B2"),each = 3)
> B_Blk5 <- rep(c("B1","B3","B2"),each = 3)
> B_Blk6 <- rep(c("B3","B2","B1"),each = 3)
> B <- c(B_Blk1,B_Blk2,B_Blk3,B_Blk4,B_Blk5,B_Blk6)
> y <- c(376,455,480,386,476,496,355,433,446,549,369,496,533,388,482,540,406,512,
+        500,347,468,482,337,435,513,387,476,413,334,201,469,436,239,436,396,280,
+        458,366,474,413,333,425,434,356,465,490,447,348,509,473,356,520,487,397)
> Eg4_8Data <- data.frame(Block, A, B, y)
> aov.Eg4_8Data <- with(Eg4_8Data, strip.plot(Block, A, B, y))

ANALYSIS STRIP PLOT:  y
Class level information

A        :  A1 A3 A2
B        :  B2 B3 B1
Block    :  1 2 3 4 5 6

Number of observations:  54

model Y: y ~ Block + A + Ea + B + Eb + B:A + Ec

Analysis of Variance Table

Response: y
        Df  Sum Sq  Mean Sq  F-value    Pr(>F)
Block    5   72989   14598
A        2  190005   95002  92.4612  3.554e-07 ***
Ea      10   10275    1027
B        2    6423    3212   2.7319  0.1131
Eb      10   11756    1176
```

```
B:A      4     407     102    0.5295  0.7154
Ec      20    3840     192
---
Signif. codes:  0 '***' 0.001 '**' 0.01 '*' 0.05 '.' 0.1 ' ' 1
cv(a) = 7.5 %, cv(b) = 8 %, cv(c) = 3.2 %, Mean = 427.3704
```

方差分析结果表明,横向因子 A,即移栽期是高度显著的,因子 B(施用绿肥)与交互作用并不显著.下面对因子的各水平做 Scheffe 多重比较.

```
> with(Eg4_8Data, scheffe.test(y, A, DFerror = gla, MSerror = Ea, group = FALSE, console = TRUE))
Study: y ~ A
Scheffe Test for y
Mean Square Error  : 1027.485
A,  means
           y       std   r  Min  Max
A1  345.9444  54.47123  18  201  406
A2  485.5556  39.02672  18  413  549
A3  450.6111  41.55526  18  334  512
Alpha: 0.05 ; DF Error: 10
Critical Value of F: 4.102821
Comparison between treatments means
          Difference  p-value  signif.       LCL         UCL
A1 - A2  -139.61111   0.0000     ***   -170.2183  -109.00397
A1 - A3  -104.66667   0.0000     ***   -135.2738   -74.05952
A2 - A3    34.94444   0.0263      *       4.3373    65.55159
```

结果显示,移栽期的 3 个水平之间都有显著差异.

4.6　平衡不完全区组设计

随机完全区组设计和拉丁方设计等区组设计方法中,每个区组能容纳所有的处理进行试验.在实际问题中,有些试验由于受到特殊条件的限制,在一个区组中不能对所有的处理都安排试验,这类试验称为不完全试验,在区组中进行不完全试验的设计称为不完全区组设计.本节我们简单介绍针对此类问题常用的平衡不完全区组设计(balanced incomplete block design,BIBD).

4.6.1　BIBD 的参数

例 4.9　表 4.16 是一个单因子四水平的几个区组设计方案.表 4.16.a 中区组设置了 4 个水平,是一个随机完全区组设计.表 4.16.b 中的空白处表示由于某种原因没有安排对应水平的试验,试验次数减少了,数据不整齐,对后续方差分析造成很大困难.表 4.16.c 也少了一部

分试验,但缺少的试验有一定规律:

(1)每个区组下都有相同次数的试验(3 次);

(2)每个处理在不同区组中出现的次数相同(3 次);

(3)每对处理在同一区组内相遇次数相等(2 次).

这些特点体现了一种平衡性,当满足这些平衡条件时,通过适当的统计处理即可进行方差分析. 在这种设计下,每个区组内可以只安排 3 个处理,小于总的处理个数 4.

表 4.16　单因子四水平区组设计

4.16.a

处理	区组			
	Blk_1	Blk_2	Blk_3	Blk_4
1	y_{11}	y_{12}	y_{13}	y_{14}
2	y_{21}	y_{22}	y_{23}	y_{24}
3	y_{31}	y_{32}	y_{33}	y_{34}
4	y_{41}	y_{42}	y_{43}	y_{44}

4.16.b

处理	区组			
	Blk_1	Blk_2	Blk_3	Blk_4
1	y_{11}	y_{12}	y_{13}	
2	y_{21}	y_{22}		y_{24}
3	y_{31}	y_{32}	y_{33}	y_{34}
4		y_{42}		y_{44}

4.16.c

处理	区组			
	Blk_1	Blk_2	Blk_3	Blk_4
1	y_{11}	y_{12}		y_{14}
2		y_{22}	y_{23}	y_{24}
3	y_{31}	y_{32}	y_{33}	
4	y_{41}		y_{43}	y_{44}

BIBD 涉及到 5 个参数,分别记为:

a——试验处理数;

b——试验的区组数;

k——区组内的小区数;

r——每处理的重复数;

λ——任两个处理出现在同一区组的次数.

上述 5 个参数都必须是正整数. 将 a 个处理安排进 b 个区组的平衡不完全区组设计,要满足如下性质:

(1)每个区组都包含 k 个不同处理;

(2)每个处理都在 r 个不同区组出现；

(3)任何一对处理都在 λ 个不同区组中相遇.

并不是上述参数任意的正整数组合都能构成满足上述性质的 BIBD,数学家们已经证明，要存在 BIBD,各参数之间必须满足以下 3 个必要条件：

(1)$ra=bk$；

(2)$k<a, a\leqslant b, \lambda<r$；

(3)$\lambda=\dfrac{r(k-1)}{a-1}$(整数).

根据以上条件,5 个参数只需 3 个就可以确定一个试验方案,其余 2 个可以根据等式推算出来.统计学家们已经针对能构造出 BIBD 的各种参数组合给出了设计方案表格供查询.利用 R 语言的 design.bib()函数也可以生成设计方案.

例 4.10　利用 R 语言设计一个 $a=4, k=2, r=3$ 的 BIBD.

```
> a <- c(1:4)
> k <- 2
> BIBDesign <- design.bib(a,k)

Parameters BIB
===============
Lambda     : 1
treatmeans : 4
Block size : 2
Blocks     : 6
Replication: 3

Efficiency factor 0.6666667

<<< Book >>>
> BIBDplan <- BIBDesign $ sketch
> BIBDplan
     [,1] [,2]
[1,] "2"  "3"
[2,] "4"  "1"
[3,] "3"  "4"
[4,] "3"  "1"
[5,] "2"  "1"
[6,] "4"  "2"
```

根据上述输出结果,可以给出 BIBD 方案如表 4.17 所示.

表 4.17　例 4.10 的 BIBD 设计方案

处理	区组					
	Blk_1	Blk_2	Blk_3	Blk_4	Blk_5	Blk_6
1		y_{12}		y_{14}	y_{15}	
2	y_{21}					y_{26}

续表 4.17

处理	区组					
	Blk_1	Blk_2	Blk_3	Blk_4	Blk_5	Blk_6
3	y_{31}		y_{33}	y_{34}		
4		y_{42}	y_{43}		y_{45}	y_{46}

本问题中有 4 个处理，6 个区组，每个区组内安排 2 次试验，每个处理重复 3 次，任 2 个处理的搭配(共 6 种)出现在同一区组的次数为 1 次. 上述最后一个输出结果中，第一行“[1,] "2""3"”表示在第 1 个区组内安排第 2,3 处理，第二行“[2,] "4" "1"”表示在第 2 个区组内安排第 1,4 处理，以此类推. 按此规则形成表 4.17 的设计方案.

4.6.2 BIBD 的统计模型及方差分析

假设试验中因子 A 有 a 个水平，不完全区组有 b 个，每个区组容量为 k. 记 $y_{ij}, i=1,2,\cdots,a; j=1,2,\cdots,b$ 表示处理 A_i 在第 j 个区组的观测值，注意下标 i,j 的取值不独立，即数据 y_{ij} 是不完全的. BIBD 的统计模型为：

$$y_{ij}=\mu+\delta_i+\beta_j+\varepsilon_{ij}$$
$$i=1,2,\cdots,a; j=1,2,\cdots,b$$

其中 μ 是总平均，δ_i 是因子 A 的第 i 个水平的效应，β_j 是第 j 个区组的效应，$\varepsilon_{ij}\sim N(0,\sigma^2)$ 为随机误差，且所有的 ε_{ij} 相互独立. 根据效应的定义，有如下约束成立：

$$\sum_{i=1}^{a}\delta_i = 0,\ \sum_{j=1}^{b}\beta_j = 0$$

BIBD 的方差分析表如表 4.18 所示.

表 4.18　BIBD 方差分析表

方差来源	平方和	自由度	均方	F 比
区组	SS_{Blk}	$b-1$	$MS_{Blk}=\dfrac{SS_{Blk}}{b-1}$	
处理	SS_A (修正)	$a-1$	$MS_A=\dfrac{SS_A}{a-1}$(修正)	$\dfrac{MS_A}{MS_E}$
误差	SS_E	$b(k-1)-a+1$	$MS_E=\dfrac{SS_E}{b(k-1)-a+1}$	
总和	SS_T	$abr-1$		

因为不同的处理出现在不同区组中，所以计算处理的平方和及均方时都需要修正.

由于 BIBD 的每个处理均与其他处理存在于不同的区组中，所以每个处理的效应中不可避免地混杂了区组效应，但可以用区组效应对处理的效应进行校正，进而得到更准确的处理效应. 校正过程比较复杂，利用统计软件可直接计算，此处不再给出计算表达式.

4.6.3 BIBD 的例子及 R 语言实现

例 4.11　评估由 4 种合成物 A,B,C,D 制成的轮胎对轮胎寿命的影响，由于构造的限制，每个轮胎至多可以分为 3 部分，每个部分由不同的合成物制成，从而在同一单元(即轮胎)中只有 3 种合成物可进行比较. 对这样特制的轮胎进行耐磨试验，轮胎上 3 种合成物都经历相同的路况，因此各个轮胎都可以作为 1 个区组对待. 由于区组内可安排的试验数少于处理数，所以采用 BIBD 安排试验. 该试验中，$a=4$，$b=4$，$r=3$，$k=3$，$\lambda=2$. 表 4.19 列出了试验所使用的设计方案及试验轮胎的磨损数据.

表 4.19　例 4.11 的 BIBD 设计方案及数据

处理	区组			
	Blk_1	Blk_2	Blk_3	Blk_4
A	238	196	254	
B	238	213		312
C	279		334	421
D		308	367	412

在 R 中用 BIB. test() 函数可以进行条区设计方差分析，例 4.11 的 R 实现结果如下：

```
> Block <- c("Blk1","Blk2","Blk3","Blk1","Blk2","Blk4","Blk1","Blk3","Blk4",
"Blk2","Blk3","Blk4")
> A <- rep(c("A","B","C","D"),each = 3)
> y <- c(238,196,254,238,213,312,279,334,421,308,367,412)
> Eg4_11Data <- data.frame(Block, A, y)
> aov.Eg4_11Data <- BIB.test(Block, A, y, test = "lsd", console = TRUE)

ANALYSIS BIB:  y
Class level information

Block:  Blk1 Blk2 Blk3 Blk4

Trt  :  A B C D

Number of observations:  12

Analysis of Variance Table

Response: y

              Df  Sum Sq  Mean Sq  F-value    Pr(>F)
block.unadj    3   39123  13040.9   37.240  0.0007618 ***
trt.adj        3   20729   6909.7   19.732  0.0033516 **
Residuals      5    1751    350.2

---

Signif. codes:  0 '***' 0.001 '**' 0.01 '*' 0.05 '.' 0.1 ' ' 1

coefficient of variation: 6.3 %
y Means: 297.6667

A,  statistics

     y        mean.adj     SE  r    std   Min  Max
A 229.3333 252.2917 11.29916 3 29.95552 196 254
```

```
B 254.3333 256.6667 11.29916 3 51.48139 213 312
C 344.6667 328.5417 11.29916 3 71.59842 279 421
D 362.3333 353.1667 11.29916 3 52.15681 308 412

LSD test
Std.diff    : 16.20609
Alpha       : 0.05
LSD         : 41.65909
Parameters BIB
Lambda      : 2
treatmeans  : 4
Block size  : 3
Blocks      : 4
Replication: 3

Efficiency factor 0.8888889

<<< Book >>>

Comparison between treatments means
      Difference  p-value signif.
A - B     -4.375  0.7980
A - C    -76.250  0.0054     **
A - D   -100.875  0.0016     **
B - C    -71.875  0.0068     **
B - D    -96.500  0.0020     **
C - D    -24.625  0.1892

Treatments with the same letter are not significantly different.

       y      groups
D 353.1667      a
C 328.5417      a
B 256.6667      b
A 252.2917      b
```

从输出的方差分析表(analysis of variance table)中可以看出,因子的平方和与均方经过了修正(trt. adj),最终 p 值为 0.0033516,故拒绝原假设,即认为合成物间有显著差异.后续输出了 LSD 多重比较法的结果及分组情况.

习题 4

1. 研究者要检验 4 种化肥在一块特定的土地上的施肥效果.因为从一个试验地块到另一个试验地块之间会有变异,故决定使用区组设计,将地块设置为区组.他选取了 5 个试验地块(区组)并用 4 种化肥随机在每个地块上进行试验,得到的施肥效果值如下表所示:

化肥类型	地块				
	1	2	3	4	5
1	73	68	74	71	67
2	73	67	75	72	70
3	75	68	78	73	68
4	73	71	75	75	69

根据上表数据回答下列问题：

(1)针对该问题写出方差分析的统计分析模型及假设，并检验4种化肥是否有显著差异.

(2)利用LSD法进行多重比较.

(3)对残差进行分析，判断模型是否满足正态性假设.

2.研究3种不同的润滑油(oil)对柴油卡车发动机的燃油经济性的影响.燃油经济性是在发动机运行15 min后用特定制动燃料消耗量来衡量的.有5种不同的卡车(truck)发动机可用于研究，实验者进行随机完全区组设计，得到数据如下表所示：

润滑油	卡车				
	1	2	3	4	5
1	0.500	0.634	0.487	0.329	0.512
2	0.535	0.675	0.520	0.435	0.540
3	0.513	0.595	0.488	0.400	0.510

根据上表数据回答下列问题：

(1)针对该问题写出方差分析的统计分析模型及假设，并检验3种润滑油的燃油经济性是否有显著差异.

(2)利用LSD法进行多重比较.

(3)对残差进行分析，判断模型是否满足正态性假设.

3.什么是拉丁方？什么是标准拉丁方？什么是正交拉丁方？利用拉丁方设计试验应注意什么问题？

4.用5头奶牛检验5种饲料1,2,3,4,5对泌乳量的影响，由于5头牛的泌乳力不太一致，且泌乳期有差异，因而考虑用拉丁方设计试验.把泌乳期分成5个适当的阶段作为一个干扰因子，试验方案和结果(表中字母后括号里的值)如下表所示：

产乳量		泌乳期				
		1	2	3	4	5
牛号	1	E(300)	A(320)	B(390)	C(390)	D(380)
	2	D(420)	C(390)	E(280)	B(370)	A(270)
	3	B(350)	E(360)	D(400)	A(260)	C(400)
	4	A(280)	D(400)	C(390)	E(280)	B(370)
	5	C(400)	B(380)	A(350)	D(430)	E(320)

试检验 5 种饲料对奶牛泌乳量影响是否显著.

5. 为测量一个化学过程的产量，其中需要用到 5 批材料，5 种酸性浓度，5 种持续时间(A,B,C,D,E)，以及 5 种催化剂浓度(a,b,c,d,e). 采用正交拉丁方设计安排试验，试验方案和结果(表中字母后括号里的值)如下表：

产量		酸性浓度(区组)				
		1	2	3	4	5
批次	1	Aa(26)	Bb(16)	Cc(15)	Dd(18)	Ee(23)
	2	Bc(18)	Cd(21)	De(17)	Ea(23)	Ab(19)
	3	Ce(28)	Da(12)	Eb(9)	Ac(19)	Bd(15)
	4	Db(15)	Ec(17)	Ad(28)	Be(17)	Ca(10)
	5	Ed(10)	Ae(23)	Ba(22)	Cb(8)	Dc(25)

试对上述数据进行方差分析.

6. 有一玉米种植密度(A，株/hm^2)和施氮肥(B，kg/hm^2)的裂区试验，主区因素 $A_1=25500$，$A_2=33000$，$A_3=40500$；裂区因素 $B_1=75$，$B_2=150$，$B_3=225$. 重复 4 次，裂区计产面积 22m^2，其田间排列和产量(kg)如下图，试做分析.

Ⅰ

A_1	A_3	A_2
B_3 11.8	B_2 11.5	B_2 12.9
B_1 9.4	B_3 14.3	B_1 14.2
B_2 10.2	B_1 9.2	B_3 14.0

Ⅱ

A_1	A_2	A_3
B_2 12.8	B_1 11.6	B_2 15.6
B_3 12.4	B_2 11.1	B_3 15.5
B_1 12.0	B_3 14.5	B_1 16.0

Ⅲ

A_3	A_2	A_1
B_1 14.0	B_3 13.3	B_1 7.1
B_3 16.0	B_1 10.6	B_2 12.2
B_2 14.3	B_2 13.9	B_3 13.4

Ⅳ

A_2	A_3	A_1
B_2 15.4	B_3 15.6	B_2 13.4
B_1 12.8	B_2 16.0	B_3 13.4
B_3 14.8	B_1 13.6	B_1 8.6

7. 什么是 BIBD? 什么情况下采用这种设计？与随机区组设计的区别有哪些?

8. 利用 R 函数生成一个五因子，区组大小为 3 的 BIBD.

9. 某种薄膜电阻是安装在陶瓷平板上的电阻器. 设计了 4 种几何形状(A)不同，但电阻值相同的薄膜电阻，要考察它们对电流噪声的影响是否有显著差异. 由于一块陶瓷平板上只能安装 3 只薄膜电阻，故采用 BIBD 设计，选用参数如下：

$a=4$(4 种几何形状)；

$b=4$(平板块数)；

$k=3$(每块平板上可安装的电阻数)；

$r=3$(每种形状的重复数)；

$\lambda=2$(相遇数).

此 BIBD 设计共需电阻 $n=12$ 只. 下表中 y_{ij} 是电流噪声测量值的对数，近似服从正态分布.

y_{ij}		形状号			
		1	2	3	4
平板号	1	1.11		0.95	0.83
	2	1.70	1.22		0.97
	3	1.60	1.11	1.52	
	4		1.22	1.54	1.18

(1)写出该 BIBD 的统计模型.

(2)对处理因子 A 做方差分析.

10. 拉丁方设计不论对行区组还是列区组都是完全区组设计，如果从一个拉丁方中划去至少一列，并将行因子视为区组因子，此时变成一个平衡不完全区组设计，则称为一个尤敦方(Youden)，相应的设计称为尤敦方设计. 试找一个 5 阶拉丁方执行上述操作，观察得到的尤敦方，并与 BIBD 的参数做对比.

第5章　正交设计

从第3章多因子析因设计可以看到，随着试验因子数和水平数的增加，全面试验的试验次数急剧上升. 例如，一个六因子三水平试验，采用全面试验方案即使在无重复试验时也需要$3^6=729$次试验，这种规模的试验在实际中会受到各种条件的限制而难以实施，因此在多因子试验中如何通过试验设计寻求一种只实施少量部分试验而又能获得尽可能多的信息的试验方案就成为人们关注的问题. 正交设计(orthogonal design，OD)就是这样一种试验设计方法，它利用一套事先设计好的规格化的正交表(orthogonal array)来安排试验，在试验因子的全部水平组合中，按一定规则挑选部分有代表性的水平组合进行试验，对部分试验结果进行统计分析来了解全面试验情况，进而找出最优的水平组合. 正交设计是目前应用最广泛的试验设计方法之一.

5.1　正交设计的基本思想与工具

5.1.1　正交设计的基本思想

考察三因子试验，当因子水平比较多时，若全面试验，则试验规模很大，往往因客观条件的限制而难于实施. 此时自然会考虑实施部分试验，在为部分实施选取处理时，一种做法是"简单比较法"，或称"一次一因子法". 下面通过一个例子来说明这种方法的优缺点.

例5.1　要考察增稠剂用量、pH和杀菌温度对豆奶稳定性的影响，每个因子设置3个水平进行试验.

因子 A(增稠剂用量)：　A_1,A_2,A_3 3个水平；

因子 B(pH)：　B_1,B_2,B_3 3个水平；

因子 C(杀菌温度)：　C_1,C_2,C_3 3个水平.

这是一个三因子三水平试验，各因子的水平之间全部可能组合有27种，全面试验的所有处理见表5.1.

表 5.1　三因子三水平试验的全部处理

因子 A	因子 B	因子 C		
		C_1	C_2	C_3
A_1	B_1	$A_1B_1C_1$	$A_1B_1C_2$	$A_1B_1C_3$
	B_2	$A_1B_2C_1$	$A_1B_2C_2$	$A_1B_2C_3$
	B_3	$A_1B_3C_1$	$A_1B_3C_2$	$A_1B_3C_3$
A_2	B_1	$A_2B_1C_1$	$A_2B_1C_2$	$A_2B_1C_3$
	B_2	$A_2B_2C_1$	$A_2B_2C_2$	$A_2B_2C_3$
	B_3	$A_2B_3C_1$	$A_2B_3C_2$	$A_2B_3C_3$
A_3	B_1	$A_3B_1C_1$	$A_3B_1C_2$	$A_3B_1C_3$
	B_2	$A_3B_2C_1$	$A_3B_2C_2$	$A_3B_2C_3$
	B_3	$A_3B_3C_1$	$A_3B_3C_2$	$A_3B_3C_3$

若采用全面试验方案,对各因子与试验指标之间的关系将剖析得比较清楚,但试验次数多,成本高.为减少试验次数,可使用简单比较法.

简单比较法是指每轮试验变化 1 个因子水平而固定其他因子水平.如上述试验中,首先固定 B,C 于 B_1,C_1,使 A 变化,分别取 A_1,A_2,A_3,则第 1 轮 3 次试验为:$B_1C_1A_1$,$B_1C_1A_2$,$B_1C_1A_3$,若试验结果 $B_1C_1A_3$ 最好,则固定 A 于 A_3,C 于 C_1,使 B 变化,再做第 2 轮 3 次试验为:$A_3C_1B_1$,$A_3C_1B_2$,$A_3C_1B_3$,若试验结果 $A_3C_1B_2$ 最好,则固定 B 于 B_2,A 于 A_3,使 C 变化,再做第 3 轮 3 次试验为:$A_3B_2C_1$,$A_3B_2C_2$,$A_3B_2C_3$,得到 $A_3B_2C_2$ 最好.以上过程可用图 5.1 表示,图 5.1 中立方体在横、竖、纵 3 个方向上分别表示 3 个因子 A,B,C 的水平取值,每 1 个交点对应 1 个处理,如最左下方的顶点表示处理 $A_1B_1C_1$,是试验空间的 1 种几何表示.图中 7 个圆圈点"(•)"表示上面简单比较法所进行的 7 个试验处理(有 2 个处理 $A_3B_1C_1$ 和 $A_3B_2C_1$ 做了 2 次试验).

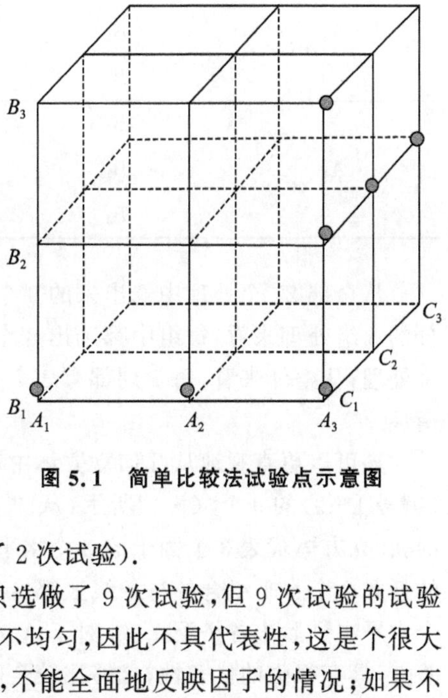

图 5.1　简单比较法试验点示意图

简单比较法的优点是试验次数少,在 27 次试验中只选做了 9 次试验,但 9 次试验的试验点分布在整个立方体试验空间的右前方一角,分布范围不均匀,因此不具代表性,这是个很大的缺点.简单比较法能够考察的因子水平限于局部区域,不能全面地反映因子的情况;如果不进行重复试验,试验误差也无法估计,因此不能确定最佳分析条件的精度.另外,由于试验点的不均衡,一般情况下无法进行平方和分解,也无法进行方差分析.

从例 5.1 可见,如何从全面试验中挑选有代表性的试验点是问题的关键.我们希望挑出的试验点在整个试验空间中分布均匀,水平组合整齐,便于后续利用统计方法进行数据分析,正交设计为此提供了一种性质良好的解决方案.正交设计是指依托正交表这一数学工具从全面试验中挑选出部分有代表性的点进行试验的一种试验设计方法.正交表是根据均衡分布的思想,运用组合数学理论由数学工作者构造的一种数学表格,是正交试验设计的基本工具.

对于上述三因子三水平试验，若不考虑交互作用，可利用正交表 $L_9(3^4)$（下一小节将详细介绍该符号的含义）安排，试验方案包含 9 个水平组合，它是利用正交表 $L_9(3^4)$从 27 个试验点中挑选出来的 9 个试验点. 即：

(1)$A_1B_1C_1$　(2)$A_1B_2C_2$　(3)$A_1B_3C_3$

(4)$A_2B_1C_2$　(5)$A_2B_2C_3$　(6)$A_2B_3C_1$

(7)$A_3B_1C_3$　(8)$A_3B_2C_1$　(9)$A_3B_3C_2$

从表 5.1 中选出的点用方框标记出来，如表 5.1(续)所示.

表 5.1(续)　三因子三水平试验的全部处理

因子 A	因子 B	因子 C		
		C_1	C_2	C_3
A_1	B_1	[$A_1B_1C_1$]	$A_1B_1C_2$	$A_1B_1C_3$
	B_2	$A_1B_2C_1$	[$A_1B_2C_2$]	$A_1B_2C_3$
	B_3	$A_1B_3C_1$	$A_1B_3C_2$	[$A_1B_3C_3$]
A_2	B_1	$A_2B_1C_1$	[$A_2B_1C_2$]	$A_2B_1C_3$
	B_2	$A_2B_2C_1$	$A_2B_2C_2$	[$A_2B_2C_3$]
	B_3	[$A_2B_3C_1$]	$A_2B_3C_2$	$A_2B_3C_3$
A_3	B_1	$A_3B_1C_1$	$A_3B_1C_2$	[$A_3B_1C_3$]
	B_2	[$A_3B_2C_1$]	$A_3B_2C_2$	$A_3B_2C_3$
	B_3	$A_3B_3C_1$	[$A_3B_3C_2$]	$A_3B_3C_3$

从全部 27 个处理中选出来的 9 个处理[表 5.1(续)]有一定规律，按 A 因子的 3 个水平划分的 3 组处理来看，每组中都选出 3 个处理，而且每 1 行中都有 1 个处理，每 1 列中也都有 1 个处理；从整体来看，每 1 列都有 3 个处理. 总体来看，选出来的 9 个处理有很好的分散性与均衡性.

还可以更直观地从几何立方体中观察点的优良性，这 9 个试验点如图 5.2 中标有试验号(编号 1～9)的 9 个“(・)”所示，从图 5.2 中可以看到，9 个试验点在试验空间中分布是均衡的，在立方体代表 3 个因子的 3 个水平的 9 个平面上，都各恰好有 3 个试验点；任意 2 个因子的任意 2 个水平组合的每条线上都恰有一个试验点；A 因子的每个水平与 B 因子、C 因子的各个水平在试验中各搭配 1 次. 对于 A、B、C 这 3 个因子来说，在 27 个全面试验点中选择 9 个试验点，具有很强的代表性，能够比较全面地反映选优区内的基本情况，这 9 个试验点即为最优水平组合.

由此可见，正交设计是针对多因子多水平试验时效率很高的一种方法，通过正交设计并结合适当的统计分析，可以明确因子的主次地位，交互作用，并给出最优因子水平组合. 因此，正交设计在各领域都有广泛的应用.

在正交设计中，选择试验点的过程是通过数学工作者设计好的正交表来实现的，因此理解正交表是学习正交设计的基础.

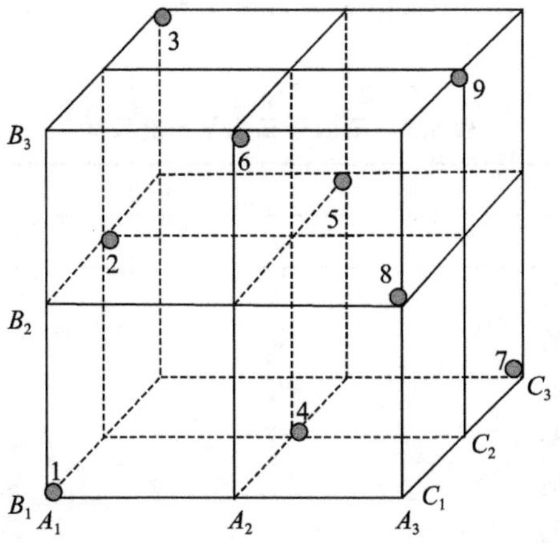

图 5.2　正交设计法试验点示意图

5.1.2　正交设计的工具——正交表

1.正交表简介

正交设计及其数据分析都要通过正交表来完成，本节我们将介绍正交表的结构和性质.

例 5.1 中，我们在 27 个试验中选出 9 个试验所利用的正交表 $L_9(3^4)$ 如表 5.2 所示.

表 5.2　$L_9(3^4)$ 正交表

试验号	列号			
	1	2	3	4
1	1	1	1	1
2	1	2	2	2
3	1	3	3	3
4	2	1	2	3
5	2	2	3	1
6	2	3	1	2
7	3	1	3	2
8	3	2	1	3
9	3	3	2	1

符号 $L_9(3^4)$ 中的元素各有其含义，其中 L 是 Latin 这一单词的首字母，表示正交表（由此可以看出正交表和拉丁方有着密切的联系）；右下角标 9 表示这张表有 9 行，每一行代表一个水平搭配，用这张正交表安排试验包含 9 个处理（水平组合）；指数 4 表示该表有 4 列，每列可以安排 1 个因子，用这张表最多可以安排 4 个因子的试验；表内有 1,2,3 这 3 个数字交替出现，1,2,3 分别表示对应列因子的 3 个水平（即底数 3 的含义），称这是个三水平表. 该表最多可以安排 4 个三水平因子，其全面试验为 3^4. 这样符号 $L_9(3^4)$ 中的各元素都有了相应的解释.

用这个表安排例 5.1 的试验时，由于其只有 3 个因子，我们不妨将因子 A,B,C 分别安排在 1,2,3 列，第 1 列的 3 个数字表示因子 A 的水平，如：1—A_1，2—A_2，3—A_3. 同理可安排第 2

列数字分别对应 1—B_1,2—B_2,3—B_3;第 3 列数字分别对应 1—C_1,2—C_2,3—C_3. 由此可得正交设计如表 5.3 所示.

表 5.3　三因子三水平正交设计

试验号	因子			
	A	B	C	
1	A_1	B_1	C_1	1
2	A_1	B_2	C_2	2
3	A_1	B_3	C_3	3
4	A_2	B_1	C_2	3
5	A_2	B_2	C_3	1
6	A_2	B_3	C_1	2
7	A_3	B_1	C_3	2
8	A_3	B_2	C_1	3
9	A_3	B_3	C_2	1

表中的 9 个水平组合即为上一节中所挑选的 9 个试验:

$$(1)A_1B_1C_1 \quad (2)A_1B_2C_2 \quad (3)A_1B_3C_3$$
$$(4)A_2B_1C_2 \quad (5)A_2B_2C_3 \quad (6)A_2B_3C_1$$
$$(7)A_3B_1C_3 \quad (8)A_3B_2C_1 \quad (9)A_3B_3C_2$$

因此利用正交表就可以在全面试验中选出满足一定要求的部分处理进行试验,进而给出试验方案.

再如,记号为 $L_8(2^7)$的正交表,如表 5.4 所示,表示利用该正交表安排试验包含 8 个试验(水平组合);最多可以安排 7 个二水平因子.

表 5.4　$L_8(2^7)$正交表

试验号	列号						
	1	2	3	4	5	6	7
1	1	1	1	1	1	1	1
2	1	1	1	2	2	2	2
3	1	2	2	1	1	2	2
4	1	2	2	2	2	1	1
5	2	1	2	1	2	1	2
6	2	1	2	2	1	2	1
7	2	2	1	1	2	2	1
8	2	2	1	2	1	1	2

常用的正交表已由数学工作者制定出来,供进行正交设计时选用. 两水平正交表除 $L_8(2^7)$外,还有 $L_4(2^3)$,$L_{16}(2^{15})$等;三水平正交表有 $L_9(3^4)$,$L_{27}(2^{13})$等(详见附表或用下面介绍的 R 函数生成).

2.正交表的基本性质

(1)正交性

正交性是指正交表具有下述两条性质：

①任一列中，各水平都出现，且出现的次数相等.

例如，$L_8(2^7)$中不同数字只有 1 和 2，它们在各列中均出现 4 次；$L_9(3^4)$中不同数字有 1，2 和 3，它们在各列中均出现 3 次.

②任意两列之间各种不同水平的所有可能组合都出现，且每对组合出现的次数相等.

例如，$L_8(2^7)$表中，任意两列的组合 (1，1)，(1，2)，(2，1)，(2，2)各出现 2 次；$L_9(3^4)$中任意两列的组合(1，1)，(1，2)，(1，3)，(2，1)，(2，2)，(2，3)，(3，1)，(3，2)，(3，3)各出现 1 次.即每个因子的每个水平与另一因素的每个水平的所有可能组合次数相等，表明任意两列各数字之间的搭配是完全且均匀的.

由正交性可知：正交表中各列地位平等，列间可以互换，称为列间置换；各行之间也可以互换，称为行置换；正交表的同一列的不同水平间也可以互换，称为水平置换.一张正交表通过上述 3 种置换得到的正交表称为与原正交表等价的正交表.

(2)代表性

①任一列的各水平都出现，使得部分试验中包括了所有因子的所有水平；

②任两列的所有水平组合都出现，使任意两因子间的试验组合为全面试验.

由于正交表的正交性，正交试验的试验点必然均衡地分布在全面试验点中，具有很强的代表性.因此，部分试验寻找的最优条件与全面试验所找的最优条件，应有一致的趋势.

(3)综合可比性

①任一列的各水平出现的次数相等；

②任两列间所有水平组合出现次数相等，使得每个因子的各个水平的试验条件相同.这就保证了在每列因子各水平的效果中，最大限度地排除了其他因子的干扰.从而可以综合比较该因子不同水平对试验指标的影响情况.

根据以上特性，我们用正交表安排的试验，具有均衡分散和整齐可比的特点.

均衡分散是指用正交表挑选出来的各因素水平组合在全部水平组合中的分布是均匀的.由图 5.2 可以看出，在立方体中，任一平面内都包含 3 个“(・)”，任一直线上都包含 1 个“(・)”，因此，这些点代表性强，能够较好地反映全面试验的情况.

整齐可比是指每一个因子的各水平间具有可比性.因为正交表中每一因子的任意一个水平下都均衡地包含着另外因子的各个水平，当比较某因子不同水平时，其他因子的效应都彼此抵消.如在 A、B、C 3 个因子中，A 因子的 3 个水平 A_1、A_2、A_3 条件下各有 B、C 的 3 个不同水平，即：

A_1	B_1C_1 B_2C_2 B_3C_3	A_2	B_1C_2 B_2C_3 B_3C_1	A_3	B_1C_3 B_2C_1 B_3C_2

在这 9 个水平组合中，A 因子各水平下包括了 B、C 因子的 3 个水平，虽然搭配方式不同，但 B、C 皆处于同等地位，当比较 A 因子不同水平时，B 因子不同水平的效应相互抵消，C 因子

不同水平的效应也相互抵消. 所以 A 因子 3 个水平间具有综合可比性. 同样, B、C 因子 3 个水平间也具有综合可比性.

正交表的 3 个基本性质中,正交性是核心和基础,代表性和综合可比性是正交性的必然结果.

3. 正交表的类型

正交表从不同的角度有不同的分类,若以考虑试验因子的水平为主可分为等水平正交表和混合水平正交表;若考虑是否考察因子之间的交互作用,可分为标准正交表和非标准正交表.

(1)等水平正交表

各列水平数都相同的正交表称为等水平正交表, $L_9(3^4)$, $L_8(2^7)$ 都是等水平正交表,等水平正交表用符号 $L_n(q^k)$ 表示. 如前所述,其中 L 是 Latin 这一单词的首字母,表示正交表; n 表示正交表的行数,即该表在无重复试验时的试验次数; k 表示正交表的列数,表示最多可以安排 k 个因子; q 表示正交表所能安排因子的水平数. 即该正交表可以安排 k 个 q 水平的因子,试验次数为 n. 该类表也称 q 水平表.

等水平正交表分为标准正交表和非标准正交表. 非标准正交表不能安排有交互作用的试验,只有标准正交表可以用来安排有交互作用的试验. 常用的等水平标准正交表如下.

二水平表: $L_4(2^3)$, $L_8(2^7)$, $L_{16}(2^{15})$, …

三水平表: $L_9(3^4)$, $L_{27}(3^{13})$, $L_{81}(3^{40})$, …

四水平表: $L_{16}(4^5)$, $L_{64}(4^{21})$, …

五水平表: $L_{25}(5^6)$, $L_{125}(5^{31})$, …

每张标准正交表都配有一张相应的交互作用表,安排试验时一起使用,可以考察因子间的交互作用.

等水平非标准正交表如下.

二水平表: $L_{12}(2^{11})$, $L_{20}(2^{19})$, $L_{24}(2^{23})$, …

其他水平表: $L_{18}(3^7)$, $L_{32}(4^9)$, $L_{50}(5^{11})$, …

(2)混合水平正交表

各列水平数不完全相同的正交表称为混合水平正交表. 如两类水平的混合水平正交表可以用记号 $L_n(q_1^{k_1} \times q_2^{k_2})$ 表示,类似于等水平表中的符号含义, n 表示正交表的行数,即试验次数,可以同时安排 k_1 个水平为 q_1 的因子和 k_2 个水平为 q_2 的因子. 还可以有更多个水平的混合正交表,表示方法以此类推.

下面看一个具体的混合水平正交表 $L_{16}(4^1 \times 2^{12})$,该表中有 1 列的水平数为 4,有 12 列水平数为 2. 即该正交表可以安排 1 个四水平因子和 12 个二水平因子,共做 16 次试验. 如表 5.5 所示.

表 5.5 混合水平正交表 $L_{16}(4 \times 2^{12})$

试验号	列号												
	1	2	3	4	5	6	7	8	9	10	11	12	13
1	1	1	1	1	1	1	1	1	1	1	1	1	1
2	1	1	1	1	1	2	2	2	2	2	2	2	2
3	1	2	2	2	2	1	1	1	1	2	2	2	2
4	1	2	2	2	2	2	2	2	2	1	1	1	1
5	2	1	1	2	2	1	1	2	2	1	1	2	2

续表 5.5

试验号	列号												
	1	2	3	4	5	6	7	8	9	10	11	12	13
6	2	1	1	2	2	2	2	1	1	2	2	1	1
7	2	2	2	1	1	1	1	2	2	2	2	1	1
8	2	2	2	1	1	2	2	1	1	1	1	2	2
9	3	1	2	1	2	1	2	1	2	1	2	1	2
10	3	1	2	1	2	2	1	2	1	2	1	2	1
11	3	2	1	2	1	1	2	1	2	2	1	2	1
12	3	2	1	2	1	2	1	2	1	1	2	1	2
13	4	1	2	2	1	1	2	2	1	1	2	2	1
14	4	1	2	2	1	2	1	1	2	2	1	1	2
15	4	2	1	1	2	1	2	2	1	2	1	1	2
16	4	2	1	1	2	2	1	1	2	1	2	2	1

常用的混合正交表有:$L_8(4\times2^4)$;$L_{12}(3\times2^4)$,$L_{12}(6\times2^2)$; $L_{16}(4^4\times2^3)$,$L_{16}(4\times2^{12})$,$L_{16}(4^3\times2^6)$,$L_{18}(2\times3^7)$,$L_{18}(6\times3^6)$,$L_{20}(5\times2^8)$,$L_{20}(10\times2^2)$等.

混合水平正交表一般不能考察交互作用,但由标准正交表通过并列方法得到的混合水平正交表,如 $L_8(4\times2^4)$是由 $L_8(2^7)$并列得到,$L_{16}(4\times2^{12})$是由 $L_{16}(2^{15})$并列得到,它们与其相应的交互作用表一起可以考察因子的交互作用.

常用的正交表及其交互作用表见附表 4 或通过 R 函数生成.

5.1.3　正交表的 R 语言实现

R 语言可通过 DoE. base 包的 oa. design()函数实现正交表的输出,oa. design()函数用法如下:

```
oa.design(ID = NULL, nruns = NULL, nfactors = NULL, nlevels = NULL,
          factor.names = if (!is.null(nfactors)) {
            if (nfactors <= 50) Letters[1:nfactors]
                else paste("F", 1:nfactors, sep = "")}
            else NULL,
            columns = "order",
            replications = 1, repeat.only = FALSE,
            randomize = TRUE, seed = NULL, min.residual.df = 0, levordold = FALSE)
```

函数中参数较多,但很多参数可以直接用默认值,其中主要参数的含义如下.

ID:正交表的名称,已有的正交表可以通过函数 show. oas 查找,格式如 L9. 3. 4[表示 $L_9(3^4)$正交表]等. 如果省略该参数, ID 将根据 nlevels 或 factor. names 自动确定.

nruns:最少试验次数. 当指定 ID 具体的正交表名称,或者根据后续因子水平的设置参数找到最小试验次数时,可以不指定.

nfactors:因子的个数. 当参数是一个简单数值,且参数 factor. names 没有明确指定时,才需要设定 nfactors 的值,其他情况下可以不设定该参数的值.

nlevels:因子水平数. 参数 nlevels 的值通常是一个向量,向量个数与参数 nfactors 的值一致,当参数 factor. names 或者参数 ID 或者参数 columns 的值设定时,参数 nlevels 的值可以不设定.

factor. names:顾名思义,该参数是设定因素的名称,是一个字符型向量.

replications:试验的重复数.

randomization:随机化参数. 是一个逻辑向量,其值为 TRUE 或 FALSE. 当值设定为 TRUE 时,oa. design()函数返回的正交设计方案的试验顺序已经进行了随机化排序. 默认值是 TRUE.

其他参数的含义和设置可参考 R 函数的在线帮助文档.

例 5.2 (1)利用 R 函数生成 $L_9(3^4)$正交表.

```
> library(DoE.base)
> oa.design(L9.3.4,randomize = FALSE)
  A B C D
1 1 1 1 1
2 1 2 3 2
3 1 3 2 3
4 2 1 3 3
5 2 2 2 1
6 2 3 1 2
7 3 1 2 2
8 3 2 1 3
9 3 3 3 1
class = design, type =  oa
> oa.design(L9.3.4, randomize  = TRUE)
  A B C D
1 1 1 1 1
2 3 2 1 3
3 1 2 3 2
4 1 3 2 3
5 2 2 2 1
6 2 3 1 2
7 3 1 2 2
8 2 1 3 3
9 3 3 3 1
class = design, type =  oa
```

注意上述 2 个函数的区别在于参数 randomize 一个设置为 FALSE,一个设置为 TRUE. 设置为 TRUE 时,正交表做随机化处理,每次的输出结果并不相同.

(2)利用 R 函数生成 $L_{18}(3^6)$正交表.

```
> oa.design(nfactors = 6,nlevels = 3,randomize = FALSE)
```

```
The columns of the array have been used in order of appearance.
For designs with relatively few columns,
the properties can sometimes be substantially improved
using option columns with min3 or even min34.
   A B C D E F
1  1 1 1 1 1 1
2  1 1 2 2 3 3
3  1 2 1 3 3 2
4  2 2 2 2 2 2
5  2 2 3 3 1 1
6  2 3 2 1 1 3
7  3 1 3 2 2 1
8  3 3 1 1 2 2
9  3 3 3 3 3 3
10 1 2 3 1 2 3
11 1 3 2 3 2 1
12 1 3 3 2 1 2
13 2 1 1 3 2 3
14 2 1 3 1 3 2
15 2 3 1 2 3 1
16 3 1 2 3 1 2
17 3 2 1 2 1 3
18 3 2 2 1 3 1
class = design, type = oa
```

第 3 章曾经提到过一种特殊的二水平因子试验 2^k 析因设计，在因子数 k 较大时，考虑采用部分实施，从所有的 2^k 个处理中选出 $2^{k-p}(0<p<k)$ 个进行试验，若 $p=1$，称为原析因试验的$\frac{1}{2}$部分实施，记为 2^{k-1} 设计；若 $p=2$，称为原析因试验的$\frac{1}{2^2}$部分实施，记为 2^{k-2} 设计等. 这类设计中因子的 2 个水平通常用$+1$，-1 表示，分别称为因子的正水平、负水平，或者高水平、低水平，构造这类设计也需要满足列与列之间的正交性. 这类设计在 R 中可以使用专用于 2^k 析因试验设计的 FrF2 包中的 FrF2()函数进行构造. 函数 FrF2()用法如下：

$$\text{FrF2(nruns = NULL, nfactors = NULL,}\cdots)$$

该函数参数众多，具体可以参考帮助文件. 我们这里只列出实现上述功能所常用的 2 个参数，nruns 表示正交表的行数，nfactors 表示因子个数. 如要生成一个 2^{6-3}设计，这个设计包含 6 个二水平因子，且只有 $2^{6-3}=8$ 行，在 R 中具体实现如下：

```
> library(FrF2)
> FrF2(8,6)
   A  B  C  D  E  F
1 -1 -1  1  1 -1 -1
2  1 -1 -1 -1 -1  1
3  1 -1  1 -1  1 -1
```

```
  4 -1  1  1 -1 -1  1
  5 -1  1 -1 -1  1 -1
  6 -1 -1 -1  1  1  1
  7  1  1 -1  1 -1 -1
  8  1  1  1  1  1  1
class = design, type =  FrF2
```

5.2 无交互作用正交设计与分析

从这一节开始介绍如何根据具体试验选用合适的正交表安排试验并进行数据分析，先考虑最简单的无交互作用等水平试验情形.

5.2.1 正交设计的一般步骤

1. 明确试验目的，确定试验指标

试验指标要对所研究的问题能提供重要信息，测定指标值的仪表和量具要有较好的重复性和再现性.

2. 根据试验目的，选因子、定水平，列出因子水平表

根据专业知识、以往的研究结论和经验，从影响试验指标的诸多因素中，通过分析筛选出需要考察的因子. 一般确定因子时，应以对试验指标影响大的因子、尚未考察过的因子、尚未完全掌握其规律的因子为先.

因子选定后，根据所掌握的信息资料和相关知识，确定每个因子的水平，一般以 2～4 个水平为宜. 对主要考察的试验因子，水平可以取得多些，但不宜过多（$\leqslant 6$），否则试验次数骤增. 因子的水平间距，应根据专业知识和已有的资料，尽可能把水平值取在理想区域.

3. 选择合适的正交表

正交表的选择是正交试验设计的首要问题. 确定了因子及其水平后，根据因子、水平及需要考察的交互作用的多少来选择合适的正交表. 正交表的选择原则是在能够安排下试验因子和交互作用的前提下，尽可能选用较小的正交表，以减少试验次数.

一般情况下，因子的水平数应等于正交表中的水平数；因子个数（包括交互作用数）应不大于正交表的列数；各因子及交互作用的自由度之和要小于所选正交表的总自由度，以便估计试验误差. 若各因子及交互作用的自由度之和等于所选正交表总自由度，则可采用有重复正交试验来估计试验误差.

正交表选择依据如下.

列：正交表的列数 $k \geqslant$ 因子所占列数＋交互作用所占列数＋空列.

自由度：正交表的总自由度 $(n-1) \geqslant$ 因子自由度 $(q-1) \times$ 因子数＋交互作用自由度＋误差自由度.

当误差自由度为 0 时，就说明这个设计无法估计误差. 如果要估计误差，就需要至少留出一个空列作为误差列.

没有误差列的设计并不是一定不能用，要根据试验的性质而定. 如果能够保证试验误差很小，而且知道各个因子之间没有交互作用，试验的目的只是想知道因子对结果的影响相对大

小，那么还是可以用的．在结果分析上，由于没有误差项，所以只能进行极差分析，而不能进行方差分析．

4．表头设计

所谓表头设计，就是把因子和要考察的交互作用分别安排到正交表的各列中的过程．

在不考察交互作用时，各因子可随机安排在各列上；若考察交互作用，就应按所选正交表的交互作用列表安排各因子与交互作用，以防止产生"混杂"．

5．编制试验方案

把正交表中安排各主因子的列（不包含欲考察的交互作用列）中的每个水平数字换成该因子的实际水平值，便形成了正交试验方案．

试验方案设计完成后，就可以按照试验方案实施试验．在试验实施过程中，必须严格按照各试验号的处理组合进行，不得随意改动，试验条件应尽量保持一致．需要说明的是，试验号并非试验顺序，为了排除误差干扰，试验要随机进行，即采取抽签的方式或查随机数字表安排试验顺序；安排试验方案时，因子的水平也可采用随机安排．

在正交设计中包含无交互作用和有交互作用的试验情形．本节先介绍无交互作用时的设计与数据分析．

5.2.2　无交互作用正交设计

以下通过一个例子介绍无交互作用时正交设计的方法与数据分析．

例 5.3　为了提高某化工产品的转化率，选择了 3 个有关因子进行研究，反应温度 A，反应时间 B 和用碱量 C，拟通过正交试验来寻找最佳生产条件，不考虑交互作用．

试验方案设计如下．

1．明确试验目的，确定试验指标

试验目的：提高转化率．

试验指标：转化率．该指标为定量指标，越大越好．

2．选因子、定水平，列因子水平表

本试验已明确考虑 3 个因子进行研究，即反应温度 A，反应时间 B 和用碱量 C，进行三因子正交试验，各因子均取 3 个水平，因子水平见表 5.6．

表 5.6　因子水平表

水平	试验因子		
	反应温度 A/℃	反应时间 B/min	用碱量 C/%
1	80	90	5
2	85	120	6
3	90	150	7

3．选择合适的正交表

此例有 3 个三水平因子，不考察因子间的交互作用，可以选用 $L_9(3^4)$．正交表 $L_9(3^4)$ 可利用本书附表查询或 R 语言生成．

4. 表头设计

此例不考察交互作用，可将反应温度 A，反应时间 B 和用碱量 C 依次安排在 $L_9(3^4)$ 的第 1、2、3 列上，如表 5.7 所示.

表 5.7　表头设计

列号	1	2	3	4
因子	A	B	C	

5. 编制试验方案，按方案进行试验，记录试验结果.

例 5.3 的试验方案如表 5.8 所示.

表 5.8　试验方案

试验号	因子			
	A	B	C	
1	1 (80)	1 (90)	1 (5)	1
2	1 (80)	2 (120)	2 (6)	2
3	1 (80)	3 (150)	3 (7)	3
4	2 (85)	1 (90)	2 (6)	3
5	2 (85)	2 (120)	3 (7)	1
6	2 (85)	3 (150)	1 (5)	2
7	3 (90)	1 (90)	3 (7)	2
8	3 (90)	2 (120)	1 (5)	3
9	3 (90)	3 (150)	2 (6)	1

完成试验方案并实施试验，获得试验数据，对结果进行分析是试验设计的重要环节. 对于正交试验设计，目前常用的方法是直观分析法和方差分析法，接下来两小节分别对此进行介绍.

5.2.3　无交互作用正交设计试验的直观分析法

直观分析法又称极差分析法，是利用正交试验设计的均衡分散性和整齐可比性，通过计算各因子各水平下指标的平均值和极差来进行分析. 它计算简便，直观，简单易懂. 该方法可以判断因子主次、寻求最优水平和最优水平组合. 以下通过例 5.3 来介绍直观分析法过程.

例 5.3 按上述试验方案(表 5.8)实施试验，试验结果如表 5.9 所示.

表 5.9　试验设计方案与试验结果

试验号	因子				转化率/%
	A	B	C		y_i
1	1 (80)	1 (90)	1 (5)	1	31
2	1 (80)	2 (120)	2 (6)	2	54
3	1 (80)	3 (150)	3 (7)	3	38
4	2 (85)	1 (90)	2 (6)	3	53

续表 5.9

试验号	因子				转化率/%
	A	B	C		y_i
5	2 (85)	2 (120)	3 (7)	1	49
6	2 (85)	3 (150)	1 (5)	2	42
7	3 (90)	1 (90)	3 (7)	2	57
8	3 (90)	2 (120)	1 (5)	3	62
9	3 (90)	3 (150)	2 (6)	1	64

为计算方便,把 3 个因子 A,B,C 分别用字母 $j=A,B,C$ 来表示,每个因子的 3 个水平分别用 $m=1,2,3$ 来表示.则用 K_{jm} 表示第 j 个因子第 m 个水平所对应的试验指标值的和,用 k_{jm} 表示第 j 个因子第 m 个水平所对应的试验指标的平均值.由 k_{jm} 大小可以判断第 j 个因子优水平,即由某个因子各水平指标平均值来衡量该因子哪个水平较优.

计算第 j 个因子各水平下指标平均值的极差 R_j.

$$R_j=\max_m\{k_{jm}\}-\min_m\{k_{jm}\}$$

R_j 的大小反映了第 j 个因子水平取值变化时,试验指标的变动幅度.R_j 越大,说明该因子对试验指标的影响越大.根据 R_j 大小,可以判断因子的主次顺序.

例 5.3 中,各因子水平下指标值计算如下.

因子 A 的 1 水平所对应的试验指标值之和及平均值为:

$$K_{A1}=y_1+y_2+y_3=0+17+24=41,k_{A1}=\frac{K_{A1}}{3}=13.7$$

因子 A 的 2 水平所对应的试验指标之和及平均值为:

$$K_{A2}=y_4+y_5+y_6=12+47+28=87,k_{A2}=\frac{K_{A2}}{3}=29$$

因子 A 的 3 水平所对应的试验指标之和及平均值为:

$$K_{A3}=y_7+y_8+y_9=1+18+42=61,k_{A3}=\frac{K_{A3}}{3}=20.3$$

同理可计算其他因子各水平的对应值,如表 5.10 所示.

表 5.10 试验设计方案与试验结果(续 1)

试验号	因子				转化率/%
	A	B	C		y_i
1	1 (80)	1 (90)	1 (5)	1	31
2	1 (80)	2 (120)	2 (6)	2	54
3	1 (80)	3 (150)	3 (7)	3	38
4	2 (85)	1 (90)	2 (6)	3	53
5	2 (85)	2 (120)	3 (7)	1	49

续表 5.10

试验号	因子				转化率/%
	A	B	C		y_i
6	2 (85)	3 (150)	1 (5)	2	42
7	3 (90)	1 (90)	3 (7)	2	57
8	3 (90)	2 (120)	1 (5)	3	62
9	3 (90)	3 (150)	2 (6)	1	64
K_1	123	141	135		
K_2	144	165	171		
K_3	183	144	144		
k_1	41	47	45		
k_2	48	55	57		
k_3	61	48	48		
R_j	20	8	12		
优水平	A_3	B_2	C_2		

(1)确定试验因子的优水平和最优水平组合

根据正交设计的特性,对 A_1,A_2,A_3 来说,3 组试验的试验条件是完全一样的(综合可比性),可进行直接比较.如果因子 A 对试验指标无影响时,那么 k_{A1},k_{A2},k_{A3} 应该相等,但由上面的计算可见,k_{A1},k_{A2},k_{A3} 实际上不相等,说明 A 因子的水平变动对试验结果有影响.因此,根据 k_{A1},k_{A2},k_{A3} 的大小可以判断 A_1,A_2,A_3 对试验指标的影响大小.由于试验指标为液化率,而 $k_{A3}>k_{A2}>k_{A1}$,所以可断定 A_3 为 A 因子的优水平.

同理,计算因子 B,C 的各水平对应的试验指标之和及平均值,结果见表 5.10 中 k_1,k_2,k_3 3 行,可以确定 B_2、C_2 分别为因子 B,C 的优水平.因此 3 个因子的优水平 A_3、B_2、C_2 组成本试验的最优水平组合 $A_3B_2C_2$,即化工产品转化率的最优生产条件为反应温度为 90℃,反应时间为 120 min,用碱量为 6%.

(2)确定因子的主次顺序

计算各因子不同水平对应指标平均值的极差得:

$$R_A=\max\{k_{A1},k_{A2},k_{A3}\}-\min\{k_{A1},k_{A2},k_{A3}\}=61-41=20$$

同理得 $R_B=8$,$R_C=12$,根据极差的大小,可以判断各因子对试验指标的影响主次.例 5.3 极差的比较结果是,$R_A>R_C>R_B$,所以因子对试验指标影响的主→次顺序是 A,C,B.

(3)绘制因子与指标趋势图

以各因子水平为横坐标,试验指标的平均值(k_{jm})为纵坐标,绘制因子与指标趋势图(图 5.3).由因子与指标趋势图可以更直观地看出试验指标随着因子水平的变化而变化的趋势,可为进一步试验指明方向.

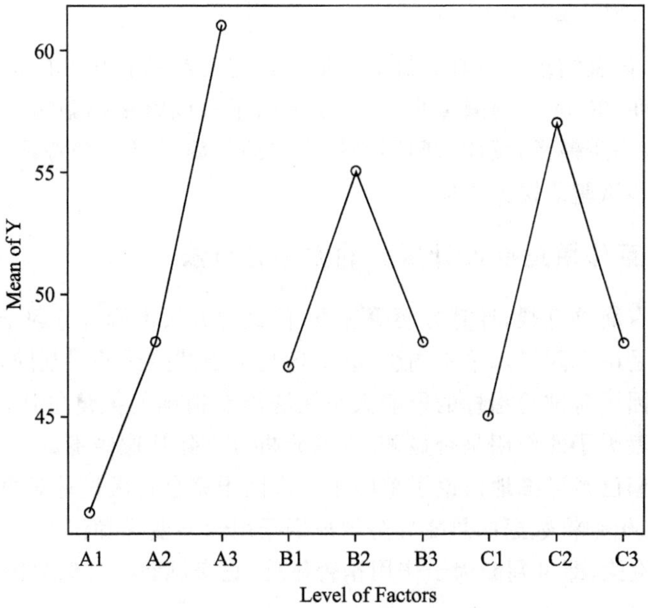

图 5.3 因子指标趋势图

上述直观分析相关计算及因子指标趋势图绘制的 R 代码如下：

```
Eg5_2Data <- data.frame(
                A = factor(rep(1:3,each = 3)),
                B = factor(rep(1:3,3)),
                C = factor(c(1,2,3,2,3,1,3,1,2)),
                D = factor(c(1,2,3,3,1,2,2,3,1)),
                Y = c(31,54,38,53,49,42,57,62,64)
                )
#直观分析 - 计算均值
attach(Eg5_2Data)
A.mean<-tapply(Y,A,mean)
B.mean<-tapply(Y,B,mean)
C.mean<-tapply(Y,C,mean)
means<-cbind(A.mean,B.mean,C.mean)
means
#绘制因子指标趋势图(均值折线图)
plot(as.vector(means),axes = F,xlab = "Level of Factors",ylab = "Mean of Y")
xmark<-c(NA,"A1","A2","A3","B1","B2","B3","C1","C2","C3",NA)
axis(1,0:10,labels = xmark)
axis(2,seq(40,70,by = 5))
axis(3,0:10,labels = xmark)
axis(4,seq(40,70,by = 5))
lines(1:3,means[,"A.mean"],col = 1)
lines(4:6,means[,"B.mean"],col = 2)
```

```
lines(7:9,means[,"C.mean"],col = 3)
```

综上,对例5.2试验结果的直观分析结论是:(1)化工产品转化率的最优生产条件为反应温度90℃,反应时间120 min,用碱量6%;(2)3个因子对试验指标影响的主→次顺序是反应温度影响最大,其次是用碱量,反应时间影响较小;(3)从因子指标趋势图还可以看出,因子A水平值增大是进一步试验的探索方向.

5.2.4 无交互作用正交设计试验的方差分析法

直观分析法具有简单直观,计算方便等优点.但这种方法不能区分因子各水平间对应的试验指标的变异究竟是由于因子水平不同引起的,还是由于试验误差引起的,也无法估计试验误差的大小.此外,各因子对试验指标的影响大小无法给予精确的数量估计,不能给出一个量化的标准来判断所考察因子的作用是否显著.方差分析可以弥补这些不足.

在前面几章我们已经详细地讨论了单因子和多因子完全析因设计等多种情形下的方差分析.方差分析基本思想是将数据的总变异分解成因子引起的变异和误差引起的变异两部分,构造F统计量,做F检验,即可判断因子作用是否显著.正交试验设计结果的方差分析思想和步骤与前几章类似.

先建立相应的方差分析模型.设y_i表示第i次试验中产品的转化率(%),并记α_l为反应温度因子第l水平的效应,β_l为反应时间因子第l水平的效应,γ_l为用碱量因子第l水平的效应,$l=1,2,3$,根据试验方案构造如下模型:

$$\begin{cases} y_1=\mu+\alpha_1+\beta_1+\gamma_1+\varepsilon_1 \\ y_2=\mu+\alpha_1+\beta_2+\gamma_2+\varepsilon_2 \\ y_3=\mu+\alpha_1+\beta_3+\gamma_3+\varepsilon_3 \\ y_4=\mu+\alpha_2+\beta_1+\gamma_2+\varepsilon_4 \\ y_5=\mu+\alpha_2+\beta_2+\gamma_3+\varepsilon_5 \\ y_6=\mu+\alpha_2+\beta_3+\gamma_1+\varepsilon_6 \\ y_7=\mu+\alpha_3+\beta_1+\gamma_3+\varepsilon_7 \\ y_8=\mu+\alpha_3+\beta_2+\gamma_1+\varepsilon_8 \\ y_9=\mu+\alpha_3+\beta_3+\gamma_2+\varepsilon_9 \end{cases}$$

其中$\varepsilon_i \sim N(0,\sigma^2)$,$i=1,2,\cdots,9$是随机误差,且所有的$\varepsilon_i$相互独立.根据效应的定义,有如下约束成立:$\sum_{l=1}^{3}\alpha_l=0$,$\sum_{l=1}^{3}\beta_l=0$,$\sum_{l=1}^{3}\gamma_l=0$.如果按完全试验模型的写法$y_i$,$\varepsilon_i$的下标可以写成对应的因子水平数,比如$y_1$可以写成$y_{111}$,$y_2$可以写成$y_{122}$,以此类推,$\varepsilon_i$改写的下标与$y_i$相对应,此处由于是部分实施,简化起见不再写出完整下标.

在该模型下要检验的问题是:

(1)$H_{01}:\alpha_1=\alpha_2=\alpha_3=0$ vs $H_{11}:\alpha_1,\alpha_2,\alpha_3$不全为0;

(2)$H_{02}:\beta_1=\beta_2=\beta_3=0$ vs $H_{12}:\beta_1,\beta_2,\beta_3$不全为0;

(3)$H_{03}:\gamma_1=\gamma_2=\gamma_3=0$ vs $H_{13}:\gamma_1,\gamma_2,\gamma_3$不全为0.

分别回答因子A,B,C是否显著的问题.另外还要估计各效应以及方差σ^2.

解决上述检验问题的关键仍是平方和分解,与全面试验的模型相比,正交设计是部分实施，但是正交性保证了仅用部分处理的试验数据就能实现平方和分解，这正是正交设计的正交性在方差分析中的体现.

记 $y. = \sum_{i=1}^{9} y_i$，$\bar{y} = \frac{1}{9}\sum_{i=1}^{9} y_i$ 表示所有观测值的总和及总平均，K_{jm}，$j=1,2,3,4$；$m=1,2,3$ 表示正交设计表中第 j 列第 m 水平下的观测值之和，k_{jm}，$j=1,2,3,4$；$m=1,2,3$ 则表示正交设计表中第 j 列第 m 水平下的观测值之平均.

记 $SS_T = \sum_{i=1}^{9} (y_i - \bar{y})^2$ 表示数据的总偏差平方和，反映了每个观测在其总平均值上下的波动，其自由度为 $f_T=9-1=8$，即总数据个数减 1；$SS_j = 3\sum_{m=1}^{3} (k_{jm} - \bar{y})^2$，$j=1,2,3,4$ 表示正交设计表中第 j 列的平方和，也是安排在该列上的因子的效应平方和，其自由度为 $f_i=3-1=2$，即该列的水平数（或该列放置因子的水平数）减 1.

正交性保证了下述平方和分解公式成立：

$$SS_T = SS_1 + SS_2 + SS_3 + SS_4$$

由于正交设计下列平方和即为放置在该列上的因子的效应平方和，因此有 $SS_1 = SS_A$，$SS_2 = SS_B$，$SS_3 = SS_C$，而第 4 列上没有放置因子，为空白列，恰好对应着误差平方和，即 $SS_4 = SS_D$. 因此上面分解式也可等价写成：

$$SS_T = SS_A + SS_B + SS_C + SS_E$$

平方和分解式也对应着自由度分解式，即 $f_T = f_1 + f_2 + f_3 + f_4$ 或 $f_T = f_A + f_B + f_C + f_e$.

方差分析表如表 5.11 所示.

表 5.11　方差分析表

方差来源	平方和	自由度	均方	F 比
因子 A	SS_A	f_A	$MS_A = \frac{SS_A}{f_A}$	$\frac{MS_A}{MS_E}$
因子 B	SS_B	f_B	$MS_B = \frac{SS_B}{f_B}$	$\frac{MS_B}{MS_E}$
因子 C	SS_C	f_C	$MS_C = \frac{SS_C}{f_C}$	$\frac{MS_C}{MS_E}$
误差	SS_E	f_e	$MS_E = \frac{SS_E}{f_e}$	
总和	SS_T	f_T		

平方和的计算结果可以添加到上一节直观分析结果表上，如表 5.12 所示.

表 5.12　试验设计方案与试验结果(续 2)

试验号	因子				转化率/%
	A	B	C		y_i
1	1 (80)	1 (90)	1 (5)	1	31
2	1 (80)	2 (120)	2 (6)	2	54
3	1 (80)	3 (150)	3 (7)	3	38
4	2 (85)	1 (90)	2 (6)	3	53
5	2 (85)	2 (120)	3 (7)	1	49
6	2 (85)	3 (150)	1 (5)	2	42
7	3 (90)	1 (90)	3 (7)	2	57
8	3 (90)	2 (120)	1 (5)	3	62
9	3 (90)	3 (150)	2 (6)	1	64
K_1	123	141	135		
K_2	144	165	171		
K_3	183	144	144		
k_1	41	47	45		
k_2	48	55	57		
k_3	61	48	48		
R_j	20	8	12		
优水平	A_3	B_2	C_2		
SS_j	618	114	234	18	

例 5.3 的方差分析 R 代码如下：

```
> Eg5_2Data <- data.frame(
+                    A = factor(rep(1:3,each = 3)),
+                    B = factor(rep(1:3,3)),
+                    C = factor(c(1,2,3,2,3,1,3,1,2)),
+                    D = factor(c(1,2,3,3,1,2,2,3,1)),
+                    Y = c(31,54,38,53,49,42,57,62,64)
+                    )
> anova.table<-function(fm){
+   table<-summary(fm); k<-length(table[[1]]) - 2
+   temp<-c(sum(table[[1]][,1]),sum(table[[1]][,2]),rep(NA,k))
+   table[[1]]["Total",]<-temp;table}
> ##############################################################
> aov.Eg5_2Data <- aov(Y ~ A + B + C, data = Eg5_2Data)
> anova.table(aov.Eg5_2Data)
```

输出结果如下：

```
          Df  Sum Sq  Mean Sq  F-value  Pr(>F)
A          2    618     309    34.333  0.0283 *
B          2    114      57     6.333  0.1364
C          2    234     117    13.000  0.0714 .
Residuals  2     18       9
Total      8    984
---
Signif. codes:  0 '***' 0.001 '**' 0.01 '*' 0.05 '.' 0.1 ' ' 1
```

从方差分析表结果看，因子 A 在显著性水平 0.05 下是显著的，因子 C 在显著性水平 0.1 下是显著的，因子 B 在显著性水平 0.1 下不显著. 对显著的因子应选取其优水平，不显著的因子可以根据实际情况以方便、节约、高效等原则进行水平选取. 因此因子 A 选取 A_3 水平，因子 C 选取 C_2 水平，因子 B 可以选择任意水平，从节约时间角度可以选择 B_1 水平，因此最终的水平组合为 $A_3B_1C_2$. 这个水平组合是否合适，在实际中还需要进行验证试验. 另外从方差分析表中还可以给出试验误差方差 σ^2 的无偏估计为 $\hat{\sigma}^2=MS_E=9$.

注意：在上面方差分析过程中，注意到如果正交设计表中没有空列，此时在平方和分解时就无法分解出误差平方和项，也就无法进行方差分析，因此在正交设计中要进行方差分析，一般应留有至少一个空列. 在没有空列时，直观分析仍然可以进行.

综上所述，通过对正交设计试验结果的直观分析和方差分析，可以回答以下问题：

(1)分清各因子及其交互作用的主次顺序，分清哪个是主要因素，哪个是次要因素；

(2)判断因子对试验指标影响的显著程度；

(3)找出试验因子的优水平和试验范围内的最优组合，即试验因子各取什么水平时，试验指标最好；

(4)分析因子与试验指标之间的关系，即当因子水平变化时，试验指标是如何变化的. 找出指标随因子变化的规律和趋势，为进一步试验指明方向；

(5)估计试验误差的大小.

5.3 有交互作用时的正交设计与分析

5.3.1 正交设计中交互作用的处理原则

在多因子试验中，因子间的联合搭配对试验指标产生的交互作用是试验中需要研究的重要内容. 因子之间的交互作用总是存在的，这是客观存在的普遍现象，但交互作用的程度并不相同. 一般地，当交互作用很小时，可以认为因子间不存在交互作用. 对于交互作用，在试验设计时应高度重视.

在试验设计中，若 A、B、C 表示因子，则因子 A 和因子 B 间的交互作用记作 $A\times B$(或简记为 AB)，称为 1 级交互作用；表示因子 A、B、C 之间的交互作用记作 $A\times B\times C$(或简记为 ABC)，称为 2 级交互作用；以此类推，还有 3 级、4 级交互作用等.

试验设计中，处理交互作用的总原则是把每个交互作用看作一个因子，作为因子，各级交互作用都可以安排在能考察交互作用的正交表的相应列上，它们对试验指标的影响情况都可以分析清楚，而且计算也比较简单. 但交互作用又不同于因子，表现在：

(1)用于考察交互作用的列不影响试验方案及其实施，因为交互作用是因子安排好以后的衍生物；

(2)一个交互作用并不一定只占正交表的一列，而是占有$(q-1)^p$列，其中q是因子的水平数，p是交互作用级数. 从自由度的角度看，交互作用所占的列数应该满足所占列数的自由度之和等于该交互作用自由度.

因此，二水平因子的各级交互作用均占 1 列；三水平因子，1 级交互作用占 2 列，2 级交互作用占 4 列，…，可见，q和p越大，交互作用所占列数越多.

例如，对一个二水平五因子试验，表头设计时，如果考虑所有各级交互作用，那么连同因子本身，总计应占列数为：

$$C_5^1+C_5^2+C_5^3+C_5^4+C_5^5=31$$

那么此试验应选$L_{32}(2^{31})$正交表进行设计. 由此可见，考虑的交互作用越多，需要的正交表就越大，即试验数就越多，因此对于多因子试验，一般并不考虑所有的交互作用，而是在满足试验要求的条件下，有选择地、合理地考察某些交互作用. 根据试验目的、专业知识、以往的经验及现有试验条件等多方面情况进行交互作用选择. 一般原则是：

(1)忽略高级交互作用；

(2)有选择地考察 1 级交互作用. 通常只考察那些作用效果较明显的，或试验要求必须考察的.

在试验中确定了所考察的因子及其交互作用后，选用正交表及进行表头设计时要注意以下几点.

(1)正交表有关的自由度

①正交表的总自由度为试验次数减 1，即$f_{表}=n-1$，其中n为正交表的行数；

②列的自由度为该列水平数减 1，即$f_{列}=q-1$，其中q为该列的水平数.

(2)因子与交互作用的自由度

①因子的自由度为水平数减 1；

②交互作用的自由度为产生该交互作用因子的自由度之积.

(3)表头设计时应满足

①因子的自由度应该等于所在列的自由度；

②交互作用的自由度应该等于所在列的自由度(若占多列则应为各列自由度之和)；

③所考察的因子及其交互作用的自由度之和不能超过所选正交表的总自由度.

5.3.2 有交互作用的正交试验表头设计

表头设计时，各因子及其交互作用不能任意安排，必须严格按交互作用列表进行安排. 这是有交互作用正交设计的一个重要特点，也是关键的一步.

有交互作用的正交设计中一个需要避免的问题是混杂，所谓混杂，就是指在正交表的同一列中，安排了 2 个或 2 个以上的因子或交互作用，这样就无法区分同一列中这些不同因子或交互作用对试验指标的影响效果.

在表头设计中，为了避免混杂，那些主要因子、重点要考察的因子以及涉及交互作用较多的因子，应该优先安排；次要因子和不涉及交互作用的因子后安排.

例 5.4　为提高某种农药的收率，需要进行试验. 根据初步分析，影响农药收率的因子有 4 个，分别是反应温度 A，反应时间 B，两种原料配比 C 与真空度 D，每个因子设置 2 个水平，因子水平如表 5.13 所示. 根据专业知识可知，反应温度与反应时间的交互作用对收率也有较大影响，因此本试验中还需考察交互作用 AB. 试用正交设计安排试验方案.

表 5.13　例 5.4 中试验的因子水平表

水平	试验因子			
	反应温度 A/℃	反应时间 B/h	原料配比 C	真空度 D/kPa
1	60	2.5	1.1/1	50
2	80	3.5	1.2/1	60

正交表的选择：本例考察 4 个因子对农药收率的影响，题中要求除了 4 个因子的主效应外，还要考虑一级交互作用 AB 的效应. 在选择正交表时，首先注意到 4 个因子都是 2 水平的，因此应在两水平标准正交表中选择；

自由度：$df_T>$因子数＋交互作用$=4\times(2-1)+1\times(2-1)=5$；

正交表的列数：$k\geqslant$因子所占列＋交互作用所占列；

因子列：共计 4 列(4 个因子)；

交互作用列：试验因子都为 2 水平因子，其 1 级交互作用占 1 列，共计 1 列.

列数 $k\geqslant4+1=5$，因子水平为 2，列数至少为 5 的最小正交表即 $L_8(2^7)$. 选择正交表 $L_8(2^7)$，其交互作用表如表 5.14 所示.

表 5.14　$L_8(2^7)$表两列间的交互作用表

列号	1	2	3	4	5	6	7
	(1)	3	2	5	4	7	6
		(2)	1	6	7	4	5
			(3)	7	6	5	4
				(4)	1	2	3
					(5)	3	2
						(6)	1
							(7)

表头设计：正交表 $L_8(2^7)$共有 7 列，首先把因子 A 放在第 1 列，因子 B 放在第 2 列，由交互作用表可查得第 1 列和第 2 列的交互作用在第 3 列，因此第 3 列就安排交互作用 AB，此时第 3 列不能再安排其他因子，否则就会产生混杂；因为不再考虑其他交互作用，所以因子 C 和因子 D 可以自由选择剩下的列，可以将因子 C 安排在第 4 列，因子 D 安排在第 7 列最后一列，得到如表 5.15 所示的表头设计.

表 5.15　例 5.4 试验正交表 $L_8(2^7)$ 表头设计

列号						
1	2	3	4	5	6	7
A	B	AB	C			D

正交设计的试验方案如表 5.16 所示.

表 5.16　例 5.4 试验方案

试验号	列号			
	1	2	4	7
	因子			
	A	B	C	D
1	1(60 ℃)	1(2.5 h)	1(1.1/1)	1(50 kPa)
2	1(60 ℃)	1(2.5 h)	2(1.2/1)	2(60 kPa)
3	1(60 ℃)	2(3.5 h)	1(1.1/1)	2(60 kPa)
4	1(60 ℃)	2(3.5 h)	2(1.2/1)	1(50 kPa)
5	2(80 ℃)	1(2.5 h)	1(1.1/1)	2(60 kPa)
6	2(80 ℃)	1(2.5 h)	2(1.2/1)	1(50 kPa)
7	2(80 ℃)	2(3.5 h)	1(1.1/1)	1(50 kPa)
8	2(80 ℃)	2(3.5 h)	2(1.2/1)	2(60 kPa)

正交设计的表头设计不是唯一的,比如上面设计中也可以将因子 B 放在第 1 列,而因子 A 放在第 2 列,表头设计如表 5.17 所示,同样是一个合理的正交设计方案.

表 5.17　例 5.4 试验正交表 $L_8(2^7)$ 表头设计另一种方案

列号						
1	2	3	4	5	6	7
B	A	AB	C			D

如果例 5.4 要进一步考察其他的交互作用,比如 BC 和 AC 的效应,此时可以先在表 5.14 的基础上查一下这两个新的交互作用所在列是否与原来的因子安排产生混杂. 经查交互作用表(表 5.13)可以看到:因子 A 和 C 的交互作用(第 1 列和第 4 列)在第 5 列,B 和 C 的交互作用(第 2 列和第 4 列)在第 6 列,没有混杂,表头设计如表 5.18 所示:

表 5.18　例 5.4 试验正交表 $L_8(2^7)$ 表头设计(增加交互作用后)

列号						
1	2	3	4	5	6	7
A	B	AB	C	AC	BC	D

此时可以看到将因子 D 放在第 7 列的好处,如果因子 D 放在第 5 或 6 列则将产生混杂,因此在因子上列安排时,若有可能,尽量避开之前所安排因子的交互作用所在列.

注 1:表 5.17 存在一个问题,即没有空白列,按照上一节的数据分析可知,此时对数据进行直观分析是可行的,但一般无法进行方差分析,要进行方差分析,可以做重复试验或者选用更大的正交表安排试验.

注 2:表 5.17 在安排新的交互作用后,并没有影响原来的试验方案,可以看出交互作用和主因子对试验安排所起的不同作用.

5.3.3 有交互作用正交设计试验的直观分析法

获得试验数据后,类似于无交互作用的直观分析,利用正交试验设计的均衡分散性和整齐可比性,计算各因子各水平下指标的平均值和极差,进而判断因子主次、寻求最优水平和最优水平组合.以下对例 5.4 进行直观分析.

例 5.4 按上面试验方案实施试验,试验结果如表 5.19 所示.

表 5.19 例 5.4 试验方案及试验数据

试验号	列号				收率 y_i/%
	1	2	4	7	
	因子				
	A	B	C	D	
1	1(60 ℃)	1(2.5 h)	1(1.1/1)	1(50 kPa)	86
2	1(60 ℃)	1(2.5 h)	2(1.2/1)	2(60 kPa)	95
3	1(60 ℃)	2(3.5 h)	1(1.1/1)	2(60 kPa)	91
4	1(60 ℃)	2(3.5 h)	2(1.2/1)	1(50 kPa)	94
5	2(80 ℃)	1(2.5 h)	1(1.1/1)	2(60 kPa)	91
6	2(80 ℃)	1(2.5 h)	2(1.2/1)	1(50 kPa)	96
7	2(80 ℃)	2(3.5 h)	1(1.1/1)	1(50 kPa)	83
8	2(80 ℃)	2(3.5 h)	2(1.2/1)	2(60 kPa)	88

按直观分析法计算其各列水平的和与均值,各列的极差等统计量,列于表 5.20.

表 5.20 例 5.4 试验方案、试验数据及水平均值与极差

试验号	列号							收率 y_i/%
	1	2	3	4	5	6	7	
	因子							
	A	B	AB	C			D	
1	1(60 ℃)	1(2.5 h)	1	1(1.1/1)	1	1	1(50 kPa)	86
2	1(60 ℃)	1(2.5 h)	1	2(1.2/1)	2	2	2(60 kPa)	95
3	1(60 ℃)	2(3.5 h)	2	1(1.1/1)	1	2	2(60 kPa)	91
4	1(60 ℃)	2(3.5 h)	2	2(1.2/1)	2	1	1(50 kPa)	94
5	2(80 ℃)	1(2.5 h)	2	1(1.1/1)	2	1	2(60 kPa)	91
6	2(80 ℃)	1(2.5 h)	2	2(1.2/1)	1	2	1(50 kPa)	96
7	2(80 ℃)	2(3.5 h)	1	1(1.1/1)	2	2	1(50 kPa)	83
8	2(80 ℃)	2(3.5 h)	1	2(1.2/1)	1	1	2(60 kPa)	88

续表 5.20

试验号	列号							收率 $y_i/\%$
	1	2	3	4	5	6	7	
	因子							
	A	B	AB	C			D	
K_1	366	368	352	351	361	359	359	
K_2	358	356	372	373	363	365	365	
k_1	91.5	92	88	87.75	90.25	89.75	89.75	
k_2	89.5	89	93	93.25	90.75	91.25	91.25	
R_j	2	3	5	5.5	0.5	1.5	1.5	

从上表最后一行可以看到，极差的比较结果是，$R_C>R_{AB}>R_B>R_A>R_D$，所以因子及交互作用对试验指标影响的主→次顺序是 C,AB,B,A,D. 上述相关的计算及因子指标趋势图的绘制可以用如下 R 代码实现(图 5.4).

```
> Eg5_3Data <- data.frame(
+                    A = factor(rep(1:2,each = 4)),
+                    B = factor(rep(rep(1:2,each = 2),2)),
+                    C = factor(rep(1:2,4)),
+                    D = factor(c(1,2,2,1,2,1,1,2)),
+                    Y = c(86,95,91,94,91,96,83,88)
+                    )
#画因子趋势图
> library(FrF2)
> lm.model.Eg5_3Data <- lm(Y ~ A + B + A:B + C + D, data = Eg5_3Data)
> summary(MEPlot(lm.model.Eg5_3Data,abbrev = 5,response = "mean"))>
      A              B              C              D
Min.    :89.5  Min.    :89.00  Min.    :87.75  Min.    :89.75
1st Qu. :90.0  1st Qu. :9.75   1st Qu. :89.12  1st Qu. :90.12
Median  :90.5  Median  :90.50  Median  :90.50  Median  :90.50
Mean    :90.5  Mean    :90.50  Mean    :90.50  Mean    :90.50
3rd Qu. :91.0  3rd Qu. :91.25  3rd Qu. :91.88  3rd Qu. :90.88
Max.    :91.5  Max.    :92.00  Max.    :93.25  Max.    :91.25
```

还可以用 R 语言绘制 AB 交互作用图(图 5.5)：

```
> #画 AB 交互效应图
> with(Eg5_3Data,interaction.plot(A,B,Y,lwd = 3,type = "b",col = c("black","blue"),
pch = c(16,18),main = "A * B Interaction Plot"))
```

从图上直观看出 AB 交互作用是比较明显的.

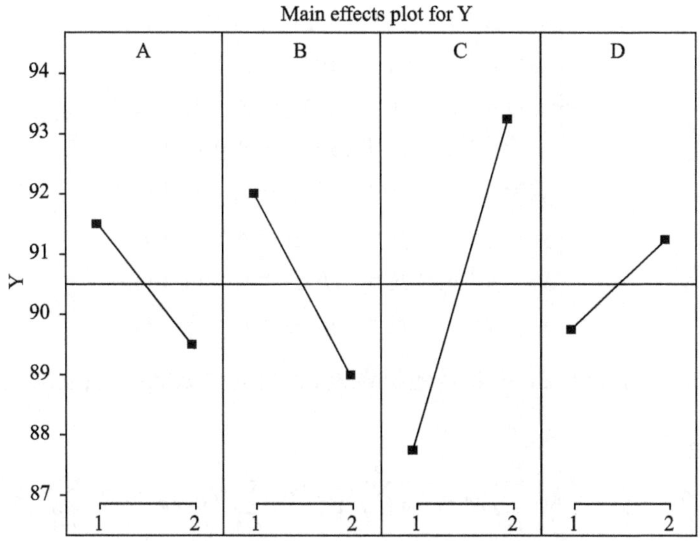

图 5.4　例 5.4 的因子水平趋势图

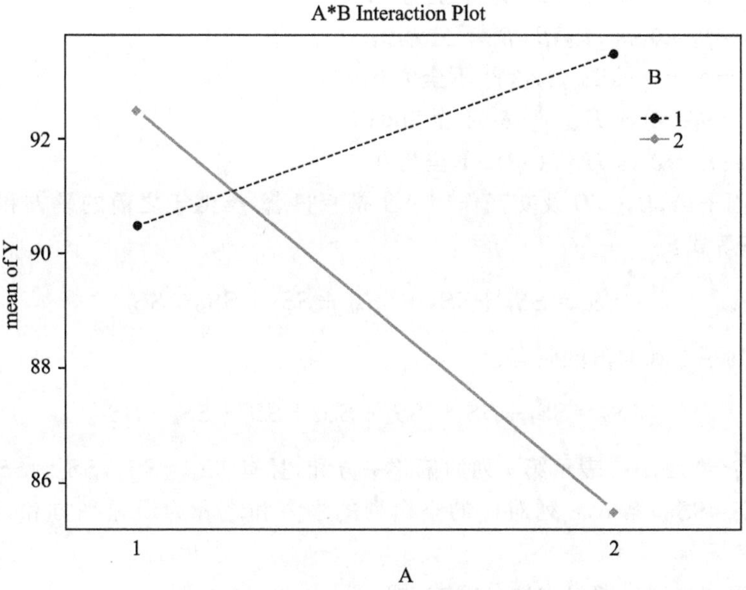

图 5.5　例 5.4 的因子 ***AB*** 交互作用图

5.3.4　有交互作用正交设计试验的方差分析法

这一小节给出例 5.4 的方差分析结果. 先建立相应的方差分析模型，设 y_i 表示第 i 次试验中农药收率(%)，并记 α_l 为反应温度因子第 l 水平的效应，β_l 为反应时间因子第 l 水平的效应，γ_l 为原料配比因子第 l 水平的效应，δ_l 为真空度因子第 l 水平的效应，$l=1,2,3$，$(\alpha\beta)_{lk}$ 为反应温度因子第 l 水平与反应时间因子第 k 水平的交互效应，根据试验方案可以写出模型如下：

$$\begin{cases} y_1=\mu+\alpha_1+\beta_1+(\alpha\beta)_{11}+\gamma_1+\delta_1+\varepsilon_1 \\ y_2=\mu+\alpha_1+\beta_1+(\alpha\beta)_{11}+\gamma_2+\delta_2+\varepsilon_2 \\ y_3=\mu+\alpha_1+\beta_2+(\alpha\beta)_{12}+\gamma_1+\delta_2+\varepsilon_3 \\ y_4=\mu+\alpha_1+\beta_2+(\alpha\beta)_{12}+\gamma_2+\delta_1+\varepsilon_4 \\ y_5=\mu+\alpha_2+\beta_1+(\alpha\beta)_{21}+\gamma_1+\delta_2+\varepsilon_5 \\ y_6=\mu+\alpha_2+\beta_1+(\alpha\beta)_{21}+\gamma_2+\delta_1+\varepsilon_6 \\ y_7=\mu+\alpha_2+\beta_2+(\alpha\beta)_{22}+\gamma_1+\delta_1+\varepsilon_7 \\ y_8=\mu+\alpha_2+\beta_2+(\alpha\beta)_{22}+\gamma_2+\delta_2+\varepsilon_8 \end{cases}$$

其中 $\varepsilon_i \sim N(0,\sigma^2)$，$i=1,2,\cdots,8$ 是随机误差，且所有的 ε_i 相互独立. 根据效应的定义，有如下约束成立：

$$\sum_{l=1}^{2}\alpha_l=0,\ \sum_{l=1}^{2}\beta_l=0,\ \sum_{l=1}^{2}\gamma_l=0,\ \sum_{l=1}^{2}\delta_l=0,\ \sum_{l=1}^{2}(\alpha\beta)_{lk}=0,\ \sum_{k=1}^{2}(\alpha\beta)_{lk}=0$$

在该模型下要检验的问题是：

(1) $H_{01}:\alpha_1=\alpha_2=0$ vs $H_{11}:\alpha_1,\alpha_2$ 不全为 0；

(2) $H_{02}:\beta_1=\beta_2=0$ vs $H_{12}:\beta_1,\beta_2$ 不全为 0；

(3) $H_{03}:\gamma_1=\gamma_2=0$ vs $H_{13}:\gamma_1,\gamma_2$ 不全为 0；

(4) $H_{04}:\delta_1=\delta_2=0$ vs $H_{14}:\delta_1,\delta_2$ 不全为 0；

(5) $H_{05}:(\alpha\beta)_{lk}=0$ vs $H_{15}:(\alpha\beta)_{lk}$ 不全为 0.

分别回答因子 A,B,C,D 及交互作用 AB 是否显著. 类似于之前的平方和分解及自由度分解式，有如下等式：

$$SS_T=SS_A+SS_B+SS_{AB}+SS_C+SS_D+SS_E$$

从正交表列平方和的角度应有：

$$SS_T=SS_1+SS_2+SS_3+SS_4+SS_5+SS_6+SS_7$$

其中 SS_j，$j=1,2,\cdots 7$ 表示第 j 列的偏差平方和，且有 $SS_1=SS_A$，$SS_2=SS_B$，$SS_3=SS_{AB}$，$SS_4=SS_C$，$SS_7=SS_D$，第 5，6 列对应的空白列的平方和之和为误差平方和，即 $SS_5+SS_6=SS_E$.

平方和分解式也对应着自由度分解式，即：

$$f_T=f_A+f_B+f_{AB}+f_C+f_D+f_E$$

还有 $f_T=f_1+f_2+f_3+f_4+f_5+f_6+f_7$，其中 f_j，$j=1,2,\cdots 7$ 表示第 j 列的自由度，例 5.4 中由于都是二水平因子，故 $f_j=1$. 从而有 $f_A=f_B=f_{AB}=f_C=f_D=1$，$f_E=f_5+f_6=2$.

方差分析表如表 5.21 所示.

表 5.21 方差分析表

方差来源	平方和	自由度	均方	F 比
因子 A	SS_A	f_A	$MS_A=\frac{SS_A}{f_A}$	$\frac{MS_A}{MS_E}$
因子 B	SS_B	f_B	$MS_B=\frac{SS_B}{f_B}$	$\frac{MS_B}{MS_E}$
交互作用 AB	SS_{AB}	f_{AB}	$MS_{AB}=\frac{SS_{AB}}{f_{AB}}$	$\frac{MS_{AB}}{MS_E}$
因子 C	SS_C	f_C	$MS_C=\frac{SS_C}{f_C}$	$\frac{MS_C}{MS_E}$
因子 D	SS_D	f_D	$MS_D=\frac{SS_D}{f_D}$	$\frac{MS_D}{MS_E}$
误差	SS_E	f_e	$MS_E=\frac{SS_E}{f_e}$	
总和	SS_T	f_T		

方差分析的 R 实现代码及结果如下：

```
> aov.Eg5_3Data<-aov(Y ~ A + B + A:B + C + D, data = Eg5_3Data)
> summary(aov.Eg5_3Data)
          Df Sum Sq Mean Sq F-value Pr(>F)
A          1   8.0    8.0     3.2  0.2155
B          1  18.0   18.0     7.2  0.1153
C          1  60.5   60.5    24.2  0.0389 *
D          1   4.5    4.5     1.8  0.3118
A:B        1  50.0   50.0    20.0  0.0465 *
Residuals  2   5.0    2.5
---
Signif. codes:  0 '***' 0.001 '**' 0.01 '*' 0.05 '.' 0.1 ' ' 1
```

从上述结果看，在显著性水平 0.05 下，因子 C 和交互作用 AB 是显著的. 所以在选取最优水平搭配时要着重考虑与之相关的因子.

5.3.5 有交互作用时最佳水平组合的选择

当交互作用显著时，选择因子的最优水平组合有其特殊之处. 对不涉及交互作用的显著因子，可以直接对水平均值进行比较选取其优水平，如例 5.4 中因子 C 可直接选取收率较高的 C_2 水平. 而对涉及显著的交互作用的因子，则需考虑因子所有组合下的数据均值才能确定最优水平，如例 5.4 选取显著交互作用 AB 所涉及的因子 A 与因子 B 的优水平.

计算 A 和 B 的搭配结果，如表 5.22 所示：

表 5.22　因子 A 与因子 B 的水平搭配结果均值表

	A_1	A_2
B_1	$\frac{86+95}{2}=90.5$	$\frac{91+96}{2}=93.5$
B_2	$\frac{91+94}{2}=92.5$	$\frac{83+88}{2}=85.5$

从该表看出，A_2B_1 水平搭配结果最好，因此因子 A 与因子 B 的优水平得以确定. 也可以通过图 5.5 的交互作用图来直接观察最优水平搭配，可得与上表同样的结论. 因子 D 不显著，可以选取任意水平.

综上可得，最优水平组合为 $A_2B_1C_2$，即反应温度为 80 ℃，反应时间为 2.5 h，两种原料配比为 1.2/1. 对因子 D 的水平可根据实际生产条件自行选取.

5.3.6　小结

流程图(图 5.6)描述了整个正交设计的试验安排及分析过程.

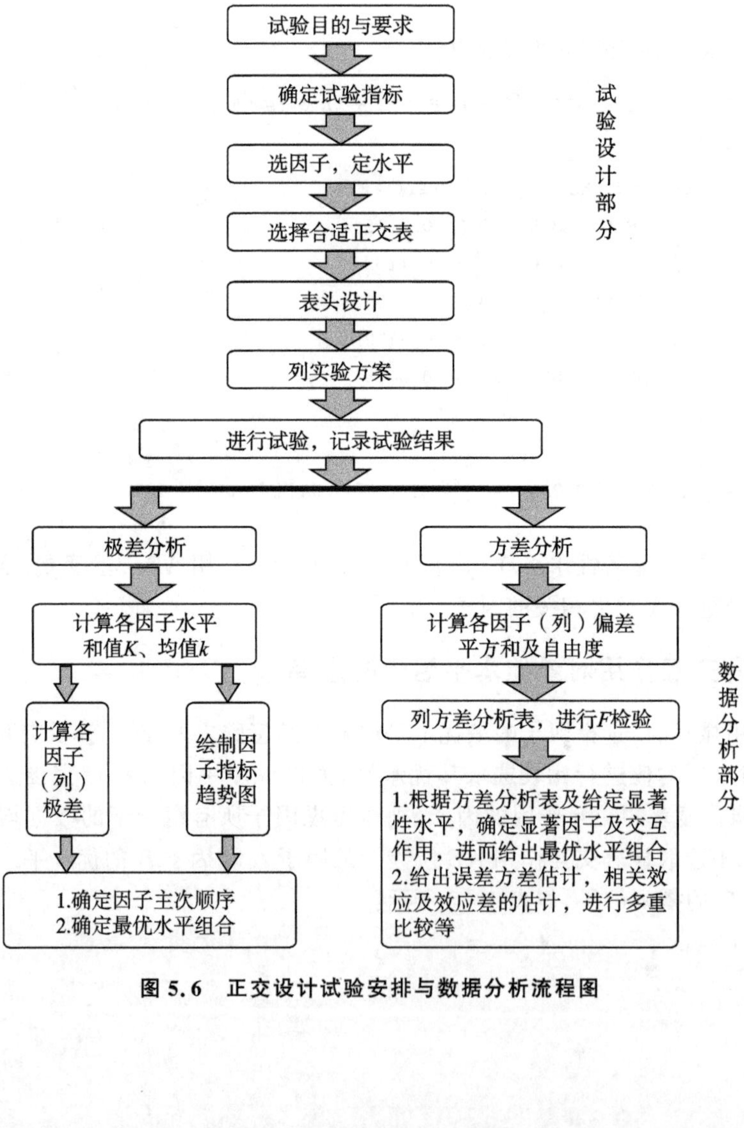

图 5.6　正交设计试验安排与数据分析流程图

5.4　水平数不等时的正交设计与分析

前两节介绍了等水平试验正交设计的基本方法,但在生产实践中,可能会遇到因子不等水平的试验问题,不能用等水平正交表直接安排试验.本节介绍这一类问题的几种常用方法.

5.4.1　直接选用混合水平正交表

前面介绍正交表时提到一类混合水平正交表,如 $L_8(4\times2^4)$,$L_{16}(4^4\times2^3)$,$L_{18}(2\times3^7)$等.若试验设计中涉及的各因子水平数不相同,可以尝试直接选用混合正交表进行试验设计,其数据处理与分析过程与等水平试验相同,只是在直观分析的极差比较时,由于不同水平数的因子直接比较缺乏合理性,因此应先对各因子的极差根据其水平不同进行调整,利用调整后的极差确定因素的主次顺序.极差调整公式:

$$R'=dR\sqrt{r}$$

r 为因子每个水平试验重复数,d 为折算系数,与因子水平数有关.折算系数表见表 5.23.

表 5.23　折算系数表

水平数 m	2	3	4	5	6	7	8	9	10
折算系数 d	0.71	0.52	0.45	0.4	0.37	0.35	0.34	0.32	0.30

例 5.5　某油炸膨化食品的体积与油温、物料含水量及油炸时间有关,为确保产品质量,现通过正交试验来寻求理想的工艺参数.因子水平表见表 5.24.

表 5.24　例 5.5 因子水平表

水平	因子		
	油炸温度 A/℃	物料含水量 B/%	油炸时间 C/s
1	210	2	30
2	220	4	40
3	230		
4	240		

试验指标为每 100 g 食品的体积,越大越好,3 个因子中有 1 个是四水平,2 个是二水平,不考虑因子之间的交互作用,选择正交表 $L_8(4\times2^4)$安排试验,将四水平因子油炸温度 A 安排在第一列,其他 2 个因子可随意选择,试验方案和试验结果见表 5.25.

表 5.25　试验方案及结果分析

试验号	油炸温度 A/℃	物料含水量 B/%	油炸时间 C/s			体积/cm^3
1	1	1	1	1	1	210
2	1	2	2	2	2	208
3	2	1	1	2	2	215

续表 5.25

试验号	油炸温度 A/℃	物料含水量 B/%	油炸时间 C/s			体积/cm^3
4	2	2	2	1	1	230
5	3	1	2	1	2	251
6	3	2	1	2	1	247
7	4	1	2	2	1	238
8	4	2	1	1	2	230
k_1	209.0	228.5	225.5	230.3	231.3	
k_2	222.5	228.8	231.8	227.0	226.0	
k_3	249.0					
k_4	234.0					
极差 R_j	40	0.25	6.25	3.25	5.25	
调整 R'_j	25.46	0.36	8.88	4.62	7.46	
主次顺序	$A>C>B$					
优组合	$A_3B_2C_2$ 或 $A_3B_1C_2$					

结论：油炸温度对油炸食品的体积影响最大，其次是油炸时间，而物料含水量影响最小. 优化组合为 $A_3B_2C_2$ 或 $A_3B_1C_2$，即理想工艺参数为油炸温度 230℃，油炸时间 40s，物料含水量可取 2%或 4%.

例 5.6 在某种化油器设计中希望寻找一种结构，使在不同天气条件下均具有较小的比油耗. 试验中考察的因子水平如表 5.26 所示：

表 5.26 例 5.6 因子水平表

水平	因子				
	大喉管直径 A/mm	中喉管直径 B/mm	环形小喉管直径 C/mm	空气量孔直径 D/mm	天气 E
1	32	22	10	1.2	高气压
2	34	21	9	1.0	低气压
3	36	20	8	0.8	

该试验共有 5 个因子，其中 4 个三水平因子，1 个二水平因子，不考虑交互作用. 考虑直接选用混合正交表 $L_{18}(2\times3^7)$，该表理论上可安排 1 个二水平因子，最多 7 个三水平因子.

正交表 $L_{18}(2\times3^7)$是一张常用的混合水平正交表，下面先对其做简单介绍. 首先 $L_{18}(2\times3^7)$是一张不完全的混合水平正交表，所谓不完全是指该正交表的总自由度(行数减 1，即 $18-1=17$)不等于各列自由度之和$[(2-1)+7\times(3-1)=15]$. 它具有如下特点：

(1)该表可以用来安排考察 1 个二水平因子和至多 7 个三水平因子的试验；

(2)该表可以用来考察置于第 1 列的二水平因子(A)和置于第 2 列的三水平因子(B)的交互作用，但是该交互作用列不在表中，此时交互作用的平方和可以用 $SS_{AB}=SS_T-(SS_1+SS_2+\cdots+SS_8)$计算. 这一点可从自由度角度考虑，前面的等水平正交表中，正交表的总自由度等于各列自由度之和，相应的总平方和也等于各列平方和之和. 而该表中各列自由度之和比总自由度少了2,故各列平方和之和也小于总平方和,少的部分即为SS_{AB}.此外,该表不能考察其他列的交互作用.

利用混合正交表$L_{18}(2\times3^7)$安排例5.6的表头设计方案如表5.27所示:

表5.27 例5.6试验正交表$L_{18}(2\times3^7)$表头设计

列号							
1	2	3	4	5	6	7	8
E		A	B	C	D		

试验方案、结果及相关计算结果列于表5.28:

表5.28 例5.6试验方案、试验数据及水平均值与极差

试验号	列号								试验指标 y_i
	1	2	3	4	5	6	7	8	
	因子								
	E		A	B	C	D			
1	1	1	1	1	1	1	1	1	240.7
2	1	1	2	2	2	2	2	2	230.1
3	1	1	3	3	3	3	3	3	236.5
4	1	2	1	1	2	2	3	3	217.1
5	1	2	2	2	3	3	1	1	210.5
6	1	2	3	3	1	1	2	2	306.8
7	1	3	1	2	1	3	2	3	247.1
8	1	3	2	3	2	1	3	1	228.3
9	1	3	3	1	3	2	1	2	237.7
10	2	1	1	3	3	2	2	1	208.4
11	2	1	2	1	1	3	3	2	253.3
12	2	1	3	2	2	1	1	3	232.0
13	2	2	1	2	3	1	3	2	209.2
14	2	2	2	3	1	2	1	3	245.1
15	2	2	3	1	2	3	2	1	234.1
16	2	3	1	3	2	3	1	2	217.7
17	2	3	2	1	3	1	2	3	209.7
18	2	3	3	2	1	2	3	1	339.8
K_1	2154.8		1340.2	1392.6	1632.8	1426.7			
K_2	2149.3		1377.0	1468.7	1359.2	1478.2			
K_3			1586.9	1442.8	1312.0	1399.2			
k_1	239.4		223.4	232.1	272.1	237.8			
k_2	238.8		229.5	244.8	226.5	246.4			
K_3			264.5	240.5	218.7	233.2			
极差R_j	0.6		41.1	12.7	53.4	13.2			
调整R'_j	1.28		52.35	16.18	68.02	16.81			

结论：环形小喉管直径(C)对试验指标影响最大，其次是大喉管直径(A)，然后是空气量孔直径(D)和中喉管直径(B)，天气(E)影响最小. 最优水平组合可取 $A_1B_1C_1D_1$，因子 E 对试验结果影响不大.

下面是方差分析的 R 代码及结果.

```
> Eg5_5Data <- data.frame(
+                   A = factor(rep(1:3,6)),
+                   B = factor(c(rep(1:3,2),rep(c(2,3,1,3,1,2),2))),
+                   C = factor(c(1,2,3,2,3,1,1,2,3,3,1,2,3,1,2,2,3,1)),
+                   D = factor(c(1,2,3,2,3,1,3,1,2,2,3,1,1,2,3,3,1,2)),
+                   E = factor(rep(1:2,each = 9)),
+                   Y = c(240.7,230.1,236.5,217.1,210.5,306.8,247.1,228.3,237.7,
+                         208.4,253.3,232.0,209.2,245.1,234.1,217.7,209.7,339.8)
+                   )
> #方差分析
> aov.Eg5_5Data<-aov(Y ~ A + B + C + D + E, data = Eg5_5Data)
> summary(aov.Eg5_5Data)
          Df Sum Sq Mean Sq F-value  Pr(>F)
A          2   5904    2952   8.338 0.01105 *
B          2    499     250   0.705 0.52252
C          2   9997    4999  14.119 0.00238 **
D          2    536     268   0.757 0.49989
E          1      2       2   0.005 0.94676
Residuals  8   2832     354
---
Signif. codes:  0 '***' 0.001 '**' 0.01 '*' 0.05 '.' 0.1 ' ' 1
```

从方差分析输出结果可以看到，在显著性水平 0.05 下，因子 C 和因子 A 显著，其他因子不显著. 注意到方差分析表中因子 B,D,E 非常不显著，可以将其平方和合并到误差平方和中构成新的误差平方和，相应的自由度也进行合并，进而再进行检验，从而可提高检验的灵敏度. 方差分析表整理如表 5.29 所示：

表 5.29　方差分析表

方差来源	平方和	自由度	均方	F 比	p 值
因子 A	5904	2	2952	8.338	0.011
因子 B^{Δ}	499	2	250	0.705	0.523
因子 C	9997	2	4999	14.119	0.002
因子 D^{Δ}	536	2	268	0.757	0.500
因子 E^{Δ}	2	1	2	0.005	0.947
误差$^{\Delta}$	2832	8	354		
合并后误差 e'	3869	13	297.6		
总和	19770	17			

表中合并后误差对应的平方和与自由度为右上角带 Δ 角标项的对应项之和，做 F 检验时可用该项进行新的检验.

5.4.2　并列法

并列法是由标准表构造水平不同正交表的一种方法，将 q 水平正交表任意两列合并，同时划去交互作用列，排成一个 q^2 水平的新列，称这种方法为并列法. 它是安排水平数不等的正交试验的常用方法.

例如，以 $L_{16}(2^{15})$ 为例来说明正交表的并列设计法. 首先从 $L_{16}(2^{15})$ 中任取 2 列，比如取第 1,2 两列，将此两列同行的水平数看成 4 种有序对(1, 1),(1, 2),(2, 1),(2, 2)，将每一种有序数对分别对应一个水平，即

$$(1,1)\rightarrow 1 \quad (1,2)\rightarrow 2 \quad (2,1)\rightarrow 3 \quad (2,2)\rightarrow 4$$

于是第 1,2 列就变成具有四水平的新列，再将 1,2 列的交互作用列，即第 3 列，从正交表中划去，因为它已不能再安排任何因素. 这样：

$$L_{16}(2^{15})\Rightarrow L_{16}(4^1\times 2^{12})$$

正交表 $L_{16}(4^1\times 2^{12})$(表 5.30)的任两列的交互作用仍可由 $L_{16}(2^{15})$ 的交互作用表查出，因此它可以考虑交互作用. 表 $L_{16}(4^1\times 2^{12})$ 还可以用上述方法继续并列，如再将表中 5,6 列[$L_{16}(2^{15})$表中 7,8 列]按上述组合并成一个四水平列，同时划去交互作用列[$L_{16}(2^{15})$ 的 15 列]，就可以得到 $L_{16}(4^2\times 2^9)$(表 5.31)，如果需要还可以继续并列得到更多的四水平列.

表 5.30　$L_{16}(4^1\times 2^{12})$ 正交表

原列	1	2	3	4	5	6	7	8	9	10	11	12	13	14	15
新列		1		2	3	4	5	6	7	8	9	10	11	12	13
1		1		1	1	1	1	1	1	1	1	1	1	1	1
2		1		1	1	1	1	2	2	2	2	2	2	2	2
3		1		2	2	2	2	1	1	1	1	2	2	2	2
4		1		2	2	2	2	2	2	2	2	1	1	1	1
5		2		1	1	2	2	1	1	2	2	1	1	2	2
6		2		1	1	2	2	2	2	1	1	2	2	1	1
7		2		2	2	1	1	1	1	2	2	2	2	1	1
8		2		2	2	1	1	2	2	1	1	1	1	2	2
9		3		1	2	1	2	1	2	1	2	1	2	1	2
10		3		1	2	1	2	2	1	2	1	2	1	2	1
11		3		2	1	2	1	1	2	1	2	2	1	2	1
12		3		2	1	2	1	2	1	2	1	1	2	1	2
13		4		1	2	2	1	1	2	2	1	1	2	2	1
14		4		1	2	2	1	2	1	1	2	2	1	1	2
15		4		2	1	1	2	1	2	2	1	2	1	1	2
16		4		2	1	1	2	2	1	1	2	1	2	2	1

表 5.31　$L_{16}(4^2\times2^9)$正交表

原列	1	2	3	4	5	6	7	8	9	10	11	12	13	14	15
新列		1		2	3	4	5	6	7	8	9	10	11		
1		1		1	1	1	1	1	1	1	1	1	1		
2		1		1	1	1	2	2	2	2	2	2	2		
3		1		2	2	2	3	1	1	1	2	2	2		
4		1		2	2	2	4	2	2	2	1	1	1		
5		2		1	1	2	3	1	2	2	1	1	2		
6		2		1	1	2	4	2	1	1	2	2	1		
7		2		2	2	1	1	1	2	2	2	2	1		
8		2		2	2	1	2	2	1	1	1	1	2		
9		3		1	2	1	3	2	1	2	1	2	1		
10		3		1	2	1	4	1	2	1	2	1	2		
11		3		2	1	2	1	2	1	2	2	1	2		
12		3		2	1	2	2	1	2	1	1	2	1		
13		4		1	2	2	1	2	2	1	1	2	2		
14		4		1	2	2	2	1	1	2	2	1	1		
15		4		2	1	1	3	2	2	1	2	1	1		
16		4		2	1	1	4	1	1	2	1	2	2		

例 5.7　为研究塑料薄膜袋保鲜棕李的贮藏效果和贮藏过程中维生素 C 变化规律，欲安排 4 因子多水平正交试验，试验因子水平表见表 5.32. 试验指标为维生素 C 含量(mg/100 g). 因子 A 取 4 个水平，因子 B、C、D 取 2 个水平，要求考察交互作用 $A\times B$，$A\times C$，$B\times C$.

表 5.32　例 5.7 因子水平表

水平	包装方式 A	贮藏温度 B	处理时间 C	膜剂 D
1	封口，内放 C_2H_4 吸收剂	4℃	采后 2 d	无钙膜剂
2	封口，内放 CO_2 吸收剂	室温	采后 10 d	含钙膜剂
3	封口，不放吸收剂			
4	不封口，不放吸收剂			

考虑有交互作用的混合水平正交试验问题.

$$df_A=4-1=3,\ df_B=df_C=df_D=2-1=1$$

$$df_{A\times B}=df_{A\times C}=(4-1)(2-1)=3,\ df_{B\times C}=(2-1)(2-1)=1$$

总自由度为：$df_T=3+3\times1+2\times3+1=13$

本试验可选混合水平正交表 $L_{16}(4^1\times2^{12})$来安排试验. 我们知道，正交表 $L_{16}(4^1\times2^{12})$是由正交表 $L_{16}(2^{15})$通过并列得到的，交互作用应该使用 $L_{16}(2^{15})$的交互作用表来安排，同样要遵循不混杂原则. 表头设计过程如下.

首先将4水平因子A放在表$L_{16}(4^1\times2^{12})$的第1列(4水平列),2水平因子B放在第2列[$L_{16}(2^{15})$的第4列],则$L_{16}(2^{15})$的交互作用表中列1和4,2和4,3和4的交互作用列即5,6,7列均表示A和B的交互作用$A\times B$,将因子C安排在$L_{16}(4^1\times2^{12})$的第6列[$L_{16}(2^{15})$第8列]上,则$L_{16}(2^{15})$的1和8,2和8,3和8列的交互作用列即9,10,11列[$L_{16}(4^1\times2^{12})$的7,8,9列]均表示$A\times C$,第4和8列的交互作用12列[$L_{16}(4^1\times2^{12})$的10列]表示$B\times C$,将因子D[安排在$L_{16}(4^1\times2^{12})$的11列,$L_{16}(2^{15})$的第13列],得表头设计如表5.33所示:

表5.33　表头设计

$L_{16}(2^{15})$列号	1	2	3	4	5	6	7	8	9	10	11	12	13	14	15
$L_{16}(4^1\times2^{12})$列号	1		2	3	4	5	6	7	8	9	10	11	12	13	
因子	A		B	AB			C	AC			BC		D	空	空

试验后的数据直观分析及方差分析与上一小节的分析过程类似,不再详述.

关于不等水平的试验设计问题,还有拟水平法、赋闲列法等灵活的设计方法,限于篇幅,这里不再详述,感兴趣的读者可参考相应文献.

5.5　Plackett-Burman设计

5.5.1　Plackett-Burman设计简介

1946年Robin L. Plackett和J. P. Burman在英国“供应部”工作期间提出了一种二水平部分析因设计,主要针对因子数较多时,从中筛选出少数重要变量的试验设计方法,称之为Plackett-Burman设计,简称PB设计.

PB设计作为一种常用的因子筛选试验方法,适用于从众多的考察因子中快速有效地筛选出最为重要的少数几个影响因子,供进一步研究使用.PB设计通常不能区分主效应与交互作用的影响,但可以确定对响应变量有显著影响的因子,避免在后期试验中由于因子数量太多或部分因子不显著而浪费试验资源.

PB设计实际上是一种特殊的二水平因子正交设计,通过对每个因子取二水平来进行分析,比较各个因子二水平之间的差异来确定因子的显著性.每个因子取高、低2个水平,通常,低水平为原始条件,高水平取低水平的1.25~1.5倍,一般不超过2倍.但对某些因子,高低水平的差值不能过大,以防掩盖了其他因子的重要性,应依据实验条件而定.

PB设计对于N次试验至多可研究$N-1$个因子,但实际上,因子应该不多于$N-4$个,保留3个及以上虚拟变量用以估计试验误差.在N次PB实验中,每个因子高、低水平分别出现$N/2$次,可以计算这个因子的效应,所有空项的效应用以估计试验误差.当某个因子处于高(低)水平时,其余因子均各出现高、低水平($N/4$)次,所以,其他因子的效应将正负抵消而消除,这样可以只考察这个因子的效应.对试验结果进行方差分析,一般选择显著性水平达到0.1或0.15的因子作为重要因子,有时显著性水平也可以取到0.2.

前面我们讨论的可安排交互作用试验的二水平正交表,其中任2个因子的交互作用仅反映在正交表的某些列,称这类正交表是正规的,如$L_8(2^7)$,$L_{16}(2^{15})$等.但还有一类正交表不是正规的,这类正交表的混杂现象比较复杂,任意2列的交互作用并不集中在正交表的某一列,而是散布在正交表的许多列中，此类表如 $L_{12}(2^{11})$，$L_{20}(2^{19})$ 等. PB设计就是利用一些特殊方法，如循环平移法等，构造出非正规正交表进行试验安排的一种设计方法.

PB试验设计表可以按规则生成，排列可不具有唯一性，但其试验次数 N 为4的倍数，但 N 为2的幂的时候除外. 常用的 N 有12、20、24、28、36、40、44、48等. PB试验设计表可以随机产生，每个设计表有 N 行，$N-1$ 列，满足以下3个原则：

(1)每行高水平(+1)的数目为 $N/2$ 个；

(2)每行低水平(−1)的数目为 $N/2-1$ 个；

(3)每列包含的高、低水平数相等，都为 $N/2$ 个.

下面是正交表 $L_{12}(2^{11})$ 的示例(表5.34).

表5.34　正交表 $L_{12}(2^{11})$

试验号	列号										
	1	2	3	4	5	6	7	8	9	10	11
1	1	−1	1	−1	−1	−1	1	1	1	−1	1
2	1	1	−1	1	−1	−1	−1	1	1	1	−1
3	−1	1	1	−1	1	−1	−1	−1	1	1	1
4	1	−1	1	1	−1	1	−1	−1	−1	1	1
5	1	1	−1	1	1	−1	1	−1	−1	−1	1
6	1	1	1	−1	1	1	−1	1	−1	−1	−1
7	−1	1	1	1	−1	1	1	−1	1	−1	−1
8	−1	−1	1	1	1	−1	1	1	−1	1	−1
9	−1	−1	−1	1	1	1	−1	1	1	−1	1
10	1	−1	−1	−1	1	1	1	−1	1	1	−1
11	−1	1	−1	−1	−1	1	1	1	−1	1	1
12	−1	−1	−1	−1	−1	−1	−1	−1	−1	−1	−1

5.5.2　Plackett-Burman设计的R语言实现

在R语言中，可以使用FrF2包中的pb()函数生成PB试验设计表. 函数如下：

```
pb(nruns, nfactors = nruns - 1, factor.names = if (nfactors <= 50)
    Letters[1:nfactors] else paste("F", 1:nfactors, sep = ""),
    default.levels = c(-1, 1), ncenter = 0, center.distribute = NULL,
    boxtyssedal = TRUE, n12.taguchi = FALSE,
    replications = 1, repeat.only = FALSE,
    randomize = TRUE, seed = NULL, oldver = FALSE, ...)
```

主要参数含义如下.

nruns：试验次数. 根据PB设计原理，试验次数为4的倍数.

nfactors：因子数量，默认是nruns−1，一般保持默认值. 可以指定因子名称. 剩余的列被命名为e1，e2等，作为误差列或虚拟因子.

factor.names：指定试验因子的名称，为字符向量.

default. levels：因子水平表示方法，－1 表示低水平，＋1 表示高水平.

ncenter：中心点的数量. 中心点即添加的中间水平.

replications：各因子水平组合的重复次数，默认为 1.

randomize：逻辑参数，随机化，默认值为 TRUE，将试验顺序随机打乱，以避免试验过程中的人为因素干扰.

seed：随机数字种子选项，若设置为具体数值，本次试验方案可以重复出现.

下面用 R 语言分别生成 $N=12$ 和 $N=20$ 的 PB 设计表：

```
> library(FrF2)
> pb(12,default.levels = c("old","new"),randomize = TRUE,seed = 123)
     A   B   C   D   E   F   G   H   J   K   L
1  new old new new old new new new old old old
2  old old old old old old old old old old old
3  old new new new old old old new old new new
4  old new new old new new new old old old new
5  old old old new old new new old new new new
6  new old new new new old old old new old new
7  old old new old new new old new new new old
8  old new old new new old new new new old old
9  new new new old old old new old new new old
10 new new old old old new old new new old new
11 new new old new new new old old old new old
12 new old old old new old new new old new new
class = design, type =  pb
> pb(20)
    A  B  C  D  E  F  G  H  J  K  L  M  N  O  P  Q  R  S  T
 1 -1 -1  1  1 -1  1  1 -1 -1  1  1  1  1 -1  1 -1  1 -1 -1
 2  1 -1 -1  1  1  1  1 -1  1 -1  1 -1 -1 -1 -1  1  1 -1  1
 3  1 -1 -1 -1 -1  1  1 -1  1  1 -1 -1  1  1  1  1 -1  1 -1
 4 -1  1  1 -1  1  1 -1 -1  1  1  1  1 -1  1 -1  1 -1 -1 -1
 5 -1  1 -1 -1 -1 -1  1  1 -1  1  1 -1 -1  1  1  1  1 -1  1
 6 -1 -1  1  1  1  1 -1  1 -1  1 -1 -1 -1 -1  1  1 -1  1  1
 7 -1 -1 -1 -1 -1 -1 -1 -1 -1 -1 -1 -1 -1 -1 -1 -1 -1 -1 -1
 8 -1  1  1 -1 -1  1  1  1  1 -1  1 -1  1 -1 -1 -1 -1  1  1
 9 -1 -1 -1  1  1 -1  1  1 -1 -1  1  1  1  1 -1  1 -1  1 -1
10  1  1 -1 -1  1  1  1  1 -1  1 -1  1 -1 -1 -1 -1  1  1 -1
11 -1  1  1  1  1 -1  1 -1  1 -1 -1 -1 -1  1  1 -1  1  1 -1
12  1  1  1  1 -1  1 -1  1 -1 -1 -1 -1  1  1 -1  1  1 -1 -1
13  1 -1  1 -1 -1 -1 -1  1  1 -1  1  1 -1 -1  1  1  1  1 -1
14  1  1 -1  1  1 -1 -1  1  1  1  1 -1  1 -1  1 -1 -1 -1 -1
15  1  1  1 -1  1 -1  1 -1 -1 -1 -1  1  1 -1  1  1 -1 -1  1
16 -1  1 -1  1 -1 -1 -1 -1  1  1 -1  1  1 -1 -1  1  1  1  1
17 -1 -1 -1 -1  1  1 -1  1  1 -1 -1  1  1  1  1 -1  1 -1  1
18  1 -1  1  1 -1 -1  1  1  1  1 -1  1 -1  1 -1 -1 -1 -1  1
19  1  1 -1  1 -1  1 -1 -1 -1 -1  1  1 -1  1  1 -1 -1  1  1
20  1 -1  1 -1  1 -1 -1 -1 -1  1  1 -1  1  1 -1 -1  1  1  1
class = design, type =  pb
```

5.5.3 Plackett-Burman 设计实例

下面通过一个例子介绍 PB 设计的应用.

例 5.8 某药厂生产某药品，为了提高该药品的转化率，经过初步筛选，其转化率可能与以下 5 个因子有关：(1)反应温度，(2)pH，(3)反应时间，(4)压强，(5)底物浓度. 采用 PB 试验设计筛选影响转化率的主要因子，试验次数为 12 次，因子水平见表 5.35：

表 5.35 例 5.8 因子水平表

水平	反应温度 A	pH B	反应时间 C	压强 D	底物浓度 E
1	60 ℃	6	60 min	2 atm	1
2	30 ℃	7	30 min	1 atm	2

注：1 atm=101.325 kPa.

首先，通过 pb()函数设计试验方案，R 代码及结果如下：

```
> PB.design <- pb(12,factor.names = list(Temperature = c("60","30"), pH = c("6","7"), Time = c("60","30"), Pressure = c("2","1"), Cmol = c("1","2")), randomize = FALSE, seed = 1)
> PB.design
   Temperature pH Time Pressure Cmol  e1  e2  e3  e4  e5  e6
1           30  7   60        1    2   1  -1  -1  -1   1  -1
2           60  7   30        2    2   1   1  -1  -1  -1   1
3           30  6   30        1    1   1   1   1  -1  -1  -1
4           60  7   60        1    2  -1   1   1   1  -1  -1
5           60  6   30        2    2   1  -1   1   1   1  -1
6           60  6   60        1    1   1   1  -1   1   1   1
7           30  6   60        2    2  -1   1   1  -1   1   1
8           30  7   60        2    1   1  -1   1   1  -1   1
9           30  7   30        2    1  -1   1  -1   1   1  -1
10          60  7   30        1    1  -1  -1   1  -1   1   1
11          30  6   30        1    2  -1  -1  -1   1  -1   1
12          60  6   60        2    1  -1  -1  -1  -1  -1  -1
class = design, type = pb
```

按上述方案进行试验，获得试验数据之后，通过 add.response()函数将数据添加到上面设计表中，即增加 Results 列，再进行方差分析，R 代码及结果如下：

```
> Results <- c(64,82,82,65,80,78,68,60,59,79,81,67)
> PB.design_plusData <- add.response(PB.design, Results)
> PB.design_plusData
  Temperature pH Time Pressure Cmol  e1  e2  e3  e4  e5  e6  Results
1     30       7  60     1       2    1  -1  -1  -1   1  -1    64
2     60       7  30     2       2    1   1  -1  -1  -1   1    82
3     30       6  30     1       1    1   1   1  -1  -1  -1    82
4     60       7  60     1       2   -1   1   1   1  -1  -1    65
5     60       6  30     2       2    1  -1   1   1   1  -1    80
6     60       6  60     1       1    1   1  -1   1   1   1    78
7     30       6  60     2       2   -1   1   1  -1   1   1    68
8     30       7  60     2       1    1  -1   1   1  -1   1    60
9     30       7  30     2       1   -1   1  -1   1   1  -1    59
10    60       7  30     1       1   -1  -1   1  -1   1   1    79
11    30       6  30     1       2   -1  -1  -1   1  -1   1    81
```

```
12      60      6   60      2    1  -1  -1  -1  -1  -1  -1     67
class = design, type = pb
> PB.model <- aov(Results ~ Temperature + pH + Time + Pressure + Cmol, data = PB.design_plusData)
> summary(PB.model)
            Df Sum Sq Mean Sq  F-value  Pr(>F)
Temperature  1 114.08  114.08   3.820  0.0984 .
pH           1 184.08  184.08   6.165  0.0476 *
Time         1 310.08  310.08  10.384  0.0181 *
Pressure     1  90.75   90.75   3.039  0.1319
Cmol         1  18.75   18.75   0.628  0.4583
Residuals    6 179.17   29.86
---
Signif. codes:  0 '***' 0.001 '**' 0.01 '*' 0.05 '.' 0.1 ' ' 1
```

从上述方差分析结果可以看到，在 0.05 显著性水平下，因子 B(pH)和因子 C(反应时间)是显著的. 因子 A(反应温度)在 0.01 显著性水平下是显著的. 因此，后续试验可重点考察这 3 个因子.

除了进行方差分析之外，还可以利用 FrF2 包中的 MEPlot() 函数绘制各因子不同水平的效应折线图(因子指标趋势图)，R 代码及输出结果如下(图 5.7)：

```
> MEPlot(PB.design_plusData)
> MEPlot(PB.design_plusData,abbrev = 4,select = c(1,2,3,4,5),response = "Results")
```

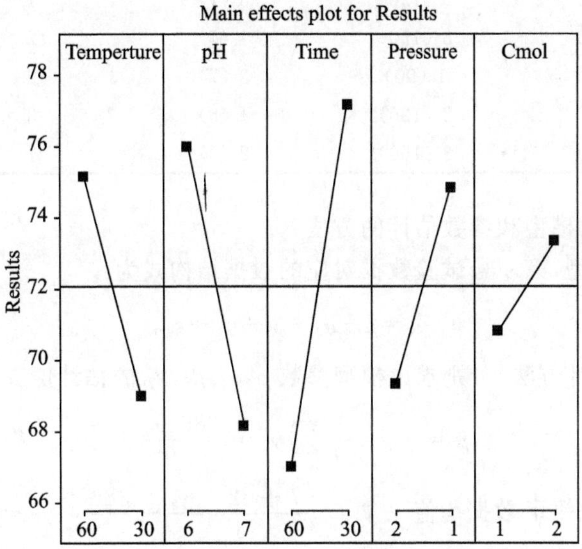

图 5.7　例 5.8 效应折线图

5.6　缺失数据的处理

前几节介绍的试验数据分析中，当因子超过 1 个时，无论是直观分析还是方差分析都要求数据完整，否则就失去了整齐可比性，方差分析中的平方和分解式也不再成立. 但在实际中，有时某些试验不幸做坏了，或者数据丢失，客观条件又不允许重复试验，这种情形下就会产生数据缺失，此时需要考虑一些补救措施．下面简要介绍几种常用的缺失值处理方法．

1．试验有重复的情况

试验有重复，并且每一处理至少有一个数据没有丢失，这时丢失或缺落的数据就用同一处理中没有丢失的数据的平均值代替．通过这样弥补来的数据在统计分析时不能算在自由度内．

2．处理数据完全缺失的情况

（1）利用数据结构模型和参数估计的方法；

（2）极小化误差平方和法．

我们通过例子分别介绍上述两种方法的处理思想及过程．

例 5.9 在例 5.2 的三因子三水平试验中，利用正交表 $L_9(3^4)$ 进行试验安排得到试验结果．假设由于某种原因第 9 号试验数据缺失，试考虑用统计方法对其进行估计弥补（表 5.36）．

表 5.36 试验设计方案与试验结果

试验号	因子				转化率/%
	A	B	C	D	y_i
1	1 (80)	1 (90)	1 (5)	1	31
2	1 (80)	2 (120)	2 (6)	2	54
3	1 (80)	3 (150)	3 (7)	3	38
4	2 (85)	1 (90)	2 (6)	3	53
5	2 (85)	2 (120)	3 (7)	1	49
6	2 (85)	3 (150)	1 (5)	2	42
7	3 (90)	1 (90)	3 (7)	2	57
8	3 (90)	2 (120)	1 (5)	3	62
9	3 (90)	3 (150)	2 (6)	1	缺失 y_9

（1）利用数据结构模型和参数估计的方法

根据方差分析模型，第 9 号试验数据对应的数据结构式为：

$$y_9=\mu+\alpha_3+\beta_3+\gamma_2+\varepsilon_9,$$

根据模型参数估计方法，分别求出模型参数 $\mu,\alpha_3,\beta_3,\gamma_2$ 的估计值 $\hat{\mu},\hat{\alpha}_3,\hat{\beta}_3,\hat{\gamma}_2$ 如下：

$$\hat{\mu}=\bar{y}.=\frac{1}{9}\sum_{i=1}^{9}y_i=\frac{386+y_9}{9}$$

$$\hat{\alpha}_3=A_3\text{ 水平下数据均值}-\bar{y}.=\frac{57+62+y_9}{3}-\frac{386+y_9}{9}=\frac{2y_9-29}{9}$$

$$\hat{\beta}_3=B_3\text{ 水平下数据均值}-\bar{y}.=\frac{38+42+y_9}{3}-\frac{386+y_9}{9}=\frac{2y_9-146}{9}$$

$$\hat{\gamma}_2=C_2\text{ 水平下数据均值}-\bar{y}.=\frac{54+53+y_9}{3}-\frac{386+y_9}{9}=\frac{2y_9-65}{9}$$

由此可得 y_9 的估计值为：

$$y_9=\hat{\mu}+\hat{\alpha}_3+\hat{\beta}_3+\hat{\gamma}_2=\frac{386+y_9}{9}+\frac{2y_9-29}{9}+\frac{2y_9-146}{9}+\frac{2y_9-65}{9}=\frac{6y_9+146}{9}$$

解得 $y_9=48.7$.

(2)极小化误差平方和法

这种方法的思路是要求估计值能使误差平方和达到最小值，可通过微分完成.

在正交表中，第 4 列空白列的平方和为误差平方和，按平方和计算方法可得：

$$SS_e=\frac{1}{3}[(80+y_9)^2+153^2+153^2]-\frac{1}{9}(386+y_9)^2$$

求出使该误差平方和达到最小的 y_9 作为估计值. 令：

$$\frac{d(SS_e)}{dy_9}=\frac{2}{3}(80+y_9)-\frac{2}{9}(386+y_9)=0$$

解得 $y_9=73$.

将缺失的数据补到数据表中后，仍可按通常的方法进行数据分析，但在方差分析中误差的自由度要相应地减 1. 由于误差自由度减少，检验的灵敏度降低，对分析问题是不利的，另外填补的数据毕竟是不真实的，从上面的估计值与真实值(64)的差别也可以看出来，因此只能作为问题分析的参考. 丢失的信息很难补救，所以在试验设计与执行阶段要提前做好预案，尽可能不丢失数据.

5.7　多指标试验的数据分析

前几节考察的试验指标只有 1 个，比较方便. 但在实际问题中，需要考察的指标往往不止 1 个，可能有 2 个、3 个，甚至更多，这就是多指标试验问题. 本节将介绍 2 种解决多指标试验的直观分析方法：综合平衡法和综合评分法. 这 2 种方法可以找出使每个指标都尽可能好的试验方案.

5.7.1　综合平衡法

下面通过具体例子来说明这种方法.

例 5.10　为提高某产品质量，要对生产该产品的原料进行配方试验. 要检验 3 项指标：抗压强度、落下强度和裂纹度，前 2 个指标越大越好，第 3 个指标越小越好. 根据以往的经验，配方中有 3 个重要因子：水分、粒度和碱度. 它们各有 3 个水平，具体数据如表 5.37 所示. 试进行试验分析，找出最好的配方方案.

分析可知，这是三因子三水平问题，考虑选用正交表 $L_9(3^4)$ 来安排试验. 把这里的 3 个因子依次放在 $L_9(3^4)$ 表的前 3 列(第 4 列空白)，把各列的水平和该列相应因子的具体水平对应起来，得出一张具体的试验方案表. 按照这个方案进行试验，测出需要检验的指标的结果，列在表 5.38 中，然后用直观分析法对每个指标分别进行计算分析.

表 5.37　例 5.10 因子水平表

水平	试验因子		
	水分 A/%	粒度 B/%	碱度 C/%
1	8	4	1.1
2	9	6	1.3
3	7	8	1.5

表 5.38 例 5.10 试验设计方案与试验结果及相关计算

试验号	因子				抗压强度	落下强度	裂纹度
	A	B	C	D	y_{1i}/(kg/个)	y_{2i}/(0.5 m/次)	y_{3i}
1	1	1	1	1	11.5	1.1	3
2	1	2	2	2	4.5	3.6	4
3	1	3	3	3	11.0	4.6	4
4	2	1	2	3	7.0	1.1	3
5	2	2	3	1	8.0	1.6	2
6	2	3	1	2	18.5	15.1	0
7	3	1	3	2	9.0	1.1	3
8	3	2	1	3	8.0	4.6	2
9	3	3	2	1	13.4	20.2	1
K_1	27.0	27.5	38.0		抗压强度		
K_2	33.5	20.5	24.9				
K_3	30.4	42.9	28.0				
k_1	9.0	9.2	12.7				
k_2	11.2	6.8	8.3				
k_3	10.1	14.3	9.3				
R_{1i}	2.2	7.5	4.4				
优水平	A_2	B_3	C_1				
K_1	9.3	3.3	20.8			落下强度	
K_2	17.8	9.8	24.9				
K_3	25.9	39.9	7.3				
k_1	3.1	1.1	6.9				
k_2	5.9	3.3	8.3				
k_3	8.6	13.3	2.4				
R_{2i}	5.5	12.2	5.9				
优水平	A_3	B_3	C_2				
K_1	11	9	5				裂纹度
K_2	5	8	8				
K_3	6	5	9				
k_1	3.7	3.0	1.7				
k_2	1.7	2.7	2.7				
k_3	2.0	1.7	3.0				
R_{3i}	2.0	1.3	1.3				
优水平	A_2	B_3	C_1				

用和例 5.3 完全一样的方法，对 3 个指标分别进行计算分析，得出 3 个好的方案：对抗压强度和裂纹度都是 $A_2B_3C_1$；对落下强度是 $A_3B_3C_2$。这 3 个方案不完全相同，对一个指标是好

方案，而对另一个指标却不一定是好方案，如何找出对各个指标都较好的一个共同方案呢？这正是我们下面要解决的问题.

为便于综合分析，我们画出各指标因子水平趋势图(图 5.8).

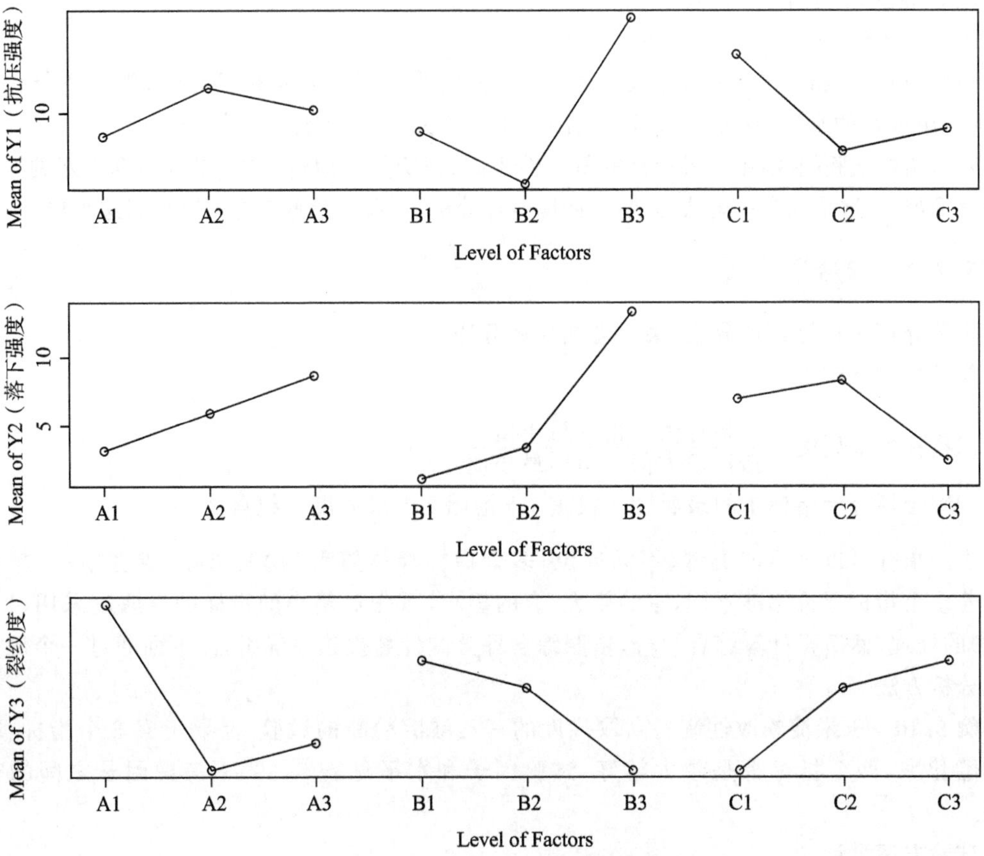

图 5.8　例 5.9 的因子指标趋势图

把图 5.8 和表 5.36 结合起来分析，看每一个因子对各指标的影响.

(1)粒度 B 对各指标的影响. 从表 5.36 看出，对抗压强度和落下强度来讲，粒度的极差都是最大的，也就是说粒度是影响最大的因素，从图 5.8 看出，显然取 8 最好；对裂纹度来讲，粒度的极差不是最大，即不是影响最大的因子，但也是取 8 最好. 总之，对 3 个指标来讲，粒度都是取 8 最好.

(2)碱度 C 对各指标的影响. 从表 5.36 看出，对于 3 个指标，碱度的极差都不是最大的，也就是说，碱度不是影响最大的因子，是较次要的因子. 从图 5.8 看出，对抗压强度和裂纹度来讲，碱度取 1.1 最好，对落下强度来讲，碱度取 1.3 最好，但取 1.1 也不是太差，对 3 个指标综合考虑，碱度取 1.1 为好.

(3)水分 A 对各指标的影响. 从表 5.36 看出，对裂纹度来讲，水分的极差最大，即水分是影响最大的因子. 从图 5.8 看出，水分取 9 最好，但对抗压强度和落下强度来讲，水分的极差都是最小的，即是影响最小的因子. 从图 5.8 看出，对抗压强度来讲，水分取 9 最好，取 7 次之；对落下强度来讲，水分取 7 最好，取 9 次之. 对 3 个指标综合考虑，应照顾水分对裂纹度的影响，还是取 9 为好.

通过各因素对各指标影响的综合分析,得出较好的试验方案是:

B_3,粒度第 3 水平,8%;

C_1,碱度第 1 水平,1.1%;

A_2,水分第 2 水平,9%.

由此可见,分析多指标的方法是:先分别考察每个因子对各指标的影响,然后进行分析比较,确定出最好的水平,从而得出最好的因子水平搭配,这种方法称为综合平衡法.

对多指标试验问题,由于各指标的重要性不同,即所处的地位不同,要做到真正好的综合平衡是很困难的,这是综合平衡法的缺点.而综合评分法,它在一定意义上可以克服这个缺点.

5.7.2 综合评分法

本节介绍一种综合评分法:隶属度加权评分法.

先给出如下定义式:

①指标的隶属度$=\dfrac{\text{指标值}-\text{指标最小值}}{\text{指标最大值}-\text{指标最小值}}$

②综合评分=指标 1 的隶属度×权重 1+指标 2 的隶属度×权重 2+…

多个指标可以为不同类型、不同单位;多个指标都是望大(越大越好)或者望小(越小越好).若多个指标评价标准不同,有的望大,有的望小,可先对望小的指标的隶属度采用(1-隶属度)的处理,然后再计算综合评分,依照综合评分的计算挑选最优组合.下面通过一个例子来说明分析方法.

例 5.10 玉米淀粉改性制备高取代度的三乙酸淀粉酯的试验.需要考察 2 个指标:取代度和酯化率,两个指标都是越大越好,试验因子和水平见表 5.39,不考虑因子之间的交互作用.

试验方案设计:

(1)明确目的,确定指标.本试验目的是寻找取代度和酯化率都高的试验方案,试验指标即为取代度和酯化率.

(2)选因素,定水平,列因子水平表.根据专业知识和实践经验,确定试验因子和水平(表 5.39).

表 5.39 例 5.10 的因子水平表

水平	试验因子		
	反应时间 A/h	吡啶用量 B/g	乙酸酐用量 C/g
1	3	150	100
2	4	90	70
3	5	120	130

(3)选正交表、设计表头、编制试验方案.本试验为三因子三水平试验,不考虑交互作用,选 $L_9(3^4)$安排试验.表头设计、试验方案及试验结果记录见表 5.40.

表 5.40　例 5.10 的试验方案及试验结果

试验号	试验因子				试验结果	
	A	*B*	*C*		取代度 y_1	酯化率 y_2/%
1	1(3)	1(150)	1(100)	1	2.96	65.70
2	1(3)	2(90)	2(70)	2	2.18	40.36
3	1(3)	3(120)	3(130)	3	2.45	54.31
4	2(4)	1(150)	3(130)	2	2.70	41.09
5	2(4)	2(90)	1(100)	3	2.49	56.29
6	2(4)	3(120)	2(70)	1	2.41	43.23
7	3(5)	1(150)	2(70)	3	2.71	41.43
8	3(5)	2(90)	3(130)	1	2.42	56.29
9	3(5)	3(120)	1(100)	2	2.83	60.14

(4)试验结果分析见表 5.41.

表 5.41　例 5.10 的试验结果极差分析表

试验号		试验因子				试验结果		隶属度计算		综合分
		A	*B*	*C*		取代度 y_1	酯化率 y_2/%			
1		1	1	1	1	2.96	65.70	1	1	1
2		1	2	2	2	2.18	40.36	0	0	0
3		1	3	3	3	2.45	54.31	0.35	0.55	0.47
4		2	1	3	2	2.70	41.09	0.67	0.03	0.28
5		2	2	1	3	2.49	56.29	0.4	0.63	0.54
6		2	3	2	1	2.41	43.23	0.29	0.11	0.19
7		3	1	2	3	2.71	41.43	0.68	0.04	0.3
8		3	2	3	1	2.42	56.29	0.31	0.63	0.5
9		3	3	1	2	2.83	60.14	0.83	0.78	0.8
取代度	k_1	2.53	2.79	2.76	2.597					
	k_2	2.533	2.363	2.433	2.57	2.572				
	k_3	2.653	2.563	2.523	2.55					
	R_{1i}	0.123	0.427	0.327	0.047					
酯化率	k_1	53.457	49.407	60.71	55.073					
	k_2	46.87	50.98	41.673	47.197		50.982			
	k_3	52.62	52.56	50.563	50.677					
	R_{2i}	6.587	3.153	19.04	7.876					
综合评分	k_1	0.49	0.527	0.78	0.562					
	k_2	0.335	0.345	0.161	0.362					0.4533
	k_3	0.533	0.485	0.418	0.435					
	R_i	0.198	0.182	0.619	0.2					

本例中给定指标取代度的权重为0.4,指标酯化率的权重为0.6.

综合评分=取代度隶属度×0.4+酯化率的隶属度×0.6

两指标隶属度与综合评分计算结果如表5.40所示,由综合评分值可得因子的主次顺序为: C,A,B.

综合评分越高越好,得最优水平组合为: $C_1A_3B_1$,即玉米淀粉改性制备高取代度的三乙酸淀粉酯的最优方案为:反应时间5 h,吡啶用量150 g,乙酸酐用量100 g.

总的来说,综合评分法是将多个指标的问题,通过加权计算总分的方法化成单个指标的问题,这样对结果的分析计算都比较方便、简单.但是,如何合理地评分,也就是如何合理地确定各个指标的权重,是最关键的问题,也是最困难的问题.这一点可以依据实际经验来解决.

习题 5

1. 正交表有哪些基本性质?利用正交表安排试验的步骤是什么?

2. 某厂生产水泥花砖,其抗压强度取决于3个因子: A(水泥的含量,%); B(水分,%); C(添加剂比例).每个因子都有2个水平,具体数值如下表所示:

水平	因子		
	A	B	C
1	60	2.5	1.1∶1
2	80	3.5	1.2∶1

试验指标为抗压强度(kg/cm^2),越高越好.选用 $L_8(2^7)$ 表安排实验,得到结果见下表(对 y 值已做了相应的简化处理,不影响分析结果).试考虑:

(1)写出数据模型;

(2)分别进行极差分析与方差分析;

(3)若要考虑所有因子的一级交互作用,用上表能否进行分析?若可以,表头设计如何变化?模型应如何改写?极差分析和方差分析结果有何变化?

试验号	A	B		C				y
1	1	1	1	1	1	1	1	0
2	1	1	1	2	2	2	2	5
3	1	2	2	1	1	2	2	−10
4	1	2	2	2	2	1	1	0
5	2	1	2	1	2	1	2	−15
6	2	1	2	2	1	2	1	20
7	2	2	1	1	2	2	1	−15
8	2	2	1	2	1	1	2	10

3. 某试验中,试验指标为产品效价,选取因子及水平如下表所示:

水平	因子			
	微元总量 A/%	玉米粉 B/%	白糖 C/%	时间 D/h
1	0.60	13	3	20
2	0.35	17	4	25

试验需考虑交互作用 AB,AC,BC,问:

(1)选用哪张正交表合适?表头如何设计?

(2)如果试验把 A,B,C,D 排在 $L_8(2^7)$表的 1,2,4,7 列上所得试验结果(效价)依次为:2.1,2.2,1.1,1.5,1.4,1.3,2.0,1.8,试用直观分析法分析试验结果,画出因素水平趋势图.

4.为了提高球团质量,对生产球团的原料进行配方试验,试验指标为抗压强度,指标值越大越好.根据经验,决定选取进行试验的因子与水平如下表所示,不考虑因子之间的交互作用,试验结果如下表最后一列,试用直观分析法和方差分析法分析最好的配方方案.

试验号	1	2	3	4	试验指标
	水分 A/%	粒度 B/mm	碱度 C/(mmol/L)	膨润土 D/(mL/g)	抗压强度/(kg/个)
1	1(9)	1(30)	1(1.2)	1(1.2)	11.3
2	1	2(60)	2(1.4)	2(1.5)	4.4
3	1	3(80)	3(1.6)	3(2.0)	10.8
4	2(10)	1	2	3	7.0
5	2	2	3	1	7.8
6	2	3	1	2	23.6
7	3(8)	1	3	2	9.0
8	3	2	1	3	8.0
9	3	3	2	1	13.2

5.说明什么是正交试验表头设计中的混杂现象,混杂会带来什么后果?应该如何避免混杂?

6.选用次数最少的正交表给出下列问题的表头设计:

(1)考察 5 个二水平因子 A、B、C、D、E,并考察交互作用 DE;

(2)考察 6 个三水平因子 A、B、C、D、E、F,并考察交互作用 AC,CD.

7.在聚氨酯合成橡胶的试验中,要考察 4 个因素 A、B、C、D 对抗张强度的影响,其中因素 A 取四水平,因素 B、C、D 取二水平,同时还需考察交互作用 AB 与 AC.试验数据如下表,试进行直观分析和方差分析.

表头	A	B		AB		C		AC		D				
试验号	1,2,3	4	5	6	7	8	9	10	11	12	13	14	15	y
1	1	1	1	1	1	1	1	1	1	1	1	1	1	75
2	1	1	1	1	1	2	2	2	2	2	2	2	2	131
3	1	2	2	2	2	1	1	1	1	2	2	2	2	−3

续表

表头	A	B		AB		C		AC		D				
试验号	1,2,3	4	5	6	7	8	9	10	11	12	13	14	15	y
4	1	2	2	2	2	2	2	2	2	1	1	1	1	36
5	2	1	1	2	2	1	1	2	2	1	1	2	2	69
6	2	1	1	2	2	2	2	1	1	2	2	1	1	98
7	2	2	2	1	1	1	1	2	2	2	2	1	1	62
8	2	2	2	1	1	2	2	1	1	1	1	2	2	42
9	3	1	2	1	2	1	2	1	2	1	2	1	2	50
10	3	1	2	1	2	2	1	2	1	2	1	2	1	125
11	3	2	1	2	1	1	2	1	2	2	1	2	1	70
12	3	2	1	2	1	2	1	2	1	1	2	1	2	140
13	4	1	2	2	1	1	2	2	1	1	2	2	1	91
14	4	1	2	2	1	2	1	1	2	2	1	1	2	89
15	4	2	1	1	2	1	2	2	1	2	1	1	2	104
16	4	2	1	1	2	2	1	1	2	1	2	2	1	90

8. 某试验者利用超声波辅助提取紫甘薯中的紫甘薯色素，初步研究发现影响提取的因子有 6 个：超声波功率，提取时间，提取温度，提取次数，料液比，提取液浓度. 利用 Plackett-Burman 设计法设计试验进行重要因子筛选，PB 试验方案及结果如下表：

试验号	功率/W	提取时间/min	温度/℃	提取次数	料液比	浓度/%	提取率/%
1	−1(400)	1(30)	−1(50)	1(3)	1(1:24)	−1(2.0)	9.16
2	−1	1	1(60)	−1(2)	1	1(2.5)	8.79
3	−1	−1(25)	−1	1	−1(1:20)	1	8.92
4	1(450)	1	1	−1	−1	−1	7.49
5	1	1	−1	1	1	1	8.43
6	−1	−1	1	−1	1	1	8.72
7	1	−1	−1	−1	1	−1	7.84
8	1	−1	1	1	1	−1	8.17
9	−1	1	1	1	−1	−1	8.96
10	1	1	−1	−1	−1	1	7.39
11	−1	−1	−1	−1	−1	−1	8.47
12	1	−1	1	1	−1	1	7.78

试对上述数据进行方差分析，筛选出重要因子.

9. 油炸方便面生产中，主要原料质量和主要工艺参数对产品质量有影响，选取 4 个因子：A(湿面筋，%)，B(改良剂用量，%)，C(油炸时间，s)，D(油炸温度，℃)，各取 3 个水平，通过正交试验设计安排试验，目的是探讨方便面生产的最佳工艺条件. 试验以脂肪含量、水分含量和复水时间为指标.脂肪含量越低越好,水分含量越高越好,复水时间越短越好.试验设计方案和试验结果如下表,若3个指标脂肪含量、水分含量和复水时间在综合结果中的权重分别为:0.5,0.3和0.2,试用极差分析法分析确定最佳工艺条件.

试验号	试验因子				试验结果		
	A/%	B/%	C/s	D/℃	脂肪含量/%	水分含量/%	复水时间/s
1	1(28)	1(0.05)	3(80)	2(155)	24.8	2.1	3.5
2	1	2(0.075)	1(70)	1(150)	22.5	3.8	3.7
3	1	3(0.10)	2(75)	3(160)	23.6	2.0	3.0
4	2(32)	1	2	1	23.8	2.8	3.0
5	2	2	3	3	22.4	1.7	2.2
6	2	3	1	2	19.3	2.7	2.8
7	3(36)	1	1	3	18.4	2.5	3.0
8	3	2	2	2	19.0	2.0	2.7
9	3	3	3	1	20.7	2.3	3.6

第 6 章　回归设计

前几章介绍的试验设计主要是判断因子的显著性，寻求因子的最优水平组合. 还有一类试验设计是希望研究试验指标与各因子间的定量规律，这就是本章要介绍的回归设计. 古典回归分析一般是被动地处理已有的试验数据，对试验的安排没有任何要求，对回归方程的精度也研究较少. 随着生产的发展，特别是迫切需要寻求最佳工艺和配方以及建立生产过程的数学模型，人们越来越要求以较少的试验数据建立精度较高的回归方程. 这就要求摆脱古典回归分析被动处理数据的局面，主动地把试验的安排、数据的处理和回归方程的精度统一起来，根据试验目的和数据分析来选择试验点，这就是近几十年发展起来的回归设计(regression design).

回归设计又称响应面设计(response surface design，RSD)，是在多元线性回归基础上主动收集数据获得具有较好性质回归方程的一种试验设计. 换言之，回归设计就是在因子空间中选择适当的试验点，以较少的试验处理建立一个有效的多项式回归方程，从而解决生产中的最优化问题，寻找出试验指标与各因子间的定量规律.

回归设计始于 20 世纪 50 年代初期，由统计学家 G. E. Box 针对化工生产中的实际问题提出，发展至今其内容已相当丰富，广泛应用于工业、农业、林业、食品、医学等领域. 回归设计按类型分有回归正交设计、旋转设计、最优设计等；按回归多项式阶数分有一次回归设计、二次回归设计等. 本章将介绍几种常用的回归设计方法.

6.1　多元线性回归基础

回归设计与回归分析关系密切，为便于后续学习，本节简要回顾一下多元线性回归的基础知识.

6.1.1　多元线性回归模型

1. 回归模型

在实际问题中经常遇到随机变量 y 与多个普通变量 $x_1, x_2, \cdots, x_p (p \geqslant 2)$ 有关的情况. 对于自变量 $x_1, x_2, \cdots, x_p$ 的一组确定的值，y 服从某一分布，如果 $E(y)$ 存在，它是 $x_1, x_2, \cdots, x_p$ 的函数，记为 $\mu(x_1, x_2, \cdots, x_p)$，称之为回归函数. 求 $\mu(x_1, x_2, \cdots, x_p)$ 的问题就是多元回归问题，下面我们讨论多元线性回归模型，即假设 $\mu(x_1, x_2, \cdots, x_p) = \beta_0 + \beta_1 x_1 + \beta_2 x_2 + \cdots + \beta_p x_p$.

设 $(x_{i1}, x_{i2}, \cdots, x_{ip}, y_i)$，$i = 1, 2, \cdots, n$ 是收集到的一个样本，其中 $(x_{i1}, x_{i2}, \cdots, x_{ip})$ 是自变量 $x_1, x_2, \cdots, x_p$ 的 n 组不同取值，假定线性回归模型如下：

$$\begin{cases} y_i=\beta_0+\beta_1 x_{i1}+\beta_2 x_{i2}+\cdots+\beta_p x_{ip}+\varepsilon_i \\ \varepsilon_i \text{ i. i. d.} \sim N(0,\sigma^2) \end{cases} \tag{6.1}$$

其中 $\beta_0,\beta_1,\beta_2,\cdots,\beta_p,\sigma^2$ 都是未知参数.

2. 最小二乘估计

利用最小二乘法估计参数 $\beta_0,\beta_1,\beta_2,\cdots,\beta_p$.

考虑函数 $Q(\beta_0,\beta_1,\beta_2,\cdots,\beta_p)=\sum_{i=1}^{n}(y_i-\beta_0-\beta_1 x_{i1}-\beta_2 x_{i2}-\cdots-\beta_p x_{ip})^2$，使该函数达到最小值的 $\beta_0,\beta_1,\beta_2,\cdots,\beta_p$ 即为所求的最小二乘估计，即：

$$Q(\hat{\beta}_0,\hat{\beta}_1,\hat{\beta}_2,\cdots,\hat{\beta}_p)=\min Q(\beta_0,\beta_1,\beta_2,\cdots,\beta_p)$$

分别求 $Q(\beta_0,\beta_1,\beta_2,\cdots,\beta_p)$ 关于 $\beta_0,\beta_1,\beta_2,\cdots,\beta_p$ 的偏导数，并令其为 0，可得：

$$\begin{cases} \dfrac{\partial Q}{\partial \beta_0}=-2\sum_{i=1}^{n}(y_i-\beta_0-\beta_1 x_{i1}-\beta_2 x_{i2}-\cdots-\beta_p x_{ip})=0 \\ \dfrac{\partial Q}{\partial \beta_1}=-2\sum_{i=1}^{n}(y_i-\beta_0-\beta_1 x_{i1}-\beta_2 x_{i2}-\cdots-\beta_p x_{ip})x_{i1}=0 \\ \quad\vdots \\ \dfrac{\partial Q}{\partial \beta_p}=-2\sum_{i=1}^{n}(y_i-\beta_0-\beta_1 x_{i1}-\beta_2 x_{i2}-\cdots-\beta_p x_{ip})x_{ip}=0 \end{cases}$$

上式的等价形式为：

$$\begin{cases} \beta_0 n+\beta_1\sum_{i=1}^{n}x_{i1}+\beta_2\sum_{i=1}^{n}x_{i2}+\cdots+\beta_p\sum_{i=1}^{n}x_{ip}=\sum_{i=1}^{n}y_i \\ \beta_0\sum_{i=1}^{n}x_{i1}+\beta_1\sum_{i=1}^{n}x_{i1}^2+\beta_2\sum_{i=1}^{n}x_{i1}x_{i2}+\cdots+\beta_p\sum_{i=1}^{n}x_{i1}x_{ip}=\sum_{i=1}^{n}x_{i1}y_i \\ \quad\vdots \\ \beta_0\sum_{i=1}^{n}x_{ip}+\beta_1\sum_{i=1}^{n}x_{i1}x_{ip}+\beta_2\sum_{i=1}^{n}x_{i2}x_{ip}+\cdots+\beta_p\sum_{i=1}^{n}x_{ip}^2=\sum_{i=1}^{n}x_{ip}y_i \end{cases} \tag{6.2}$$

式(6.2)称为正规方程组.

为方便描述问题，我们利用矩阵运算求解正规方程组，先引入矩阵和向量：

$$X=\begin{bmatrix} 1 & x_{11} & x_{12} & \cdots & x_{1p} \\ 1 & x_{21} & x_{22} & \cdots & x_{2p} \\ \vdots & \vdots & \vdots & & \vdots \\ 1 & x_{n1} & x_{n2} & \cdots & x_{np} \end{bmatrix},Y=\begin{bmatrix} y_1 \\ y_2 \\ \vdots \\ y_n \end{bmatrix},\beta=\begin{bmatrix} \beta_0 \\ \beta_1 \\ \vdots \\ \beta_p \end{bmatrix},\varepsilon=\begin{bmatrix} \varepsilon_1 \\ \varepsilon_2 \\ \vdots \\ \varepsilon_n \end{bmatrix}$$

这样，根据矩阵的运算规则，回归模型[式(6.1)]可等价表示为：

$$Y=X\beta+\varepsilon,\varepsilon\sim N(0,\sigma^2 I_n)\text{或者 }Y\sim N(X\beta,\sigma^2 I_n) \tag{6.3}$$

其中 0 为 $n\times 1$ 的元素全为 0 的向量，I_n 为 n 阶单位阵.

此时正规方程组式(6.2)可以表示为：

$$X'X\beta=X'Y$$

当矩阵 $X'X$ 可逆时，β 的最小二乘估计为 $\hat{\beta}=(X'X)^{-1}X'Y$，其中 X' 为 X 的转置矩阵. 有了 β 的最小二乘估计后，可以写出回归方程：$\hat{y}=\hat{\beta}_0+\hat{\beta}_1x_1+\cdots+\hat{\beta}_px_p$. 今后称 $A=X'X$ 为正规方程组的系数矩阵，$B=X'Y$ 为正规方程组的常数项向量，$C=(X'X)^{-1}$ 为相关矩阵.

在回归模型式(6.3)下，有 $\hat{\beta}=(X'X)^{-1}X'Y\sim N[\beta,\sigma^2(X'X)^{-1}]$，若记 $C=(X'X)^{-1}=(c_{ij})_{(p+1)\times(p+1)}$，则有：

$$\hat{\beta}_j\sim N(\beta_j,\sigma^2c_{jj}),j=0,1,\cdots,p$$

这说明最小二乘估计 $\hat{\beta}_j$ 是 β_j 的无偏估计，且都服从正态分布，该结论为后续假设检验和区间估计的基础.

注意到矩阵 $C=(X'X)^{-1}$ 不一定是对角阵，从而各回归系数 $\hat{\beta}_j$ 间是相关的，且有 $Cov(\hat{\beta}_j,\hat{\beta}_k)=c_{jk}\sigma^2$.

3. 回归方程及回归系数的检验

对线性回归方程进行显著性检验是指检验如下假设：

$$H_0:\beta_1=\beta_2=\cdots=\beta_p=0 \text{ vs } H_1:\beta_1,\beta_2,\cdots,\beta_p \text{ 不全为 } 0.$$

检验方法类似方差分析，做平方和分解，构造 F 检验统计量.

记 $\hat{y}_i=\hat{\beta}_0+\hat{\beta}_1x_{i1}+\cdots+\hat{\beta}_px_{ip}$，$i=1,2,\cdots,n$，有如下平方和分解式成立：

$$SS_T=\sum_{i=1}^{n}(y_i-\bar{y})^2=\sum_{i=1}^{n}(y_i-\hat{y}_i)^2+\sum_{i=1}^{n}(\hat{y}_i-\bar{y})^2=SS_E+SS_R$$

其中 $\bar{y}=\dfrac{1}{n}\sum_{i=1}^{n}y_i$ 为总均值；$SS_T=\sum_{i=1}^{n}(y_i-\bar{y})^2$ 为总偏差平方和，自由度为 $f_T=n-1$；$SS_E=\sum_{i=1}^{n}(y_i-\hat{y}_i)^2$ 为残差平方和，自由度为 $f_E=n-p-1$；$SS_R=\sum_{i=1}^{n}(\hat{y}_i-\bar{y})^2$ 为回归平方和，自由度为 $f_R=p$.

当 $H_0:\beta_1=\beta_2=\cdots=\beta_p=0$ 为真时，有：

$$F=\frac{SS_R/f_R}{SS_E/f_E}\sim F(f_R,f_E)=F(p,n-p-1)$$

对给定的显著性水平 α，拒绝域为 $\{F>F_{1-\alpha}(p,n-p-1)\}$.

若记 $p+1$ 维向量 $X'Y=B=(B_0,B_1,B_2,\cdots,B_p)'$，平方和的计算表达式还可以表示为：

$$SS_E=\sum_{i=1}^{n}(y_i-\hat{y}_i)^2=\sum_{i=1}^{n}y_i^2-\hat{\beta}_0B_0-\hat{\beta}_1B_1-\cdots-\hat{\beta}_pB_p$$

$$SS_R=\sum_{i=1}^{n}(\hat{y}_i-\bar{y})^2=SS_T-SS_E$$

如果拒绝了上面的原假设，即认为线性回归方程是显著的，则需进一步检验各个回归系数是否为0，即逐一检验如下一系列假设：

$$H_{0j}:\beta_j=0 \text{ vs } H_{1j}:\beta_j\neq 0, j=1,2,\cdots,p.$$

常用的检验方法是 t 检验或等价的 F 检验，F 检验统计量形式为：

$$F_j=t_j^2=\frac{\hat{\beta}_j^2/c_{jj}}{\hat{\sigma}^2}, j=1,2,\cdots,p$$

其中 c_{jj} 如前面所定义，为矩阵 $C=(X'X)^{-1}$ 的第 $j+1$ 个对角元，$\hat{\sigma}^2=\frac{SS_E}{f_E}$ 为残差均方，也是模型方差 σ^2 的无偏估计. 记分子为 $S_j=\hat{\beta}_j^2/c_{jj}$，称之为因子(自变量)$x_j$ 的偏回归平方和. $\sqrt{c_{jj}}\hat{\sigma}=\sqrt{\frac{c_{jj}SS_E}{f_E}}$ 称为回归系数估计 $\hat{\beta}_j$ 的标准误.

当 $H_{0j}:\beta_j=0$ 为真时，有 $F_j=\frac{\hat{\beta}_j^2/c_{jj}}{\hat{\sigma}^2}\sim F(1,f_E)=F(1,n-p-1)$，对给定的显著性水平 α，拒绝域为 $\{F_j>F_{1-\alpha}(1,n-p-1)\}$. 当拒绝原假设 $H_{0j}:\beta_j=0$ 时，说明回归系数 β_j 显著不为0，否则可以将对应的变量 x_j 从回归方程中剔除.

注意：由于回归系数估计 $\hat{\beta}_j$ 之间通常是相关的，因此当有不显著的系数时，一般情况下一次只能剔除一个 F 值最小的变量，然后重新计算回归系数，再重新检验，通常要到剩下的系数都显著时为止. 这个过程比较烦琐，如果回归系数估计 $\hat{\beta}_j$ 之间不相关(当满足正态分布时不相关等价于独立)，即矩阵 $C=(X'X)^{-1}$ 为对角阵时，不显著的系数可以同时剔除，而不再需要重复计算回归系数，这在对已有数据做被动分析时难以做到，但是如果主动设计试验收集数据，这个条件是可以满足的，这是回归设计的目标之一. 另外由于矩阵求逆运算在矩阵阶数较高时比较困难，因此如果能将 $X'X$ 设计成对角阵，则会使求逆问题大大简化，从而能快速求解最小二乘估计，这也是回归设计的目标之一.

4. 失拟检验

当在某些数据点 $(x_{i1},x_{i2},\cdots,x_{ip})$，$i=1,2,\cdots,n$ 有重复试验数据时，可以在检验回归方程显著性之前，先对 y 的期望 $E(y)$，即 $\mu(x_1,x_2,\cdots,x_p)$ 是否是线性函数进行检验，这种检验称为失拟(lack of fit)检验，检验如下假设：

$$H_0:E(y)=\beta_0+\beta_1x_1+\cdots+\beta_px_p \text{ vs } H_1:E(y)\neq\beta_0+\beta_1x_1+\cdots+\beta_px_p.$$

当在 $(x_{i1},x_{i2},\cdots,x_{ip})$，$i=1,2,\cdots n$ 上有重复试验或观察数据时，将其记为：

$$(x_{i1},x_{i2},\cdots,x_{ip},y_{ij}), j=1,2,\cdots,m_i, i=1,2,\cdots,n$$

其中至少有一个 $m_i\geqslant 2$，记 $N=\sum_{i=1}^{n}m_i$，此时残差平方和 SS_E 可以进一步分解为组内平方和与组间平方和，其中组内平方和为纯误差平方和，记为 SS_e，组间平方和称为失拟平方和，记为 SS_{Lf}，即：

$$SS_E=SS_e+SS_{Lf}$$

其中 $SS_e = \sum_{i=1}^{n}\sum_{j=1}^{m_i}(y_{ij}-\bar{y}_{i\cdot})^2, \bar{y}_{i\cdot} = \frac{1}{m_i}\sum_{j=1}^{m_i} y_{ij}$，自由度 $f_e = N-n$；$SS_{Lf} = \sum_{i=1}^{n} m_i (\bar{y}_{i\cdot}-\hat{y}_i)^2$，自由度 $f_{Lf}=n-p-1$. 检验统计量为：

$$F_{Lf}=\frac{SS_{Lf}/f_{Lf}}{SS_e/f_e}$$

在 $H_0:E(y)=\beta_0+\beta_1x_1+\cdots+\beta_px_p$ 为真时，$F_{Lf}\sim F(f_{Lf},f_e)=F(n-p-1,N-n)$，对给定的显著性水平 α，拒绝域为 $\{F_{Lf}>F_{1-\alpha}(n-p-1,N-n)\}$. 当拒绝原假设 $H_0:E(y)=\beta_0+\beta_1x_1+\cdots+\beta_px_p$ 时，需要寻找原因，改进模型，否则说明线性模型假设合适，可以将 SS_e，SS_{Lf} 合并作为 SS_E 检验方程是否显著.

6.1.2 多项式回归模型

有些回归问题中回归函数虽然不是线性的，但可以通过多项式函数进行近似，即回归函数可以假设为：

$$\mu(x_1,x_2,\cdots,x_p)=\beta_0+\sum_j\beta_jx_j+\sum_j\beta_{jj}x_j^2+\sum_{j<k}\beta_{jk}x_jx_k+\cdots$$

这里 $\beta_0,\beta_j,\beta_{jj},\beta_{jk}$ 等为未知参数，也称为回归系数. 虽然此时回归函数 $\mu(x_1,x_2,\cdots,x_p)$ 不再是自变量 $x_1,x_2,\cdots,x_p$ 的线性函数，但注意到，在回归过程中实际上 $\beta_0,\beta_j,\beta_{jj},\beta_{jk}$ 才是未知待估参数. 此时可以做一变换，如假设 $x_j=t_j$，$x_j^2=t_{jj}$，$x_jx_k=t_{jk}$，此时 $\mu(x_1,x_2,\cdots,x_p)$ 可等价表达为：

$$\mu(t_j,t_{jj},t_{jk})=\beta_0+\sum_j\beta_jt_j+\sum_j\beta_{jj}t_{jj}+\sum_{j<k}\beta_{jk}t_{jk}+\cdots$$

显然此时 $\mu(t_j,t_{jj},t_{jk})$ 是关于变量 t_j,t_{jj},t_{jk} 的线性回归函数，从而转化为多元线性回归问题，因此多项式回归本质上仍然是一种多元线性回归.

多项式回归中的一个重要问题是需要确定多项式的阶数，实际中常用的是一次与二次多项式回归模型，也称为一阶模型和二阶模型，如下所示.

一阶模型：$\mu(x_1,x_2,\cdots,x_p)=\beta_0+\sum_j\beta_jx_j$（普通多元线性回归模型）

二阶模型：$\mu(x_1,x_2,\cdots,x_p)=\beta_0+\sum_j\beta_jx_j+\sum_j\beta_{jj}x_j^2+\sum_{j<k}\beta_{jk}x_jx_k$

一般 p 个自变量的 d 次多项式回归方程的系数个数为 C_{p+d}^d，如果 $d=2$，则系数个数为 C_{p+2}^2，若再有 $p=3$，则系数个数为 $C_{3+2}^2=10$.

接下来几节研究的回归设计中主要用到上述一阶和二阶多项式回归模型.

6.2 一次回归正交设计

当试验研究的因变量与各自变量之间呈线性关系时，可采用一次回归正交设计的方法. 一次回归正交设计是利用回归正交设计的原理建立随机变量（响应变量）关于 p 个自变量（因子）$z_1,z_2,\cdots,z_p$ 的多元回归方程的回归设计方法：

$$E(y)=\beta_0+\beta_1z_1+\beta_2z_2+\cdots\beta_pz_p$$

或者在有交互作用时考虑交互项 $z_j z_k$ 的方程的回归设计方法：

$$E(y) = \beta_0 + \sum_{j}^{m}\beta_j z_j + \sum_{j<k}\beta_{jk} z_j z_k$$

一次回归正交设计主要是运用二水平正交表[如 $L_4(2^3)$，$L_8(2^7)$]等安排试验的一种设计方法.

6.2.1　确定因子水平的变化范围及编码

在回归问题中各自变量(因子)的变化范围各不相同，有的范围相差十分悬殊. 为了统一处理方便，将所有自变量都进行线性变换(又称编码变换)，使各因素取值区域转化为中心在原点的"立方体"内(图 6.1). 更主要的原因，编码是为了解决变量量纲不同给设计与分析带来的麻烦，用因子的编码建立的回归方程，可以通过直接比较各因子或因子间的交互作用回归系数的绝对值以确定效应的大小. 编码过程如下：

(1) 首先确定因子的变化范围. 设有 p 个因子 $z_1, z_2, \cdots, z_p$，其中因素 z_j 的变化区间为 (z_{1j}, z_{2j})，则 z_{1j}，z_{2j} 称为因子 z_j 的下水平和上水平，称 z_{0j} 为因子 z_j 的零水平，Δ_j 为因子 z_j 的变化半径.

$$z_{0j} = \frac{z_{1j} + z_{2j}}{2}, \Delta_j = \frac{z_{2j} - z_{1j}}{2}$$

(2) 编码. 对因子的水平编码就是对因子的取值做如下线性变换：

$$x_j = \frac{z_j - z_{0j}}{\Delta_j}$$

因子 $z_1, z_2, \cdots, z_p$ 的编码为 $x_1, x_2, \cdots, x_p$，x_j 的取值范围均为[−1，1]，$x_1, x_2, \cdots, x_p$ 的取值范围称为编码空间. 对因子 $z_1, z_2, \cdots, z_p$ 的各水平进行编码的目的是为了使试验因子 $z_1, z_2, \cdots, z_p$ 在编码空间是"平等"的，即它们的取值都是在[−1，1]区间内变化，而不受原来的单位和取值大小的影响(图 6.1). 编码后可给出因子水平编码表(表 6.1).

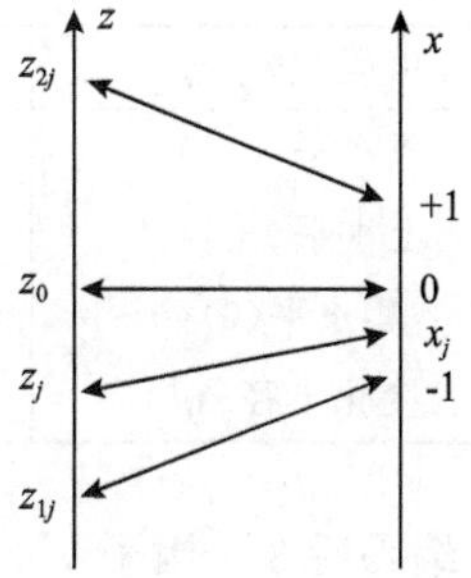

图 6.1　因子水平编码示意图

表 6.1　因子水平编码表

编码记号 x_{ij}	z_1	z_2	…	z_p
下水平(−1)	z_{11}	z_{12}	…	z_{1p}
上水平(+1)	z_{21}	z_{22}	…	z_{2p}
零水平(0)	z_{01}	z_{02}	…	z_{0p}
变化半径 Δ_j	Δ_1	Δ_2	…	Δ_p

在对试验因子 z_j 的水平进行编码后，研究 y 对 $z_1, z_2, \cdots, z_p$ 的回归问题就转化为研究 y 对编码值 $x_1, x_2, \cdots, x_p$ 在编码空间的回归问题. 因此在以 $z_1, z_2, \cdots, z_p$ 为坐标的因子空间中选择适当试验点的回归设计问题，就转化为在以 $x_1, x_2, \cdots, x_p$ 为坐标的因子空间(编码空间)中选择适当试验点的回归设计问题. 利用因子水平编码可以使回归设计具有正交性，大大

简化数据的分析,因此回归正交设计中对因子水平进行编码是非常必要且重要的环节.

例 6.1 为研究小麦高产栽培技术,选择影响小麦产量的 3 个主要因子:水分状况(全生育期土壤湿度占田间持水量%) $z_1(75,95)(\%)$,肥料 $z_2(18,40)(\text{kg}/666.67\ \text{m}^2)$ 和密度 z_3 $(40,65)$(万株/666.67 m^2),试验指标为 y(产量/666.67 m^2),因素水平编码计算如下:

$$z_{01}=\frac{z_{11}+z_{21}}{2}=\frac{75+95}{2}=85,\Delta_1=\frac{z_{21}-z_{11}}{2}=\frac{95-75}{2}=10$$

同理得 $z_{02}=29,\Delta_2=11;z_{03}=52.5,\Delta_3=12.5$. 进一步计算可得

$$x_{11}=\frac{z_{11}-z_{01}}{\Delta_1}=\frac{75-85}{10}=-1$$

$$x_{01}=\frac{z_{01}-z_{01}}{\Delta_1}=\frac{85-85}{10}=0$$

$$x_{21}=\frac{z_{21}-z_{01}}{\Delta_1}=\frac{95-85}{10}=1$$

同理得 $x_{12}=-1,x_{02}=0,x_{22}=1$ 和 $x_{13}=-1,x_{03}=0,x_{23}=1$,得因子水平编码表(表 6.2):

表 6.2 因子水平编码表

编码记号 x_{ij}	z_1	z_2	z_3
下水平(−1)	75	18	40
上水平(+1)	95	40	65
零水平(0)	85	29	52.5
变化半径 Δ_j	10	11	12.5

编码后 3 个因子 x_1,x_2,x_3 的上水平和下水平取值分别为"+1"和"−1",安排试验时可选用正交表 $L_8(2^7)$,并把正交表中的"1"与"2"2 个水平改为"+1"与"−1",然后把 3 个因子分别放在第 1,2,4 列上. 这时正交表中的"−1"与"+1"不仅表示因子的状态,而且还表示因子水平的取值. 把这 3 列取出就得到一张试验计划表(表 6.3),这张试验计划表显然具有正交性.

表 6.3 设计矩阵表

试验号	x_1	x_2	x_3
1	1	1	1
2	1	1	−1
3	1	−1	1
4	1	−1	−1
5	−1	1	1
6	−1	1	−1
7	−1	−1	1
8	−1	−1	−1

因此,不论是在一次回归设计还是二次回归设计中,都应先将各因子进行编码,再进行试验设计和建立试验指标 y 对编码 $x_1,x_2,\cdots,x_p$ 的回归方程.

6.2.2　一次回归正交设计的主要步骤

1.列因子水平编码表

对每个因子 z_j 的水平进行编码,列出因子水平编码表.

2.选择适当的二水平正交表

在应用二水平正交表时,需以"−1"代换表中的"2",以"+1"代换表中的"1".这种变换的目的是为了适应对因子水平进行编码的需要,代换后正交表中的"+1"和"−1"不仅表示因子水平的不同状态,而且表示了因子水平的数量的大小.表 6.4(1)(2)列举了 2 个经上述代换后所得的二水平正交表,显然,代换前后的两种正交表之间并无本质差别,故仍用原记号 $L_4(2^3)$,$L_8(2^7)$表示.

表 6.4(1)　代换后的 $L_4(2^3)$正交表

试验号	列号		
	1	2	3
1	1	1	1
2	1	−1	−1
3	−1	1	−1
4	−1	−1	1

表 6.4(2)　代换后的 $L_8(2^7)$正交表

试验号	列号						
	1	2	3	4	5	6	7
1	1	1	1	1	1	1	1
2	1	1	1	−1	−1	−1	−1
3	1	−1	−1	1	1	−1	−1
4	1	−1	−1	−1	−1	1	1
5	−1	1	−1	1	−1	1	−1
6	−1	1	−1	−1	1	−1	1
7	−1	−1	1	1	−1	−1	1
8	−1	−1	1	−1	1	1	−1

注意到在表 6.4(1)(2)中,若以 x_{ij} 表示表中第 i 行第 j 列的数值(−1 或+1),则有:

$$\sum_{i=1}^{n} x_{ij} = 0,\ j=1,2,\cdots,n$$

$$\sum_{k=1}^{n} x_{ki}x_{kj} = 0,\ i\neq j \text{ 且 } i,j=1,2,\cdots,n$$

以上两条恰好对应正交表中正交性的两条性质,即:

(1)任一列中,各水平都出现,且出现的次数相等.

(2)任意两列之间各种不同水平的所有可能组合都出现,且每对组合出现的次数相等.

因此上述两式就是正交性通过编码的体现.另外注意到交互作用列此时可以通过相应列的对应元素乘积得到,如表 6.4(2)中的第 1,2 两列的对应项乘积恰好是第 3 列,而在交互作用表中第 3 列就是第 1,2 两列的交互作用列,因此原正交表的交互作用列表也就不需要了,这一点较原正交表使用更为方便.这里也体现出了因子水平编码的优良性质.

在完成正交表的水平替换后,接下来与上一章的正交设计步骤完全一致.设计时选用哪一张二水平正交表,要根据因子的个数而定(当然与考虑的交互作用的数量也有关).正交表确定以后,进行具体设计时,首先将各因子分别安排在所选正交表相应列上,然后将每个因子的各个水平填入相应的编码值中,就得到了一次回归正交设计方案.

3.试验结果的统计分析

(1)建立回归方程,估计回归系数

如果采用二水平正交表编制一次回归正交设计,一共进行了 n 次试验,其试验结果用 y_1,y_2,…,y_n 表示,则一次回归的数学模型为:

$$\begin{cases} y_i = \beta_0 + \sum_{j=1}^{p} \beta_j x_{ij} + \varepsilon_i, i = 1,2,\cdots,n \\ \varepsilon_i \text{ i. i. d. } \sim N(0,\sigma^2) \end{cases}$$

其结构矩阵为:$X=\begin{bmatrix} 1 & x_{11} & \cdots & x_{1p} \\ 1 & x_{21} & \cdots & x_{2p} \\ \vdots & \vdots & \ddots & \vdots \\ 1 & x_{n1} & \cdots & x_{np} \end{bmatrix}$,记 $y=(y_1,y_2,\cdots,y_n)'$,$\beta=(\beta_0,\beta_1,\cdots,\beta_p)'$,$\varepsilon=(\varepsilon_1,\varepsilon_2,\cdots,\varepsilon_n)'$,则模型的矩阵形式为:$Y=X\beta+\varepsilon$.

根据最小二乘原理建立回归方程 $\hat{y} = \hat{\beta}_0 + \sum_{j}^{p} \hat{\beta}_j x_j$,由上一节的介绍可知最小二乘估计为 $\hat{\beta}=(X'X)^{-1}X'Y$.由于在一次正交回归设计中结构矩阵 X 的元素要么是+1 要么是−1,所以每列元素的平方和都为 n,考虑到上面正交性的两式,可得正规方程组的系数矩阵为对角阵:

$$A=X'X=\begin{bmatrix} n & 0 & \cdots & 0 \\ 0 & n & \cdots & 0 \\ \vdots & \vdots & \ddots & \vdots \\ 0 & 0 & \cdots & n \end{bmatrix}$$

从而:

$$C=(X'X)^{-1}=\begin{bmatrix} \frac{1}{n} & 0 & \cdots & 0 \\ 0 & \frac{1}{n} & \cdots & 0 \\ \vdots & \vdots & \ddots & \vdots \\ 0 & 0 & \cdots & \frac{1}{n} \end{bmatrix}$$

又记 $B=X'Y=(B_0,B_1,\cdots,B_p)'$，其中 $B_0=\sum_{i=1}^{n}y_i=n\bar{y}$，$B_j=\sum_{i=1}^{n}x_{ij}y_i$，$j=1,2,\cdots,p$，则回归系数的最小二乘估计为：

$$\hat{\beta}=(X'X)^{-1}X'Y=\left(\bar{y},\frac{B_1}{n},\cdots,\frac{B_p}{n}\right)'$$

即 $\hat{\beta}_0=\bar{y}$，$\hat{\beta}_j=\frac{B_j}{n}$，$j=1,2,\cdots,p$.

由于 $C=(X'X)^{-1}$ 是对角阵，所以各回归系数间不相关，这就达到了回归设计目标，在回归方程与系数的检验中可以直接剔除某些不显著变量而无须重新计算回归系数. 具体计算在后续列表进行. 这部分结果是正交性在回归设计中的具体体现.

(2)回归方程与回归系数的检验

一次回归正交设计得到的回归方程与回归系数的检验同上一节中多元线性回归方程的检验. 下面将部分重要的计算公式列出.

当 $H_0:\beta_1=\beta_2=\cdots=\beta_p=0$ 为真时，有：

$$F=\frac{SS_R/f_R}{SS_E/f_E}\sim F(p,n-p-1)$$

对给定的显著性水平 α，拒绝域为 $\{F>F_{1-\alpha}(p,n-p-1)\}$.

平方和的计算表达式可以表示为：

$$\begin{aligned} SS_E &= \sum_{i=1}^{n}(y_i-\hat{y}_i)^2=\sum_{i=1}^{n}y_i^2-\hat{\beta}_0B_0-\hat{\beta}_1B_1-\cdots-\hat{\beta}_pB_p \\ &= \sum_{i=1}^{n}y_i^2-n\bar{y}^2-\hat{\beta}_1B_1-\cdots-\hat{\beta}_pB_p \\ &= SS_T-\hat{\beta}_1B_1-\cdots-\hat{\beta}_pB_p \end{aligned}$$

注意到 $SS_R=\sum_{i=1}^{n}(\hat{y}_i-\bar{y})^2=SS_T-SS_E$，从而有 $SS_R=\hat{\beta}_1B_1+\cdots+\hat{\beta}_pB_p$.

对回归系数做显著性检验，构造 F 检验统计量为：

$$F_j=\frac{\hat{\beta}_j^2/c_{jj}}{\hat{\sigma}^2},j=1,2,\cdots,p$$

其中 c_{jj} 为矩阵 $C=(X'X)^{-1}$ 的第 $j+1$ 个对角元，在此处回归设计中即为 $c_{jj}=\frac{1}{n}$. $\hat{\sigma}^2=\frac{SS_E}{f_E}$ 为残差均方，从而分子为 $S_j=\hat{\beta}_j^2/c_{jj}=\hat{\beta}_jB_j$，称为因子 x_j 的偏回归平方和. 注意到 $SS_R=\hat{\beta}_1B_1+\cdots+\hat{\beta}_pB_p$，则有 $SS_R=S_1+\cdots+S_p$.

上述结果可综合到表 6.5 和表 6.6 中.

表 6.5　一次回归正交设计的计算表

试验号	因子					试验指标
	x_0	x_1	x_2	…	x_p	y
1	1	x_{11}	x_{12}	…	x_{1p}	y_1
2	1	x_{21}	x_{22}	…	x_{2p}	y_2
⋮	⋮	⋮	⋮	⋱	⋮	⋮
4	1	x_{n1}	x_{n2}	…	x_{np}	y_n
$B_j=\sum_{i=1}^{n}x_{ij}y_i$	B_0	B_1	B_2	…	B_p	
$\hat{\beta}_j=\frac{B_j}{n}$	$\hat{\beta}_0$	$\hat{\beta}_1$	$\hat{\beta}_2$	…	$\hat{\beta}_p$	
$S_j=\hat{\beta}_jB_j$	S_0	S_1	S_2	…	S_p	

表 6.6　一次回归正交设计的方差分析表

来源	平方和	自由度	均方	F 比	p 值
x_1	S_1	1	MS_1	$F_1=MS_1/MS_E$	$P\{F(1,n-p-1)>F_1\}$
x_2	S_2	1	MS_2	$F_2=MS_2/MS_E$	$P\{F(1,n-p-1)>F_2\}$
⋮	⋮	⋮	⋮	⋮	⋮
x_p	S_p	1	MS_p	$F_p=MS_p/MS_E$	$P\{F(1,n-p-1)>F_p\}$
回归	$SS_R=\sum_{j=1}^{p}S_j$	p	$\frac{SS_R}{p}$ (MS_R)	$F=MS_R/MS_E$	$P\{F(p,n-p-1)>F\}$
残差	$SS_E=SS_T-SS_R$	$n-p-1$	$\frac{SS_E}{n-p-1}$ (MS_E)		
总和	$SS_T=\sum_{i=1}^{n}y_i^2-S_0$	$n-1$			

6.2.3　一次回归正交设计与分析例子

例 6.2　为了探索某水稻品种在低肥力土壤条件下，最佳的氮、磷、钾施用配方，采用一次回归正交设计进行试验.用 $z_1(2,8)$，$z_2(2,10)$，$z_3(3,12)$分别代表氮、磷、钾 3 种肥料，施用单位均为 kg/666.67 m^2；试验指标是水稻产量(kg/666.67 m^2)，用 y 表示.

1.因子水平及编码

氮、磷、钾 3 种肥料的因子水平及编码见表 6.7.由公式计算各因子的零水平、变化半径及水平编码.

表 6.7 氮、磷、钾肥因子水平编码表

因子	编码	z_1(N)	z_2(P_2O_5)	z_3(K_2O)
编码记号		x_1	x_2	x_3
上水平	1	8	10	12
零水平	0	6	6	7.5
下水平	−1	4	2	3
编码半径		2	4	4.5

2. 制定试验方案

根据研究因子的个数，选择相应的二水平正交表进行试验方案设计. 本例中有 3 个因子，可选用 $L_4(2^3)$正交表，但为便于后续进一步考虑交互作用，故选用 $L_8(2^7)$正交表，经编码变换后进行试验方案设计. 设计时，将 z_1，z_2 和 z_3 变换的 x_1，x_2 和 x_3 分别置于 $L_8(2^7)$正交表的第 1，2，4 列，各列的 +1 和 −1 与相应因子的实际上、下水平对应，具体方案见表 6.8.

表 6.8 一次回归正交设计试验方案与试验结果

试验号	试验设计			试验方案			试验指标
	x_1	x_2	x_3	z_1(N)	z_2(P_2O_5)	z_3(K_2O)	y/(kg/666.67 m^2)
1	1	1	1	8.0	10.0	12.0	500.00
2	1	1	−1	8.0	10.0	3.0	467.35
3	1	−1	1	8.0	2.0	12.0	462.65
4	1	−1	−1	8.0	2.0	3.0	462.30
5	−1	1	1	4.0	10.0	12.0	463.15
6	−1	1	−1	4.0	10.0	3.0	463.50
7	−1	−1	1	4.0	2.0	12.0	460.50
8	−1	−1	−1	4.0	2.0	3.0	429.80

3. 计算结果

利用表 6.5 中的计算公式，例 6.2 的相关计算结果见表 6.9 和表 6.10.

表 6.9 例 6.2 一次回归正交设计试验结果的计算表

试验号	试验设计				试验指标
	x_0	x_1	x_2	x_3	y/(kg/666.67 m^2)
1	1	1	1	1	500.00
2	1	1	1	−1	467.35
3	1	1	−1	1	462.65
4	1	1	−1	−1	462.30
5	1	−1	1	1	463.15
6	1	−1	1	−1	463.50
7	1	−1	−1	1	460.50
8	1	−1	−1	−1	429.80

续表 6.9

试验号	试验设计				试验指标
	x_0	x_1	x_2	x_3	y/(kg/666.67 m^2)
$B_j=\sum_{i=1}^{8}x_{ij}y_i$	3709.25	75.35	78.75	63.35	
$\hat{\beta}_j=\frac{B_j}{8}$	463.656	9.419	9.844	7.919	
$S_j=\hat{\beta}_jB_j$	1719817	709.7	775.2	501.7	

表 6.10　例 6.2 一次回归正交设计试验结果的方差分析表

来源	平方和	自由度	均方	F 比	p 值
x_1	709.7	1	709.7	5.596	0.0772
x_2	775.2	1	775.2	6.112	0.0688
x_3	501.7	1	501.7	3.955	0.1176
回归	1986.6	3	662.2	5.222	0.0721
残差	507.3	4	126.8		
总和	2493.9	7			

上述计算的 R 代码及结果如下：

```
> Eg6_2Data <-data.frame(
+                 x0 = rep(1,8),
+                 x1 = rep(c(1,-1),each=4),
+                 x2 = rep(c(1,1,-1,-1),2),
+                 x3 = rep(c(1,-1),4),
+                 Y = c(500.00,467.35,462.65,462.30,463.15,463.50,460.50,429.80)
+                 )
> Eg6_2Data
   x0  x1  x2  x3       Y
1   1   1   1   1  500.00
2   1   1   1  -1  467.35
3   1   1  -1   1  462.65
4   1   1  -1  -1  462.30
5   1  -1   1   1  463.15
6   1  -1   1  -1  463.50
7   1  -1  -1   1  460.50
8   1  -1  -1  -1  429.80
> B <- t(as.matrix(Eg6_2Data[,1:4])) %*% as.matrix(Eg6_2Data$Y)
> t(B)
          x0    x1    x2    x3
[1,] 3709.25 75.35 78.75 63.35
>betaEst <- t(B)/length(Eg6_2Data$Y)
```

```
>betaEst
          x0       x1      x2       x3
[1,] 463.6562 9.41875 9.84375 7.91875
> S <- t(B) * betaEst
> S
         x0        x1        x2         x3
[1,] 1719817 709.7028 775.1953 501.6528
> aov.Eg6_2Data <-aov(Y ~ x1 + x2 + x3, data = Eg6_2Data)
> summary(aov.Eg6_2Data)
            Df  SumSq  Mean Sq  F-value Pr(>F)
x1           1  709.7   709.7   5.596   0.0772 .
x2           1  775.2   775.2   6.112   0.0688 .
x3           1  501.7   501.7   3.955   0.1176
Residuals    4  507.3   126.8
---
Signif. codes:  0 '***' 0.001 '**' 0.01 '*' 0.05 '.' 0.1 ' ' 1
```

根据上述计算结果,可得结论如下:

(1)在显著性水平 0.1 下,回归方程是显著的,回归系数 $\hat{\beta}_1$,$\hat{\beta}_2$ 显著,而系数 $\hat{\beta}_3$ 不显著.

(2)根据计算的有关数据,可得如下的回归方程.

$$\hat{y}=463.656+9.419x_1+9.844x_2$$

6.2.4 一次回归正交设计的进一步讨论

1.零水平处的失拟检验

用一次回归正交设计得到的一次回归方程简单易行,但它能否反映实际情况呢?由于试验是在各因子上水平和下水平处进行的,因此在这些边界点处拟合得较好,但是否在编码空间的内部尤其是中心位置处也能拟合得很好呢?要回答这个问题,可以通过在零水平处增加若干试验,再通过 6.1.1 中介绍的失拟检验来判断.假设在各因子都取零水平时进行了 m 次试验,其试验结果记为 $y_{01},y_{02},\cdots,y_{0m}$,其均值记为 $\bar{y}_0$,偏差平方和及其自由度记为 $S_0=\sum_{i=1}^{m}(y_{0i}-\bar{y}_0)^2$,$f_0=m-1$.

如果经过失拟检验得到的结论是在零水平处回归方程不合适,则需进一步考虑是否有交互作用存在,考虑有交互作用时的回归模型.

2.考虑交互作用时的模型

当变量间存在交互作用时,可以更一般地考虑建立含有 2 个因子间交互作用的模型,其交互作用用 2 个因子的编码值的乘积来表示,模型如下:

$$\begin{cases} y_i=\beta_0+\sum_{j=1}^{p}\beta_j x_{ij}+\sum_{j<k}\beta_{jk}x_{ij}x_{ik}+\varepsilon_i, i=1,2,\cdots,n \\ \varepsilon_i \text{ i.i.d.} \sim N(0,\sigma^2) \end{cases}$$

只要在一次回归正交设计中，试验次数 n 大于 $p+C_p^2=q$，则可将其视为多元线性回归问题，并且由正交设计性质可知，这 q 项仍然是相互正交的，因此只需在前面的设计和计算表中补充上相应的交互作用列即可，回归系数估计及平方和的计算方法与前面一致. 我们将该模型下的结构矩阵等表达式重新描述如下. 结构矩阵为：

$$X=\begin{bmatrix} 1 & x_{11} & x_{12} & \cdots & x_{1p} & x_{11}x_{12} & x_{11}x_{13} & \cdots & \cdots & x_{1(p-1)}x_{1p} \\ 1 & x_{21} & x_{22} & \cdots & x_{2p} & x_{21}x_{22} & x_{21}x_{23} & \cdots & \cdots & x_{2(p-1)}x_{2p} \\ \vdots & \vdots & \vdots & \ddots & \vdots & \vdots & \vdots & \vdots & \ddots & \vdots \\ 1 & x_{n1} & x_{n2} & \cdots & x_{np} & x_{n1}x_{n2} & x_{n1}x_{n3} & \cdots & \cdots & x_{n(p-1)}x_{np} \end{bmatrix}$$

记 $Y=(y_1,y_2,\cdots,y_n)'$，$\beta=(\beta_0,\beta_1,\cdots,\beta_p,\beta_{12},\beta_{13},\cdots,\beta_{(p-1)p})'$，$\varepsilon=(\varepsilon_1,\varepsilon_2,\cdots,\varepsilon_n)'$

由正交设计性质可知此时的结构矩阵 X 仍具有正交性，即除第 1 列的和为 n 外，其余各列的和以及任意两列的内积均为零，因而它的系数矩阵 $X'X$ 为对角阵：

$$A=X'X=\begin{bmatrix} n & & & & & & \\ & \sum_{i=1}^{p}x_{i1}^2 & & & & 0 & \\ & & \ddots & & & & \\ & & & \sum_{i=1}^{p}x_{ip}^2 & & & \\ & & & & \sum_{i=1}^{p}(x_{i1}x_{i2})^2 & & \\ & 0 & & & & \ddots & \\ & & & & & & \sum_{i=1}^{p}(x_{i(p-1)}x_{ip})^2 \end{bmatrix}$$

设 $a_1=\sum_{i=1}^{n}x_{i1}^2,\cdots,a_p=\sum_{i=1}^{n}x_{ip}^2,a_{12}=\sum_{i=1}^{n}(x_{i1}x_{i2})^2,\cdots,a_{(p-1)p}=\sum_{i=1}^{n}(x_{i(p-1)}x_{ip})^2$，由正交性知当 n 次试验中，零水平处重复 m 次时：

$$a_1=a_2=\cdots=a_p=a_{12}=a_{13}=\cdots=a_{(p-1)p}=n-m$$

即有：

$$A=X'X=\begin{bmatrix} n & 0 & \cdots & 0 \\ 0 & n-m & \cdots & 0 \\ \vdots & \vdots & \ddots & \vdots \\ 0 & 0 & \cdots & n-m \end{bmatrix}$$

相关矩阵 C 为：

$$C=(X'X)^{-1}=\begin{bmatrix} n^{-1} & 0 & \cdots & 0 \\ 0 & (n-m)^{-1} & \cdots & 0 \\ \vdots & \vdots & \ddots & \vdots \\ 0 & 0 & \cdots & (n-m)^{-1} \end{bmatrix}$$

参数β的最小二乘估计$\hat{\beta}=(X'X)^{-1}X'Y$，正交性保证了系数矩阵$X'X$及其逆矩阵$(X'X)^{-1}$为对角矩阵，计算简便，同时消除了回归系数间的相关性，故有交互作用和无交互作用的回归正交设计过程是类似的.

下面对例6.2进一步讨论.

例6.2(续) 假设对该试验的零水平处追加了部分试验，试验方案和结果见表6.11和表6.12，试考虑有3个一级交互作用z_1z_2, z_1z_3, z_2z_3时的分析.

表6.11 例6.2一次回归正交设计追加零水平处试验后的试验方案

试验号	试验设计			试验方案		
	x_1	x_2	x_3	z_1(N)	$z_2(P_2O_5)$	$z_3(K_2O)$
1	1	1	1	8.0	10.0	12.0
2	1	1	−1	8.0	10.0	3.0
3	1	−1	1	8.0	2.0	12.0
4	1	−1	−1	8.0	2.0	3.0
5	−1	1	1	4.0	10.0	12.0
6	−1	1	−1	4.0	10.0	3.0
7	−1	−1	1	4.0	2.0	12.0
8	−1	−1	−1	4.0	2.0	3.0
9	0	0	0	6.0	6.0	7.5
10	0	0	0	6.0	6.0	7.5
11	0	0	0	6.0	6.0	7.5
12	0	0	0	6.0	6.0	7.5
13	0	0	0	6.0	6.0	7.5
14	0	0	0	6.0	6.0	7.5

表6.12 例6.2一次回归正交设计追加零水平处试验后的结构矩阵与试验结果

试验号	x_0	x_1	x_2	x_3	x_1x_2	x_1x_3	x_2x_3	$y/(kg/666.67\ m^2)$
1	1	1	1	1	1	1	1	500.00
2	1	1	1	−1	1	−1	−1	467.35
3	1	1	−1	1	−1	1	−1	462.65
4	1	1	−1	−1	−1	−1	1	462.30
5	1	−1	1	1	−1	−1	1	463.15
6	1	−1	1	−1	−1	1	−1	463.50
7	1	−1	−1	1	1	−1	−1	460.50
8	1	−1	−1	−1	1	1	1	429.80
9	1	0	0	0	0	0	0	462.50
10	1	0	0	0	0	0	0	465.85
11	1	0	0	0	0	0	0	462.75
12	1	0	0	0	0	0	0	460.00
13	1	0	0	0	0	0	0	463.35
14	1	0	0	0	0	0	0	458.35

注意到上面 2 个表中,第 9 到第 14 号试验是在原来试验基础上追加的零水平试验,重复次数 $m=6$.

类似于表 6.9 和表 6.10 的计算表和方差分析表不再详细列出,读者可按照上面给出的公式自行计算.

下面给出相关计算的 R 代码.注意到 6.2.3 中的 R 代码中方差分析部分我们使用了 aov() 函数,但其中没有失拟检验输出部分,失拟检验结果根据输出的结果手工计算得出,此处我们介绍另一种实现方法,即 rsm(response surface method)包中的 rsm()函数,用于处理响应面分析(回归分析).

```
> library(rsm)
> Eg6_2CData <-data.frame(
+                       x0 = rep(1,14),
+                       x1 = c(rep(c(1,-1),each=4),rep(0,6)),
+                       x2 = c(rep(c(1,1,-1,-1),2),rep(0,6)),
+                       x3 = c(rep(c(1,-1),4),rep(0,6)),
+                        Y = c(500.00,467.35,462.65,462.30,463.15,463.50,
460.50,429.80, 462.50,465.85,462.75,460.00,463.35,458.35)
+                       )
> Eg6_2CData
   x0  x1  x2  x3     Y
1   1   1   1   1   500.00
2   1   1   1  -1   467.35
3   1   1  -1   1   462.65
4   1   1  -1  -1   462.30
5   1  -1   1   1   463.15
6   1  -1   1  -1   463.50
7   1  -1  -1   1   460.50
8   1  -1  -1  -1   429.80
9   1   0   0   0   462.50
10  1   0   0   0   465.85
11  1   0   0   0   462.75
12  1   0   0   0   460.00
13  1   0   0   0   463.35
14  1   0   0   0   458.35
> rsm.Eg6_2CData <-rsm(Y ~ FO(x1,x2,x3) + TWI(x1,x2,x3), data=Eg6_2CData)
> summary(rsm.Eg6_2CData)
Call:
rsm(formula = Y ~ FO(x1, x2, x3) + TWI(x1, x2, x3), data = Eg6_2CData)
                 Estimate Std. Error   t-value    Pr(>|t|)
(Intercept)    463.00357   2.35666   196.4658 2.336e-14 ***
x1               9.41875    3.11757   3.0212   0.01935 *
x2               9.84375    3.11757   3.1575   0.01598 *
x3               7.91875    3.11757   2.5400   0.03866 *
x1:x2           0.75625    3.11757   0.2426   0.81529
x1:x3           0.33125    3.11757   0.1063   0.91836
```

```
x2:x3          0.15625     3.11757   0.0501    0.96143
---
Signif. codes:  0 '***' 0.001 '**' 0.01 '*' 0.05 '.' 0.1 ' ' 1
Multiple R-squared:  0.7854,     Adjusted R-squared:  0.6015
F-statistic:  4.27 on 6 and 7 DF,   p-value: 0.03939
Analysis of Variance Table
Response: Y
                  Df  Sum Sq  Mean Sq  F-value   Pr(>F)
FO(x1, x2, x3)     3 1986.55  662.18    8.5164  0.009798
TWI(x1, x2, x3)    3    5.65    1.88    0.0242  0.994432
Residuals          7  544.28   77.75
Lack of fit        2  509.60  254.80  36.7433  0.001024
Pure error         5   34.67    6.93
Stationary point of response surface:
       x1         x2         x3
-15.52370  -17.76975  12.13472
Eigenanalysis:
eigen() decomposition
$values
[1]  0.44550909 -0.05645688 -0.38905221
$vectors
          [,1]       [,2]       [,3]
x1 0.6776538  -0.1321626  0.7234075
x2 0.6389856  -0.3810740  -0.6681916
x3 0.3639817   0.9150495  -0.1737862
```

rsm()函数生成的结果通过 summary(rsm.Eg6_2CData)函数输出后包括 3 部分,第 1 部分是线性回归函数的参数估计、t 检验、方差分析等内容,根据输出结果可以看到,在 0.05 显著性水平下 x_1,x_2,x_3 的系数都是显著的,但所有交互项都不显著. 第 2 部分是回归模型的方差分析表(analysis of variance table),将其整理成表 6.13.

表 6.13 例 6.2 一次回归正交设计试验追加零水平试验后结果的方差分析表

来源	平方和	自由度	均方	F 比	p 值
一次项(FO)	1986.55	3	662.18	8.5164	0.009798
交互项(TWI)	5.65	3	1.88	0.0242	0.994432
误差	544.28	7	77.75		
失拟(Lf)	509.60	2	254.80	36.7433	0.001024
纯误差	34.67	5	6.93		
总和	2536.48	13			

从上表可以看出,一次项(x_1,x_2,x_3)对应的 p 值 0.009798 是显著的,而交互项不显著,与第 1 部分的结论一致. 另外,失拟部分对应的 p 值为 0.001024,高度显著,说明线性模型在整

个试验空间内的拟合度不是很好，因此应考虑建立二次回归方程，这需要在因子空间中增加一些试验点，这是下一节要研究的问题.

summary(rsm.Eg6_2CData)函数输出结果的第 3 部分是响应面的驻点(stationary point of response surface)及特征根分析. 该点的特征根分析(eigenanalysis)结果中，若特征根值(values)均小于 0，则说明驻点为最大值；若均大于 0，说明驻点为最小值；若同时存在大于 0 和小于 0 的值，则给出的驻点为鞍点. 本例中给出的驻点为鞍点.

由第 2 部分的检验结果看到，交互项在模型中并不显著，因此需要改进模型，这里先直接将其剔除后再进行回归，对应代码中将输入的模型参数去掉 TWI(x_1, x_2, x_3)项，如下所示：

```
> rsmFO.Eg6_2CData <-rsm(Y ~ FO(x1,x2,x3), data = Eg6_2CData)
> summary(rsmFO.Eg6_2CData)
Call:
rsm(formula = Y ~ FO(x1, x2, x3), data = Eg6_2CData)

             Estimate  Std.Error   t-value  Pr(>|t|)
(Intercept)  463.0036    1.9819   233.6125  < 2.2e-16 ***
x1             9.4188    2.6218     3.5924  0.004909 **
x2             9.8438    2.6218     3.7545  0.003756 **
x3             7.9188    2.6218     3.0203  0.012889 *
---
Signif. codes:  0 '***' 0.001 '**' 0.01 '*' 0.05 '.' 0.1 ' ' 1

Multiple R-squared:  0.7832,    Adjusted R-squared:  0.7182
F-statistic: 12.04 on 3 and 10 DF,  p-value: 0.001174

Analysis of Variance Table

Response: Y
               Df  Sum Sq  Mean Sq  F-value   Pr(>F)
FO(x1, x2, x3)  3  1986.55  662.18  12.041  0.001174
Residuals      10  549.93    54.99
Lack of fit     5  515.25   103.05  14.860  0.005061
Pure error      5  34.67      6.93

Direction of steepest ascent (at radius 1):
       x1        x2        x3
0.5977071 0.6246773 0.5025182

Corresponding increment in original units:
       x1        x2        x3
0.5977071 0.6246773 0.5025182
```

上述结果表明，一次回归模型显著，说明所建立的三元一次回归方程有一定意义，但失拟检验的 p 值为 0.005061，仍远小于 0.05，表明该模型的拟合度仍然不好，还需进一步考虑建立其他模型，如二次回归方程.

另外，上述 R 输出结果出现了“Direction of steepest ascent (at radius 1)”，这表示“快速登高”的方向，所谓快速登高，是指目标函数(回归函数)的单位化梯度方向向量，即为改进最优结果进一步试验的因子取值方向. 假设目标函数为 $\hat{y}(x)=\hat{\beta}_0+\sum\limits_{j}^{p}\hat{\beta}_j x_j$，其中 $x=(x_1,x_2,\cdots,x_p)'$ 为编码空间中的点，其梯度向量为：

$$Grad=\left(\frac{\partial \hat{y}(x)}{\partial x_1},\frac{\partial \hat{y}(x)}{\partial x_2},\cdots,\frac{\partial \hat{y}(x)}{\partial x_p}\right)'=(\hat{\beta}_1,\hat{\beta}_2,\cdots,\hat{\beta}_p)'$$

快速登高方向即为单位化的梯度向量：

$$r=\frac{1}{\|Grad\|}Grad=\frac{1}{\sqrt{\sum\limits_{j=1}^{p}\hat{\beta}_j^2}}(\hat{\beta}_1,\hat{\beta}_2,\cdots,\hat{\beta}_p)'$$

限于篇幅，快速登高法的具体试验安排这里不再详述.

6.3　二次回归正交设计

当使用一次回归正交设计时，如果发现拟合程度不理想(即失拟检验显著)，就说明该设计不合适，需要考虑二次回归设计. 很多试验研究的重点是寻找最优工艺参数、最佳配比组合或最适研究条件等，其试验多数为二次或更高次反应，因而研究二次回归设计方法十分有必要.

6.3.1　二次回归中心组合设计

建立二次回归方程的回归设计，最常用的方法之一是中心组合设计(central composite design，CCD)，它可以在一次回归正交设计的基础上直接补充若干试验点得到.

统计学家 Box 等于 20 世纪 50 年代提出“中心组合设计”方案，所谓“中心组合设计”，就是在试验因子(自变量)的编码空间中选择几类不同特点(即分别处于不同球面上)的试验点，适当组合而形成试验方案. 由于组合设计可选择多种类型的点，而且有些类型点的数目(试验处理数)又可适当调节，所以组合设计可以调节试验次数 n，进而使设计方案满足各种良好的性质，比全面试验灵活且更为科学实用.

中心组合设计试验点的类型如下所示.

(1)二水平全因子(1/2 或 1/4 实施)试验点

若试验因子为 p 个，每个因子的 2 个水平分别取 +1 或 −1，二水平全因子试验点的个数记为 m_c，则 $m_c=2^p$；若根据二水平正交表配置部分实施试验点时，1/2 实施试验点的个数 $m_c=2^{p-1}$，1/4 实施试验点的个数 $m_c=2^{p-2}$.

(2)星号点

星号点即因子坐标轴上的点，也称为轴点. 取与坐标原点(中心点)的距离都为 γ 的点，即这些点只有 1 个坐标(自变量)取 γ 或 $-\gamma$，而其余坐标都取零. 这些点在坐标图中通常都用星号标出，故称星号点. 其中 γ 称为轴臂或星号臂，是待定参数，可根据试验设计的要求(正交性或旋转性)来确定. 这些点的个数为 $2p$，记为 $m_\gamma=2p$.

(3)中心点

中心点即原点(基准点)，各因子水平都取零的点，本试验点可做一次，也可重复多次，其次数记为 m_0. 通过设置 m_0，使试验误差的准确估计成为可能，同样也可以使设计方案满足相应的优良性质.

上述3种类型试验点个数的总和,就是中心组合设计的总试验点(处理)数 n,即:

$$n=m_c+2p+m_0$$

例如,$p=2$ 时,二因子(x_1 与 x_2)二次回归正交组合设计,由9个试验点组成,如图6.2所示,其试验点处理组合如表6.14所示.

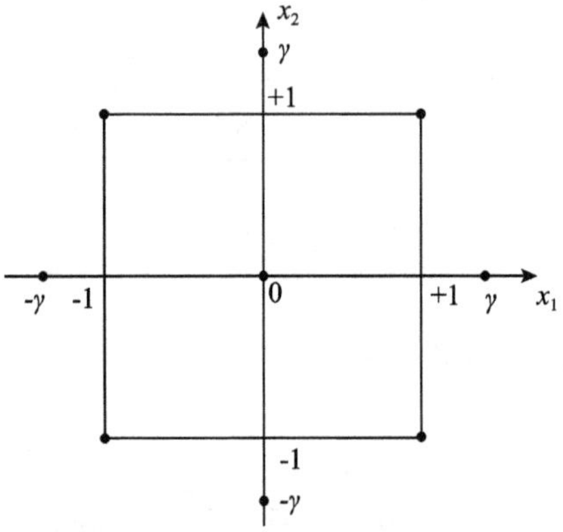

图6.2 二因子二次回归正交组合设计试验点示意图

表6.14 二元二次回归正交组合设计水平组合表

处理号	x_1	x_2	说明
1	1	1	m_c:二水平(+1和−1)的全因子试验点 $2^2=4$
2	1	−1	
3	−1	1	
4	−1	−1	
5	$+\gamma$	0	m_γ:分布在 x_1 和 x_2 坐标轴上星号位置的试验点 $2\times2=4$
6	$-\gamma$	0	
7	0	$+\gamma$	
8	0	$-\gamma$	
9	0	0	m_0:x_1 和 x_2 均取零水平所组成的中心试验点

二因子(x_1,x_2)二次回归正交组合设计的结构矩阵如表6.15所示.

表6.15 二元二次回归正交组合设计的结构矩阵

处理号	x_0	x_1	x_2	x_1x_2	$x_{11}(x_1^2)$	$x_{22}(x_2^2)$
1	1	1	1	1	1	1
2	1	1	−1	−1	1	1
3	1	−1	1	−1	1	1
4	1	−1	−1	1	1	1

续表 6.15

处理号	x_0	x_1	x_2	x_1x_2	$x_{11}(x_1^2)$	$x_{22}(x_2^2)$
5	1	$+\gamma$	0	0	γ^2	0
6	1	$-\gamma$	0	0	γ^2	0
7	1	0	$+\gamma$	0	0	γ^2
8	1	0	$-\gamma$	0	0	γ^2
9	1	0	0	0	0	0

当 $p=3$ 时，三因子(x_1, x_2, x_3)二次回归正交组合设计由 15 个试验点组成，如图 6.3 所示. 三元二次回归正交设计水平组合表如表 6.16 所示，三因子二次回归组合设计的结构矩阵如表 6.17 所示.

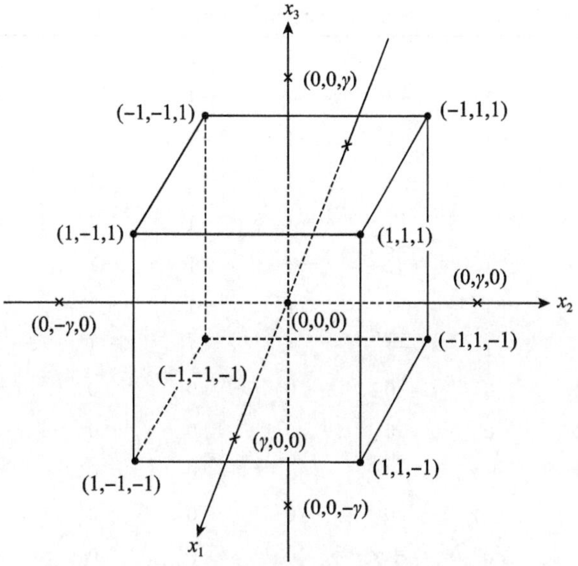

图 6.3　三因子二次回归正交组合设计试验点示意图

表 6.16　三元二次回归正交组合设计水平组合表

处理号	x_1	x_2	x_3	说明
1	1	1	1	
2	1	1	-1	
3	1	-1	1	
4	1	-1	-1	这 8 个点组成二水平($+1$ 和 -1)的
5	-1	1	1	全因子试验 $2^3=8$
6	-1	1	-1	
7	-1	-1	1	
8	-1	-1	-1	

续表 6.16

处理号	x_1	x_2	x_3	说明
9	$+\gamma$	0	0	这 6 个点分布在 x_1、x_2、x_3 轴上的星号位置
10	$-\gamma$	0	0	
11	0	$+\gamma$	0	
12	0	$-\gamma$	0	
13	0	0	$+\gamma$	
14	0	0	$-\gamma$	
15	0	0	0	由 x_1、x_2、x_3 的零水平所组成的中心试验点

表 6.17　三因子二次回归正交组合设计的结构矩阵

处理号	x_0	x_1	x_2	x_3	x_1x_2	x_1x_3	x_2x_3	x_1^2	x_2^2	x_3^2
1	1	1	1	1	1	1	1	1	1	1
2	1	1	1	−1	1	−1	−1	1	1	1
3	1	1	−1	1	−1	1	−1	1	1	1
4	1	1	−1	−1	−1	−1	1	1	1	1
5	1	−1	1	1	−1	−1	1	1	1	1
6	1	−1	1	−1	−1	1	−1	1	1	1
7	1	−1	−1	1	1	−1	−1	1	1	1
8	1	−1	−1	−1	1	1	1	1	1	1
9	1	$+\gamma$	0	0	0	0	0	γ^2	0	0
10	1	$-\gamma$	0	0	0	0	0	γ^2	0	0
11	1	0	$+\gamma$	0	0	0	0	0	γ^2	0
12	1	0	$-\gamma$	0	0	0	0	0	γ^2	0
13	1	0	0	$+\gamma$	0	0	0	0	0	γ^2
14	1	0	0	$-\gamma$	0	0	0	0	0	γ^2
15	1	0	0	0	0	0	0	0	0	0

可以看出,中心组合设计具有以下优点：

(1)试验点在因子空间中的分布较均匀.

(2)便于在一次回归的基础上实施.若一次回归不显著,可以在原有的 m_c 个(二水平全面试验的或部分实施的)试验点基础上,补充一些中心点与星号点试验,即可求得二次回归方程.

6.3.2　二次回归中心组合设计正交性的实现

当有 p 个试验因子时,二次回归方程的一般形式为：

$$\mu(x_1,\cdots,x_p)=\beta_0+\sum_{j=1}^{p}\beta_j x_j+\sum_{j<k}\beta_{jk}x_j x_k+\sum_{j=1}^{p}\beta_{jj}x_j^2$$

上式共有 q 个回归系数需要估计,其中 $q=1+p+C_p^2+p=1+2p+\frac{p(p-1)}{2}=C_{p+2}^2$.因

此，要获得 p 个自变量的二次回归方程，试验次数 n 应不小于 q. 而为了计算二次回归方程的系数，每个变量应取不少于 3 个水平，因此所要做的试验次数是比较多的. 例如，对 4 个变量来说，3 个水平全因子试验次数是 $3^4=81$ 次，它比 4 个变量的二次回归的回归系数 $C_{4+2}^2=15$ 要大 4 倍以上，这样，剩余的自由度就大多了，因此以三水平的全因子试验作为二次回归设计的基础是不合适的，表 6.18 为 p ($p=2\sim6$) 个因子(自变量)时三水平全面试验的试验次数(处理数) $n=3^p$ 时剩余平方和的自由度，可见，大多数三水平全面试验中，试验处理数和剩余自由度太大.

表 6.18　全面试验与中心组合设计的剩余自由度

因子数 p	q	三水平全面试验		中心组合设计		1/2 实施	
		n	$f_{剩}$	n	$f_{剩}$	n	$f_{剩}$
2	6	9	3	9	3		
3	10	27	17	15	5		
4	15	81	66	25	10		
5	21	243	222	43	22	27	6
6	28	729	701	77	49	45	17

一方面，为了使回归方程比较可信，要想获得 p 个自变量的二次回归方程，试验处理数 n 不能太小，至少应该大于 q，才能使得剩余平方和的自由度不至于太小；另一方面，为了使试验在实际操作中经济可行，总试验次数 n 又不能太大. 因此，采用中心组合设计可解决这一矛盾.

从一次回归正交设计中看到，如果回归设计具有正交性，则其数据分析非常方便. 如何让二次回归中心组合设计也具有正交性，是接下来要考虑的问题. 由表 6.15 和表 6.17 的结构矩阵可见，在加入中心点与轴点后，一次项 $x_1, x_2, \cdots, x_p$ 与乘积项(交互项) x_jx_k ($j\neq k$) 并没有失去正交性，即：

$$\sum_{i=1}^{n} x_{ij} = 0, \sum_{i=1}^{n} x_{ij}x_{ik} = 0, j,k = 1,2,\cdots,p; j \neq k$$

而二次项($x_1^2, x_2^2, \cdots, x_p^2$) 则失去了正交性，即二次项各列的和不为零，任意两列内积也不为零：

$$\begin{cases} \sum_{i=1}^{n} x_{ij}^2 = m_c + 2\gamma^2 \neq 0 \\ \sum_{i=1}^{n} x_{i0}x_{ij}^2 = m_c + 2\gamma^2 \neq 0 \\ \sum_{i=1}^{n} x_{ij}^2 x_{ik}^2 = m_c \neq 0 \end{cases}$$

(1)为了获得正交性，首先利用对平方项 $x_1^2, x_2^2, \cdots, x_p^2$ 进行中心化变换的方法来消除 x_0 与 x_j^2 的相关性. 即用变量 x'_{aj} 来代替 x_{aj}^2. 其中：

$$x'_{ij} = x_{ij}^2 - \frac{1}{n}\sum_{i=1}^{n} x_{ij}^2 = x_{ij}^2 - \frac{1}{n}(m_c + 2\gamma^2)$$

这样变换后的 $x'_1,x'_2,\cdots,x'_p$ 项与 x_0 项正交，即 $\sum_{i=1}^{n} x_{i0}x'_{ij}=0$

(2)取适当的轴臂参数 γ，使变换后的 $x'_1,x'_2,\cdots,x'_p$ 项之间正交，即：

$$\sum_{i=1}^{n} x'_{ij}x'_{ik}=0,j,k=1,2,\cdots,p;j\neq k$$

整理得：

$$m_c-\frac{1}{n}(m_c+2\gamma^2)^2=0$$

即

$$\gamma^4+m_c\gamma^2-\frac{m_c}{2}(m+\frac{m_0}{2})=0$$

由于 $\gamma>0$，所以为了达到正交性，使上式成立，只须：

$$\gamma=\sqrt{\frac{-m_c+\sqrt{m_c^2+2m_c(m+m_0/2)}}{2}}$$

当试验因子数 p 和零水平重复次数 m_0 确定时，通过上式计算出来的 γ 值就可以保证 x'_1，$x'_2,\cdots,x'_p$ 之间的正交性. 为了设计时使用方便，由上式算得的一些常用 γ 值列于表 6.19 供使用者查询.

表 6.19　二次回归正交组合设计常用 γ 值表

m_0	因子数 p							
	2	3	4	5 (1/2 实施)	5	6 (1/2 实施)	6	7 (1/2 实施)
1	1.00000	1.21541	1.41421	1.54671	1.59601	1.72443	1.76064	1.88488
2	1.07809	1.28719	1.48258	1.60717	1.66183	1.78419	1.82402	1.94347
3	1.14744	1.35313	1.54671	1.66443	1.72443	1.84139	1.88488	2.00000
4	1.21000	1.41421	1.60717	1.71885	1.78419	1.89629	1.94347	2.05464
5	1.26710	1.47119	1.66443	1.77074	1.84139	1.94910	2.00000	2.10754
6	1.31972	1.52465	1.71885	1.82036	1.89629	2.00000	2.05464	2.15884
7	1.36857	1.57504	1.77074	1.86792	1.94910	2.04915	2.10754	2.20866
8	1.41421	1.62273	1.82036	1.91361	2.00000	2.09668	2.15884	2.25709
9	1.45709	1.66803	1.86792	1.95759	2.04915	2.14272	2.20866	2.30424
10	1.49755	1.71120	1.91361	2.00000	2.09668	2.18728	2.25709	2.35018
11	1.53587	1.75245	1.95759	2.04096	2.14272	2.23073	2.30424	2.39498

例如，$p=2$ 时，$m_c=2^p=4$，$m_\gamma=2p=4$，在 $m_0=1$ 的情形下，$n=m_c+m_\gamma+m_0=9$. 由表 6.19 可查得 $\gamma=1$，在此需要对所有平方项进行中心化变换，即：

$$x'_{ij}=x_{ij}^2-\frac{1}{n}(m_c+2\gamma^2)=x_{ij}^2-\frac{1}{9}(4+2\times1^2)=x_{ij}^2-\frac{2}{3}$$

变换后即有 $\sum_{i=1}^{n} x'_{ij} = 0$.

通过上述步骤实现了结构矩阵的正交性.从而可以得出经中心化变换后的二元二次回归正交组合设计的结构矩阵如表 6.20 所示,类似地可以得出三元二次回归正交组合设计的结构矩阵($m_0=1$)如表 6.21 所示.

表 6.20　二元二次回归正交组合设计的结构矩阵(变换后)

处理号	x_0	x_1	x_2	x_1x_2	x'_1	x'_2
1	1	1	1	1	0.333	0.333
2	1	1	−1	−1	0.333	0.333
3	1	−1	1	−1	0.333	0.333
4	1	−1	−1	1	0.333	0.333
5	1	1	0	0	0.333	−0.667
6	1	−1	0	0	0.333	−0.667
7	1	0	1	0	−0.667	0.333
8	1	0	−1	0	−0.667	0.333
9	1	0	0	0	−0.667	−0.667

表 6.21　三元二次回归正交组合设计的结构矩阵(变换后)

处理号	x_0	x_1	x_2	x_3	x_1x_2	x_1x_3	x_2x_3	x'_1	x'_2	x'_3
1	1	1	1	1	1	1	1	0.27	0.27	0.27
2	1	1	1	−1	1	−1	−1	0.27	0.27	0.27
3	1	1	−1	1	−1	1	−1	0.27	0.27	0.27
4	1	1	−1	−1	−1	−1	1	0.27	0.27	0.27
5	1	−1	1	1	−1	−1	1	0.27	0.27	0.27
6	1	−1	1	−1	−1	1	−1	0.27	0.27	0.27
7	1	−1	−1	1	1	−1	−1	0.27	0.27	0.27
8	1	−1	−1	−1	1	1	1	0.27	0.27	0.27
9	1	1.215	0	0	0	0	0	0.746	−0.73	−0.73
10	1	−1.215	0	0	0	0	0	0.746	−0.73	−0.73
11	1	0	1.215	0	0	0	0	−0.73	0.746	−0.73
12	1	0	−1.215	0	0	0	0	−0.73	0.746	−0.73
13	1	0	0	1.215	0	0	0	−0.73	−0.73	0.746
14	1	0	0	−1.215	0	0	0	−0.73	−0.73	0.746
15	1	0	0	0	0	0	0	−0.73	−0.73	−0.73

在二次回归设计具备了正交性之后,后续的数据分析过程与一次回归正交设计类似.

6.3.3 二次回归正交组合设计的一般步骤

根据因子数 p 和中心点试验次数 m_0，由表 6.19 可查得 γ，在确定试验因子的基础上拟定第 j 个因子的上下水平 z_{2j} 和 z_{1j}，计算两者平均值，即零水平 z_{0j}. 则因子 z_j 的编码间距 $\Delta_j=\frac{z_{2j}-z_{1j}}{\gamma}$. 对每个因子 z_j 的各个水平进行编码 $x_{ij}=\frac{z_{ij}-z_{0j}}{\Delta_j}$，得到如下因子水平编码表（表 6.22）.

表 6.22 因子水平编码表

因子	z_1	z_2	…	z_p
编码记号	x_1	x_2	…	x_p
$+\gamma$	z_{21}	z_{22}	…	z_{2p}
$+1$	$z_{01}+\Delta_1$	$z_{02}+\Delta_2$	…	$z_{0p}+\Delta_p$
0	z_{01}	z_{02}	…	z_{0p}
-1	$z_{01}-\Delta_1$	$z_{02}-\Delta_2$	…	$z_{0p}-\Delta_p$
$-\gamma$	z_{11}	z_{12}	…	z_{1p}
编码间隔	Δ_1	Δ_2		Δ_p

根据试验因子的个数，选择适当的二水平正交表，加上 m_γ 个星号点和 m_0 个中心点的试验，即完成试验设计方案.

6.3.4 二次回归正交组合设计试验结果的统计分析

如果试验中有 p 个因子，采用二次回归正交组合设计共有 n 个试验数据，其试验结果以 $y_1,y_2,\cdots,y_n$ 表示，则二次回归的数学模型为：

$$y_i=\beta_0+\sum_{j=1}^{p}\beta_j x_{ij}+\sum_{j<k}\beta_{jk}x_{ij}x_{ik}+\sum_{j=1}^{p}\beta_{jj}x_{ij}^2+\varepsilon_i,\ i=1,2,\cdots,n$$

当对平方项进行中心化变换，消除平方项与常数项的相关性后，模型变为：

$$y_i=\beta'_0+\sum_{j=1}^{p}\beta_j x_{ij}+\sum_{j<k}\beta_{jk}x_{ij}x_{ik}+\sum_{j=1}^{p}\beta_{jj}x'_{ij}+\varepsilon_i,\ i=1,2,\cdots,n$$

结构矩阵如表 6.23 所示.

表 6.23 二次回归正交组合设计结构矩阵

试验号	x_0	x_1	…	x_p	x_1x_2	…	$x_{p-1}x_p$	x'_1	…	x'_p	y_i
1	1	x_{11}		x_{1p}	$x_{11}x_{12}$		$x_{1(p-1)}x_{1p}$	x'_{11}		x'_{1p}	y_1
2	1	x_{21}		x_{2p}	$x_{21}x_{22}$		$x_{2(p-1)}x_{2p}$	x'_{21}		x'_{2p}	y_2
⋮	⋮	⋮	⋮	⋮	⋮	⋮	⋮	⋮	⋮	⋮	⋮
⋮	⋮	⋮	⋮	⋮	⋮	⋮	⋮	⋮	⋮	⋮	⋮
n	1	x_{n1}		x_{np}	$x_{n1}x_{n2}$		$x_{n(p-1)}x_{np}$	x'_{n1}		x'_{np}	y_n

利用最小二乘法求得回归系数，对回归方程和回归系数进行检验，对于检验不显著的回归系数可以直接去掉，不影响其他回归系数，这正是正交性所带来的优良性质. 平方和并入剩余平方和，并对回归方程进行检验. 若在零水平有重复试验，还可以进行失拟检验，方法与解释同前.

6.3.5 二次回归正交组合设计例子

例 6.3 某食品加香试验，考虑 3 个因子，即香精用量 z_1、着香时间 z_2、着香温度 z_3，试进行二次回归正交组合设计，并进行统计分析.

(1)确定 γ、m_c 及 m_0.

根据本试验目的和要求，确定 $m_c=2^p=2^3=8$，$m_0=1$，查表 6.19 得 $\gamma=1.215$.

(2)确定因子的上、下水平和变化间距，对因子进行编码.

根据经验和以往的研究，确定 3 个因子的取值区间分别是 $z_1[6,18]$、$z_2[8,24]$、$z_3[22,48]$，计算各因子的零水平和编码间隔为：$z_{01}=12$，$z_{02}=16$，$z_{03}=35$；$\Delta_1=4.94$，$\Delta_2=6.58$，$\Delta_3=10.70$，得三因子二次正交组合设计水平取值及编码如表 6.24 所示.

表 6.24 三因子二次正交组合设计水平取值及编码表

因子	z_1/(mL/kg 物料)	z_2/h	z_3/℃
编码记号	x_1	x_2	x_3
$+\gamma$	18	24	48
+1	16.94	22.58	45.7
0	12	16	35
−1	7.06	9.42	24.3
$-\gamma$	6	8	22
Δ_j	4.94	6.58	10.70

(3)三因子二次回归正交组合设计方案如表 6.25 所示.

表 6.25 三因子二次回归正交组合设计及试验方案

试验号	试验设计			试验方案		
	x_1	x_2	x_3	香精用量/(mL/kg 物料)	着香时间/h	着香温度/℃
1	1	1	1	16.94	22.6	45.7
2	1	1	−1	16.94	22.6	24.3
3	1	−1	1	16.94	9.4	45.7
4	1	−1	−1	16.94	9.4	24.3
5	−1	1	1	7.06	22.6	45.7
6	−1	1	−1	7.06	22.6	24.3
7	−1	−1	1	7.06	9.4	45.7
8	−1	−1	−1	7.06	9.4	24.3

续表 6.25

试验号	试验设计			试验方案		
	x_1	x_2	x_3	香精用量/(mL/kg 物料)	着香时间/h	着香温度/℃
9	1.215	0	0	18	16	35
10	−1.215	0	0	6	16	35
11	0	1.215	0	12	24	35
12	0	−1.215	0	12	8	35
13	0	0	1.215	12	16	48
14	0	0	−1.215	12	16	22
15	0	0	0	12	16	35

(4)试验结果的统计分析.

实施试验,记录试验结果.根据三元二次回归正交组合设计的要求,将各自变量的编码填入相应的结构矩阵中(表 6.26),$x'_{ij}=x_{ij}^2-\frac{1}{15}(8+2\times1.215^2)$,$i=1,2,\cdots15$,并进行统计分析.

表 6.26　例 6.3 三元二次回归正交组合设计结构矩阵

试验号	x_0	x_1	x_2	x_3	x_1x_2	x_1x_3	x_2x_3	x'_1	x'_2	x'_3	结果(y_i)
1	1	1	1	1	1	1	1	0.27	0.27	0.27	2.32
2	1	1	1	−1	1	−1	−1	0.27	0.27	0.27	1.25
3	1	1	−1	1	−1	1	−1	0.27	0.27	0.27	1.93
4	1	1	−1	−1	−1	−1	1	0.27	0.27	0.27	2.13
5	1	−1	1	1	−1	−1	1	0.27	0.27	0.27	5.85
6	1	−1	1	−1	−1	1	−1	0.27	0.27	0.27	0.17
7	1	−1	−1	1	1	−1	−1	0.27	0.27	0.27	0.80
8	1	−1	−1	−1	1	1	1	0.27	0.27	0.27	0.56
9	1	1.215	0	0	0	0	0	0.746	−0.73	−0.73	1.60
10	1	−1.215	0	0	0	0	0	0.746	−0.73	−0.73	0.56
11	1	0	1.215	0	0	0	0	−0.73	0.746	−0.73	5.54
12	1	0	−1.215	0	0	0	0	−0.73	0.746	−0.73	3.89
13	1	0	0	1.215	0	0	0	−0.73	−0.73	0.746	3.57
14	1	0	0	−1.215	0	0	0	−0.73	−0.73	0.746	2.52
15	1	0	0	0	0	0	0	−0.73	−0.73	−0.73	5.80

利用上述数据建立三元二次回归方程并进行相应的假设检验.

$$\hat{y}=\beta_0+\beta_1x_1+\beta_2x_2+\beta_3x_3+\beta_{12}x_1x_2+\beta_{13}x_1x_3+\beta_{23}x_2x_3+\beta_{11}x'_1+\beta_{22}x'_2+\beta_{33}x'_3$$

下面利用 R 中 rsm 包中的 rsm()函数进行计算.

```
> library(rsm)
```

```
> gamma <- 1.215
> Eg6_3Data <-data.frame(
+                x0 = rep(1,15),
+                x1 = c(rep(c(1, - 1),each = 4),c(gamma, - gamma),rep(0,5)),
+                x2 = c(rep(c(1,1, - 1, - 1),2),rep(0,2),c(gamma, - gamma),rep(0,3)),
+                x3 = c(rep(c(1, - 1),4),rep(0,4),c(gamma, - gamma),rep(0,1)),
Y = c(2.32,1.25,1.93,2.13,5.85,0.17,0.80,0.56,1.60,0.56,5.54,
3.89,3.57,2.52,5.80)
+                )
> Eg6_3Data
   x0     x1     x2     x3    Y
1   1  1.000  1.000  1.000 2.32
2   1  1.000  1.000 -1.000 1.25
3   1  1.000 -1.000  1.000 1.93
4   1  1.000 -1.000 -1.000 2.13
5   1 -1.000  1.000  1.000 5.85
6   1 -1.000  1.000 -1.000 0.17
7   1 -1.000 -1.000  1.000 0.80
8   1 -1.000 -1.000 -1.000 0.56
9   1  1.215  0.000  0.000 1.60
10  1 -1.215  0.000  0.000 0.56
11  1  0.000  1.215  0.000 5.54
12  1  0.000 -1.215  0.000 3.89
13  1  0.000  0.000  1.215 3.57
14  1  0.000  0.000 -1.215 2.52
15  1  0.000  0.000  0.000 5.80
>TranXsq <- PQ(Eg6_3Data $ x1,Eg6_3Data $ x2,Eg6_3Data $ x3) - mean(Eg6_3Data $ x1^2)
> Eg6_3CData <-data.frame(
+                x0 = rep(1,15),
+                x1 = c(rep(c(1, - 1),each = 4),c(gamma, - gamma),rep(0,5)),
+                x2 = c(rep(c(1,1, - 1, - 1),2),rep(0,2),c(gamma, - gamma),rep(0,3)),
+                x3 = c(rep(c(1, - 1),4),rep(0,4),c(gamma, - gamma),rep(0,1)),
+                Txsq1 = TranXsq[,1],
+                Txsq2 = TranXsq[,2],
+                Txsq3 = TranXsq[,3],
+                    Y = c(2.32,1.25,1.93,2.13,5.85,0.17,0.80,0.56,1.60,0.56,5.54,
3.89,3.57,2.52,5.80)
+                )
> Eg6_3CData
  x0     x1     x2     x3     Txsq1     Txsq2     Txsq3    Y
1  1  1.000  1.000  1.000 0.2698367 0.2698367 0.2698367 2.32
2  1  1.000  1.000 -1.000 0.2698367 0.2698367 0.2698367 1.25
3  1  1.000 -1.000  1.000 0.2698367 0.2698367 0.2698367 1.93
4  1  1.000 -1.000 -1.000 0.2698367 0.2698367 0.2698367 2.13
5  1 -1.000  1.000  1.000 0.2698367 0.2698367 0.2698367 5.85
6  1 -1.000  1.000 -1.000 0.2698367 0.2698367 0.2698367 0.17
7  1 -1.000 -1.000  1.000 0.2698367 0.2698367 0.2698367 0.80
```

```
8   1  -1.000  -1.000  -1.000   0.2698367   0.2698367   0.2698367  0.56
9   1   1.215   0.000   0.000   0.7460617  -0.7301633  -0.7301633  1.60
10  1  -1.215   0.000   0.000   0.7460617  -0.7301633  -0.7301633  0.56
11  1   0.000   1.215   0.000  -0.7301633   0.7460617  -0.7301633  5.54
12  1   0.000  -1.215   0.000  -0.7301633   0.7460617  -0.7301633  3.89
13  1   0.000   0.000   1.215  -0.7301633  -0.7301633   0.7460617  3.57
14  1   0.000   0.000  -1.215  -0.7301633  -0.7301633   0.7460617  2.52
15  1   0.000   0.000   0.000  -0.7301633  -0.7301633  -0.7301633  5.80
>
> rsm.Eg6_3CData <-rsm(Y ~ SO(x1,x2,x3) - PQ(x1,x2,x3) + Txsq1 + Txsq2 + Txsq3, data = Eg6_3CData)
> summary(rsm.Eg6_3CData)

Call:
rsm(formula = Y ~ SO(x1, x2, x3) - PQ(x1, x2, x3) + Txsq1 + Txsq2 +
    Txsq3, data = Eg6_3CData)

             Estimate Std. Error  t-value  Pr(>|t|)
(Intercept)   2.56600    0.25330  10.1304 0.0001606 ***
x1            0.13820    0.29643   0.4662 0.6606728
x2            0.56378    0.29643   1.9019 0.1155818
x3            0.73643    0.29643   2.4843 0.0555445 .
x1:x2        -0.64375    0.34684  -1.8560 0.1225946
x1:x3        -0.63125    0.34684  -1.8200 0.1284106
x2:x3         0.83875    0.34684   2.4182 0.0602477 .
Txsq1        -2.27064    0.46975  -4.8337 0.0047409 **
Txsq2         0.19173    0.46975   0.4081 0.7000552
Txsq3        -0.93954    0.46975  -2.0001 0.1019276
---
Signif. codes:  0 '***' 0.001 '**' 0.01 '*' 0.05 '.' 0.1 ' ' 1

Multiple R-squared:  0.9093,    Adjusted R-squared:  0.7462
F-statistic: 5.573 on 9 and 5 DF,  p-value: 0.03653

Analysis of Variance Table

Response: Y
                Df  Sum Sq  Mean Sq  F-value    Pr(>F)
FO(x1, x2, x3)   3  9.6303   3.2101   3.3355  0.113835
TWI(x1, x2, x3)  3 12.1311   4.0437   4.2017  0.078130
Txsq1            1 22.4964  22.4964  23.3754  0.004736
Txsq2            1  0.1593   0.1593   0.1655  0.700977
Txsq3            1  3.8499   3.8499   4.0004  0.101928
Residuals        5  4.8120   0.9624
Lack of fit      5  4.8120   0.9624      NaN       NaN
Pure error       0  0.0000      NaN

Stationary point of response surface:
         x1           x2           x3
1.163820472 -0.002112343  0.221080729
```

```
Eigenanalysis:
eigen() decomposition
 $ values
[1]  0.7068564 -0.2873713 -0.4194852

 $ vectors
           [,1]       [,2]         [,3]
x1  0.5377009 0.8427672 -0.02492354
x2 -0.5976771 0.3601456 -0.71629413
x3 -0.5946931 0.4000482  0.69735324
```

根据上述结果,整理得回归系数及检验结果如表 6.27 所示.

表 6.27　例 6.3 回归系数及检验

编码记号	估计值	标准误	t	p 值
截距	2.5660	0.2533	10.1304	0.0002
x_1	0.1382	0.2964	0.4662	0.6607
x_2	0.5638	0.2964	1.9019	0.1156
x_3	0.7364	0.2964	2.4843	0.0556
x_1x_2	−0.6438	0.3468	−1.8560	0.1226
x_1x_3	−0.6313	0.3468	−1.8200	0.1284
x_2x_3	0.8388	0.3468	2.4182	0.0602
x'_1	−2.2706	0.4698	−4.8337	0.0047
x'_2	0.1917	0.4698	0.4081	0.7000
x'_3	−0.9395	0.4698	−2.0001	0.1019

经过以上运算,可以初步建立多元回归方程:

$$\hat{y}=2.5660+0.1382x_1+0.5638x_2+0.7364x_3-0.6438x_1x_2$$
$$-0.6313x_1x_3+0.8388x_2x_3-2.2706x'_1+0.1917x'_2-0.9395x'_3$$

将 $x'_j=x_j^2-\frac{1}{15}(8+2\times1.215^2)=x_j^2-0.7301$ 代入方程得:

$$\hat{y}=4.7697+0.1382x_1+0.5638x_2+0.7364x_3-0.6438x_1x_2$$
$$-0.6313x_1x_3+0.8388x_2x_3-2.2706x_1^2+0.1917x_2^2-0.9395x_3^2$$

方差分析表根据上述结果整理如表 6.28 所示:

表 6.28　例 6.3 二次回归正交组合设计试验的方差分析表

来源	平方和	自由度	均方	F 比	p 值
一次项(FO)	9.6303	3	3.2101	3.3355	0.1138
交互项(TWI)	12.1311	3	4.0437	4.2017	0.0781
x_1^2(中心化)	22.4964	1	22.4964	23.3754	0.0047

续表 6.28

来源	平方和	自由度	均方	F 比	p 值
x_2^2(中心化)	0.1593	1	0.1593	0.1655	0.7010
x_3^2(中心化)	3.8499	1	3.8499	4.0004	0.1019
模型(以上项和)	48.2670	9	5.3630	5.5725	0.0365
误差	4.8120	5	0.9624		
失拟(Lf)	4.8120	5	0.9624		
纯误差	0	0	0		
总和	53.0790	14			

从上表可以看出,模型整体对应的 p 值为 0.0365,在 0.05 水平上是显著的,说明该加香试验与所选因子之间存在显著的回归关系,试验设计方案是合理的,选用二次正交回归组合设计也是恰当的.由于中心点处只进行了 1 次试验,没有重复试验,因此不能分解出纯误差项对应的平方和,所以无法进行失拟检验.

另外从回归系数检验表(表 6.27)中还可以看到,除 x_1 和 x_2' 对应的系数极不显著外,其余各项因子基本达到显著或极显著,说明香料用量、着香时间、着香温度与食品的加香有显著或极显著关系.

有时候试验的效果并不是都这么显著,即达到显著的因子没有这么多.这是由于生物、农业和食品加工等领域试验影响因素的多样性和不确定性.在回归正交试验设计的分析检验中,显著性程度可根据实际情况考虑,一般可要求某因素的显著水平达到 0.25.也就是说当某因素的显著水平达到 0.25 时,一般不要盲目将其淘汰.

因为在回归正交试验中,第一次方差分析往往因为剩余平方和自由度偏小而影响了检验的精确度.并且由于回归正交试验计划具有的正交性,保证了试验因素的列与列之间没有交互作用(即没有相关性)存在,因此我们可以将未达到 0.25 以上显著水平的因子(或者交互作用)剔除,将其平方和和自由度并入剩余项,进行第二次方差分析,以提高检验的精确度.在 R 代码的模型中去掉 x_1 和 x_2' 项即可.

```
> rsm2.Eg6_3CData <-rsm(Y ~ FO(x2,x3) + TWI(x1,x2,x3) + Txsq1 + Txsq3, data = Eg6_3CData)
> summary(rsm2.Eg6_3CData)

Call:
rsm(formula = Y ~ FO(x2, x3) + TWI(x1, x2, x3) + Txsq1 + Txsq3,
    data = Eg6_3CData)

                 Estimate Std.   Error    t-value   Pr(>|t|)
 (Intercept)       2.56600     0.22214    11.5511   8.209e-06 ***
 x2                0.56378     0.25997     2.1686   0.0667517 .
 x3                0.73643     0.25997     2.8328   0.0253055 *
 x1:x2            -0.64375     0.30418    -2.1163   0.0721107 .
 x1:x3            -0.63125     0.30418    -2.0752   0.0766216 .
```

```
 x2:x3               0.83875      0.30418     2.7574   0.0282015 *
 Txsq1              -2.27051      0.41197    -5.5113   0.0008957 ***
 Txsq3              -0.93941      0.41197    -2.2803   0.0566122 .
---
Signif. codes: 0 '***' 0.001 '**' 0.01 '*' 0.05 '.' 0.1 ' ' 1

Multiple R-squared:  0.9024,     Adjusted R-squared:  0.8048
F-statistic: 9.244 on 7 and 7 DF,  p-value: 0.004447

Analysis of Variance Table

Response: Y
                    Df    SumSq    Mean Sq   F-value    Pr(>F)
FO(x2, x3)           2    9.4211    4.7105    6.3638    0.0266126
TWI(x1, x2, x3)      3   12.1311    4.0437    5.4629    0.0298916
Txsq1                1   22.4964   22.4964   30.3918    0.0008943
Txsq3                1    3.8489    3.8489    5.1997    0.0566122
Residuals            7    5.1815    0.7402
Lack of fit          4    2.4593    0.6148    0.6775    0.6519178
Pure error           3    2.7222    0.9074
Stationary point of response surface:
       x2          x3
-0.8780130 -0.6721645

Eigenanalysis:
eigen() decomposition
$values
[1]  0.419375 -0.419375

$vectors
        [,1]       [,2]
x2 0.7071068 -0.7071068
x3 0.7071068  0.7071068
```

根据上述结果，再次整理得回归系数及检验结果如表 6.29 所示.

表 6.29 例 6.3 回归系数及检验（剔除不显著变量后）

编码记号	估计值	标准误	t	p 值
截距	2.5660	0.2221	11.5511	8.209e−06
x_2	0.5638	0.2600	2.1686	0.0668
x_3	0.7364	0.2600	2.8328	0.0253
x_1x_2	−0.6438	0.3042	−2.1163	0.0721
x_1x_3	−0.6313	0.3042	−2.0752	0.0766
x_2x_3	0.8388	0.3042	2.7574	0.0282
x'_1	−2.2705	0.4120	−5.5113	0.0009
x'_3	−0.9394	0.4120	−2.2803	0.0566

经过以上运算，可以建立多元回归方程：

$$\hat{y}=2.5660+0.5638x_2+0.7364x_3-0.6438x_1x_2-0.6313x_1x_3+0.8388x_2x_3-2.2705x'_1-0.9394x'_3$$

将 $x'_j=x_j^2-\frac{1}{15}(8+2\times1.215^2)=x_j^2-0.7301$ 代入方程得：

$$\hat{y}=4.9097+0.5638x_2+0.7364x_3-0.6438x_1x_2-0.6313x_1x_3+0.8388x_2x_3-2.2705x_1^2-0.9394x_3^2$$

注意到上述结果就是在第一次回归结果的基础上直接删掉了 x_1 和 x'_2 项，这正是正交性所保证的，在这里也得到了验证.

方差分析表根据上述结果整理如表 6.30 所示.

表 6.30　例 6.3 二次回归正交组合设计试验的方差分析表(剔除不显著变量后)

来源	平方和	自由度	均方	F 比	p 值
一次项(FO)	9.4211	2	4.7105	6.3638	0.0266
交互项(TWI)	12.1311	3	4.0437	5.4629	0.0299
x_1^2(中心化)	22.4964	1	22.4964	30.3918	0.0009
x_3^2(中心化)	3.8489	1	3.8489	5.1997	0.0566
模型(以上项和)	47.8975	7	6.8425	9.2441	0.0044
误差	5.1815	7	0.7402		
失拟(Lf)	2.4593	4	0.6148	0.6775	0.6519
纯误差	2.7222	3	0.9074		
总和	53.0790	14			

从表 6.30 可以看出，模型整体对应的 p 值为 0.0044，在 0.05 水平上高度显著，另外各子项(一次项、交互项等)的显著程度都比第一次回归提升了很多. 同时注意到失拟检验对应的 p 值为 0.6519，说明接受该二次模型的假设. 综上所述，该结果表明在原模型中剔除掉 x_1 和 x'_2 项是合理的，该加香试验与所选因子(自变量)之间存在显著的回归关系，试验设计方案合理，选用二次正交回归组合设计也是恰当的.

最后，还可以通过图形分析响应曲面试验数据，用 R 自带基础安装包 graphics 中的两个函数 contour()和 persp()可以分别绘制等高线图和响应曲面图. 这两个函数的具体使用方法读者可利用 R 帮助文档查询. 下面给出上面例子的图形绘制代码及结果(图 6.4)：

```
> par(mfrow = c(2,3))
> contour(rsm2.Eg6_3CData,x1~x2,at = xs(rsm2.Eg6_3CData))
> contour(rsm2.Eg6_3CData,x1~x3,at = xs(rsm2.Eg6_3CData))
> contour(rsm2.Eg6_3CData,x2~x3,at = xs(rsm2.Eg6_3CData))
> persp(rsm2.Eg6_3CData,x1~x2,at = xs(rsm2.Eg6_3CData))
> persp(rsm2.Eg6_3CData,x1~x3,at = xs(rsm2.Eg6_3CData),contours = list(z = "bottom"))
> persp(rsm2.Eg6_3CData,x2~x3,at = xs(rsm2.Eg6_3CData),contours = list(z = "top"))
```

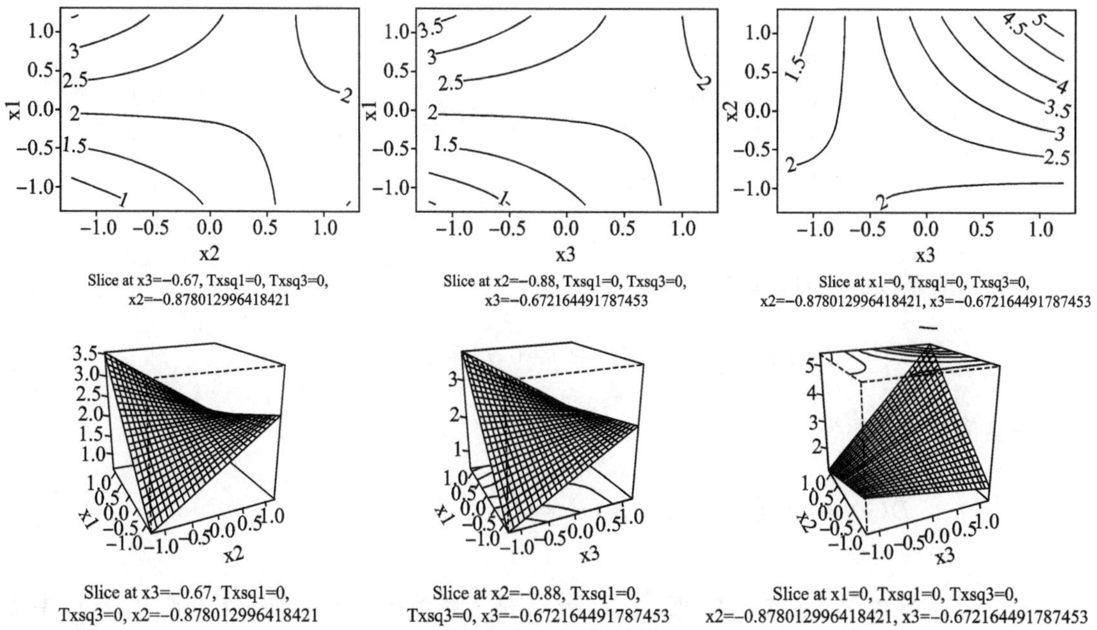

图 6.4　例 6.3 回归曲面的等高线图和响应曲面图

6.4　二次回归设计的旋转性和通用性

上一节介绍了二次回归正交组合设计，通过参数 γ 和 m_0 等的设置可使二次回归中心组合设计具有正交性，使得回归方程的回归系数估计之间互不相关，从而在计算和分析方面非常方便. 这在计算机不发达的年代非常吸引人，在今天的信息时代，计算机能帮助人们快速完成大量的计算工作，因此除了正交性之外，人们也关心其他一些优良设计性质的实现，这些性质包括旋转性(rotatability)和通用性(uniform).

6.4.1　二次回归正交旋转设计

旋转性是指与试验中心距离相等的点上的预测值的方差相等. 旋转性能使预测值的方差在因子空间各向同性，减少了试验误差的干扰，是一个非常值得关注的优良性质. 利用具有旋转性的回归方程进行预测时，对于同一球面上的点可直接比较其预测值的好坏，从而找出预测值的较优区域.

一次回归正交设计是具有旋转性的. 上一节中我们给出了一次回归正交设计所求得的回归方程为：

$$\hat{y}=\hat{\beta}_0+\hat{\beta}_1 x_1+\hat{\beta}_2 x_2+\cdots+\hat{\beta}_p x_p$$

回归系数的最小二乘估计为 $\hat{\beta}=(X'X)^{-1}X'Y$，其中信息矩阵和相关矩阵分别为：

$$A=X'X=\begin{bmatrix} n & 0 & \cdots & 0 \\ 0 & n & \cdots & 0 \\ \vdots & \vdots & \ddots & \vdots \\ 0 & 0 & \cdots & n \end{bmatrix} \quad 和 \quad C=(X'X)^{-1}=\begin{bmatrix} \frac{1}{n} & 0 & \cdots & 0 \\ 0 & \frac{1}{n} & \cdots & 0 \\ \vdots & \vdots & \ddots & \vdots \\ 0 & 0 & \cdots & \frac{1}{n} \end{bmatrix}$$

从而回归系数估计的方差和协方差为：

$$D(\hat{\beta}_j)=\frac{1}{n}\sigma^2, Cov(\hat{\beta}_i,\hat{\beta}_j)=0, i,j=1,2,\cdots,p; i\neq j$$

预测值 $\hat{y}$ 的方差为：

$$D(\hat{y}) = D(\hat{\beta}_0) + \sum_{j=1}^{p} D(\hat{\beta}_j) x_j^2 = \frac{\sigma^2}{n}(1 + \sum_{j=1}^{p} x_j^2) = \frac{\sigma^2}{n}(1+\rho^2)$$

其中 σ^2 为随机误差 ε 的方差，而 $\sum_{j=1}^{p} x_j^2 = \rho^2$ 是 p 维编码空间中的一个球心在原点，半径为 ρ 的球面. 上式表明，位于同一球面上的点的预测值 $\hat{y}$ 的方差是相等的，这个性质就是旋转性.

二次回归中心组合设计要具有旋转性和正交性，可以通过设置参数 γ 和 m_0 的值来完成. 这里我们只给出相应的设计参数表供读者了解和查询，不再讨论其理论结果(表 6.31).

表 6.31　二次正交旋转组合设计的参数表

方案号	因子数 p	γ	m_c	m_γ	m_0	n	正交性
1	2	1.414	4	4	8	16	正交
2	3	1.682	8	6	9	23	几乎正交
3	4	2.000	16	8	12	36	正交
4	5	2.378	32	10	17	59	几乎正交
5	6	2.828	64	12	24	100	正交
6	7	3.364	128	14	35	177	几乎正交
7	8	4.000	256	16	52	324	正交
8	5(1/2 实施)	2.000	16	10	10	36	正交
9	6(1/2 实施)	2.378	32	12	15	59	几乎正交
10	7(1/2 实施)	2.828	64	14	22	100	正交
11	8(1/2 实施)	3.364	128	16	33	177	正交
12	8(1/4 实施)	2.828	64	16	20	100	正交

6.4.2　二次回归通用旋转组合设计

二次回归旋转组合设计具有同一球面上各试验点的预测值 $\hat{y}$ 的方差相等的优点，但它还存在不同半径球面上各试验点的预测值 $\hat{y}$ 的方差不等的缺点. 为了解决这一问题，人们提出了旋转设计的通用性问题. 所谓“通用性”,就是试验除了仍保持其旋转性外,还具有在因子空间编码值区间 $0<\rho<1$ 的范围内,其预测值 $\hat{y}$ 的方差基本相等的性质,即同时具有旋转性与通用性. 这种设计称为通用旋转组合设计.

通用旋转组合设计同样可以通过设置参数 γ 和 m_0 的值来实现. 下面我们也给出相应的设计参数表供读者了解和查询(表 6.32).

表 6.32　二次通用旋转组合设计参数表

方案号	因子数 p	γ	m_c	m_γ	m_0	n
1	2	1.414	4	4	5	13
2	3	1.682	8	6	6	20
3	4	2.000	16	8	7	31
4	5(1/2 实施)	2.000	16	10	6	32
5	6(1/2 实施)	2.378	32	12	9	53
6	7(1/2 实施)	2.828	64	14	14	92
7	8(1/2 实施)	3.364	128	16	21	165
8	8(1/4 实施)	2.828	64	16	13	93

一般来说,若中心组合设计能同时满足两个性质要优于只满足一个性质,所以安排试验时通常多考虑采用二次回归正交旋转设计或二次回归通用旋转设计. 下面我们看一个二次回归通用旋转设计的例子.

例 6.4　鸡肉乳酸发酵试验,对鸡肉乳酸发酵的产酸条件进行优化试验,确定四个因素盐浓度 z_1(%)、糖浓度 z_2(%)、发酵温度 z_3(℃)和发酵时间 z_4(h)进行试验,取值范围是:z_1[4,8]、z_2[2,6]、z_3[25,37]和 z_4[32,48],试验指标为含酸量 y (α/%). 采用四元二次回归通用旋转组合设计试验寻求最优发酵条件.

此问题中因子个数 $p=4$,查二次通用旋转组合设计参数表 6.32 有:

$$\gamma=2, m_c=16, m_\gamma=8, m_0=7$$

因此试验次数 $n=31$,试验因子及水平编码见表 6.33.

表 6.33　例 6.4 四元二次回归通用旋转组合设计因子水平表

编码	盐浓度 z_1/%	糖浓度 z_2/%	发酵温度 z_3/℃	发酵时间 z_4/h
上星号臂(+2)	8	6	37	48
上水平(+1)	7	5	34	44
零水平(0)	6	4	31	40
下水平(−1)	5	3	28	36
下星号臂(−2)	4	2	25	32
编码间隔 Δ_j	1	1	3	4

编制试验方案,进行试验并记录试验结果,如表 6.34 所示.

表 6.34 例 6.4 四元二次回归通用旋转组合设计方案及试验结果

处理号	x_1	x_2	x_3	x_4	含酸量 $y(\alpha)$/%
1	1(7)	1(5)	1(34)	1(44)	0.654
2	1	1	1	−1(36)	0.433
3	1	1	−1(28)	1	0.538
4	1	1	−1	−1	0.321
5	1	−1(3)	1	1	0.314
6	1	−1	1	−1	0.279
7	1	−1	−1	1	0.295
8	1	−1	−1	−1	0.242
9	−1(5)	1	1	1	0.779
10	−1	1	1	−1	0.594
11	−1	1	−1	1	0.710
12	−1	1	−1	−1	0.529
13	−1	−1	1	1	0.481
14	−1	−1	1	−1	0.307
15	−1	−1	−1	1	0.328
16	−1	−1	−1	−1	0.291
17	2(8)	0(4)	0(31)	0(40)	0.125
18	−2(4)	0	0	0	0.648
19	0(6)	2(6)	0	0	0.785
20	0	−2(2)	0	0	0.213
21	0	0	2(37)	0	0.429
22	0	0	−2(25)	0	0.198
23	0	0	0	2(48)	0.842
24	0	0	0	−2(32)	0.486
25	0	0	0	0	0.797
26	0	0	0	0	0.709
27	0	0	0	0	0.759
28	0	0	0	0	0.694
29	0	0	0	0	0.728
30	0	0	0	0	0.738
31	0	0	0	0	0.746

下面利用 R 代码进行相关的计算及分析.

```
> gamma <- 2
> Eg6_4Data <-data.frame(
+         x0 = rep(1,31),
+         x1 = c(rep(c(1,-1),each=8),c(gamma, -gamma),rep(0,13)),
```

```
+        x2 = c(rep(rep(c(1, - 1),each = 4),2),rep(0,2),c(gamma, - gamma),rep(0,11)),
+        x3 = c(rep(rep(c(1, - 1),each = 2),4),rep(0,4),c(gamma, - gamma),rep(0,9)),
+        x4 = c(rep(c(1, - 1),8),rep(0,6),c(gamma, - gamma),rep(0,7)),
+         Y = c(0.654,0.433,0.538,0.321,0.314,0.279,0.295,0.242,
+              0.779,0.594,0.710,0.529,0.481,0.307,0.328,0.291,
+              0.125,0.648,0.785,0.213,0.429,0.198,0.842,0.486,
+              0.797,0.709,0.759,0.694,0.728,0.738,0.746)
+              )
> Eg6_4Data
x0  x1  x2  x3  x4   Y
1   1   1   1   1   1  0.654
2   1   1   1   1  -1  0.433
3   1   1   1  -1   1  0.538
4   1   1   1  -1  -1  0.321
5   1   1  -1   1   1  0.314
6   1   1  -1   1  -1  0.279
7   1   1  -1  -1   1  0.295
8   1   1  -1  -1  -1  0.242
9   1  -1   1   1   1  0.779
10  1  -1   1   1  -1  0.594
11  1  -1   1  -1   1  0.710
12  1  -1   1  -1  -1  0.529
13  1  -1  -1   1   1  0.481
14  1  -1  -1   1  -1  0.307
15  1  -1  -1  -1   1  0.328
16  1  -1  -1  -1  -1  0.291
17  1   2   0   0   0  0.125
18  1  -2   0   0   0  0.648
19  1   0   2   0   0  0.785
20  1   0  -2   0   0  0.213
21  1   0   0   2   0  0.429
22  1   0   0  -2   0  0.198
23  1   0   0   0   2  0.842
24  1   0   0   0  -2  0.486
25  1   0   0   0   0  0.797
26  1   0   0   0   0  0.709
27  1   0   0   0   0  0.759
28  1   0   0   0   0  0.694
29  1   0   0   0   0  0.728
30  1   0   0   0   0  0.738
31  1   0   0   0   0  0.746
>
> rsm.Eg6_4Data <-rsm(Y ~ SO(x1,x2,x3,x4), data = Eg6_4Data)
> summary(rsm.Eg6_4Data)

Call:
rsm(formula = Y ~ SO(x1, x2, x3, x4), data = Eg6_4Data)

              Estimate Std.    Error       t-value    Pr(>|t|)
(Intercept)    0.7387143      0.0215151    34.3348    < 2.2e-16 ***
```

```
x1          -0.0828750   0.0116195   -7.1324   2.378e-06 ***
x2           0.1318750   0.0116195   11.3495   4.593e-09 ***
x3           0.0437083   0.0116195    3.7617   0.001705 **
x4           0.0756250   0.0116195    6.5085   7.211e-06 ***
x1:x2       -0.0243125   0.0142309   -1.7084   0.106879
x1:x3       -0.0011875   0.0142309   -0.0834   0.934533
x1:x4       -0.0031875   0.0142309   -0.2240   0.825604
x2:x3        0.0085625   0.0142309    0.6017   0.555814
x2:x4        0.0315625   0.0142309    2.2179   0.041384 *
x3:x4        0.0079375   0.0142309    0.5578   0.584724
x1^2        -0.0917723   0.0106449   -8.6213   2.074e-07 ***
x2^2        -0.0636473   0.0106449   -5.9791   1.927e-05 ***
x3^2        -0.1100223   0.0106449  -10.3357   1.732e-08 ***
x4^2        -0.0223973   0.0106449   -2.1040   0.051541 .
---
Signif. codes:  0 '***' 0.001 '**' 0.01 '*' 0.05 '.' 0.1 ' ' 1

Multiple R-squared:  0.9638,    Adjusted R-squared:  0.9322
F-statistic: 30.46 on 14 and 16 DF,  p-value: 7.22e-09

Analysis of Variance Table

Response: Y
                    Df  Sum Sq    Mean Sq    F-value   Pr(>F)
FO(x1, x2, x3, x4)   4  0.76533   0.191333   59.0483   2.229e-09
TWI(x1, x2, x3, x4)  6  0.02776   0.004627    1.4280   0.26432
PQ(x1, x2, x3, x4)   4  0.58874   0.147185   45.4235   1.538e-08
Residuals           16  0.05184   0.003240
Lack of fit         10  0.04499   0.004499    3.9349   0.05363
Pure error           6  0.00686   0.001143


Stationary point of response surface:
       x1         x2         x3         x4
-0.776800   2.012470   0.397722   3.232006

Eigenanalysis:
eigen() decomposition
$values
[1] -0.01636081 -0.06448561 -0.09648972 -0.11050315

$vectors
          [,1]         [,2]         [,3]         [,4]
x1   0.07454481   0.36583781   0.92725689   0.02829182
x2  -0.33688747  -0.86339802   0.36503123   0.08833403
x3  -0.05557300  -0.05606139   0.05695242  -0.99525132
x4  -0.93694266   0.34287561  -0.06085460   0.02952100
```

根据上述结果,整理得回归系数及检验结果如表 6.35 所示.

表 6.35 例 6.4 回归系数参数估计及其显著性检验

编码记号	估计值	标准误	t	p 值
截距	0.7387	0.0215	34.3348	< 2.2e−16
x_1	−0.0829	0.0116	−7.1324	2.378e−06
x_2	0.1319	0.0116	11.3495	4.593e−09
x_3	0.0437	0.0116	3.7617	0.0017
x_4	0.0756	0.0116	6.5085	7.211e−06
x_1x_2	−0.0243	0.0142	−1.7084	0.1069
x_1x_3	−0.0012	0.0142	−0.0834	0.9345
x_1x_4	−0.0032	0.0142	−0.2240	0.8256
x_2x_3	0.0086	0.0142	0.6017	0.5558
x_2x_4	0.0316	0.0142	2.2179	0.0414
x_3x_4	0.0079	0.0142	0.5578	0.5847
x_1^2	−0.0918	0.0106	−8.6213	2.074e−07
x_2^2	−0.0636	0.0106	−5.9791	1.927e−05
x_3^2	−0.1100	0.0106	−10.3357	1.732e−08
x_4^2	−0.0224	0.0106	−2.1040	0.0515

根据上表的回归系数估计及其显著性检验结果,将极不显著的系数从回归方程中剔除,如 x_1x_3,x_1x_4,x_2x_3,x_3x_4,从而得到含酸量与各因素间的回归方程为:

$$\hat{y}=0.7387-0.0829x_1+0.1319x_2+0.0437x_3+0.0756x_4-0.0918x_1^2$$
$$-0.0243x_1x_2-0.0636x_2^2-0.1100x_3^2+0.0316x_2x_4-0.0224x_4^2$$

方差分析结果整理如表 6.36 所示.

表 6.36 例 6.4 二次回归通用旋转设计试验的方差分析表

来源	平方和	自由度	均方	F 比	p 值
一次项(FO)	0.7653	4	0.1913	59.0483	2.229e−09
交互项(TWI)	0.0278	6	0.0046	1.4280	0.26432
纯二次项(PQ)	0.5887	4	0.1472	45.4235	1.538e−08
模型(以上项和)	1.3818	14	0.0987	30.8438	6.572e−09
误差	0.0518	16	0.0032		
失拟(Lf)	0.0450	10	0.0045	3.9349	0.0536
纯误差	0.0069	6	0.0011		
总和	53.0790	30			

从上表可以看出,模型整体对应的 p 值为 6.572e−09,高度显著,另外各子项(一次项、交互项、纯二次项)中只有交互项整体不是很显著,这也与上面回归系数的检验结果基本一致.同时注意到失拟检验对应的 p 值为 0.0536,在 0.05 显著性水平上可以接受该二次模型的假设.

但注意到该 p 值与 0.05 较为接近，也可以考虑可能还有未加控制的因素对 y 有影响，或者该二次模型仍然不能充分描述自变量与因变量之间的关系，尽管方差分析表明回归方程高度显著，也需要进一步研究探讨该模型，如探寻影响 y 的其他因素等问题.

另外，上面的输出结果中还有驻点(−0.776800,2.012470,0.397722,3.232006)，其对应的特征根值全为负，从而说明这是一个最大值点，可以据此推断出试验空间中的最优水平组合.

6.4.3 二次回归中心组合设计方案的 R 实现

R 语言中，中心组合设计方案可以通过 R 函数给出，如 rsm 包中的 ccd()，ccd.pick()，cube()，star()等函数. 下面我们简单介绍 ccd()函数和 ccd.pick()函数及其应用.

ccd()函数的一般用法如下：

```
ccd(basis, generators, blocks = "Block", n0 = 4, alpha = "orthogonal", wbreps = 1, bbreps = 1,
randomize = TRUE, inscribed = FALSE, coding, oneblock = FALSE)
```

其中部分重要参数的意义如下.

basis：因子个数，取整数.

n0：中心试验点的个数，及各因子水平都取 0 时重复的试验次数，该值由试验者决定，其大小影响结果的稳定性.

alpha：其取值为数字或字符串. 若为数字，则表示星号点(γ)的位置. 也可以通过字符串定义为“orthogonal”“rotatable”“spherical”“faces”，以使中心组合试验设计具有正交性或旋转性，其值默认为“rotatable”.

在 rsm 包中，可以利用函数 ccd.pick()列出可能的中心组合设计方案，其用法如下：

```
ccd.pick(k, n.c = 2^k, n0.c = 1:10, blks.c = 1, n0.s = 1:10, bbr.c = 1,
wbr.s = 1, bbr.s = 1, best = 10, sortby = c("agreement", "N"),
         restrict)
```

对 ccd.pick()函数，最重要的参数是 k，即试验因子的个数，如 3 个因子的中心组合设计方案情况如下：

```
>ccd.pick(3)
   n.c  n0.c  blks.c  n.s  n0.s  bbr.c  wbr.s  bbr.s  N   alpha.rot  alpha.orth
1  8    9     1       6    6     1      1      1      29  1.681793   1.680336
2  8    2     1       6    1     1      1      1      17  1.681793   1.673320
3  8    6     1       6    4     1      1      1      24  1.681793   1.690309
4  8    5     1       6    3     1      1      1      22  1.681793   1.664101
5  8    10    1       6    7     1      1      1      31  1.681793   1.699673
6  8    8     1       6    5     1      1      1      27  1.681793   1.658312
7  8    3     1       6    2     1      1      1      19  1.681793   1.705606
8  8    7     1       6    5     1      1      1      26  1.681793   1.712698
9  8    4     1       6    2     1      1      1      20  1.681793   1.632993
10 8    4     1       6    3     1      1      1      21  1.681793   1.732051
```

上面输出结果的第一行中，主要参数的意义如下.

n.c:立方试验点数(共 2^k 个).

n0.c:中心试验点数.

blks.c:区组数.

n.c:星号点数.

N:总试验次数.

alpha.rot 和 alpha.orth:分别指具有旋转性或正交性的星号臂长度(γ).

要具体设计上述输出结果中的某一种,则可以使用 ccd()函数,如:

```
>ccd(y ~ x1 + x2 + x3, n0 = c(4,2), alpha = "rotatable", randomize = FALSE)
     run.order  std.order  x1.as.is   x2.as.is   x3.as.is   y   Block
1        1          1     -1.000000  -1.000000  -1.000000  NA    1
2        2          2      1.000000  -1.000000  -1.000000  NA    1
3        3          3     -1.000000   1.000000  -1.000000  NA    1
4        4          4      1.000000   1.000000  -1.000000  NA    1
5        5          5     -1.000000  -1.000000   1.000000  NA    1
6        6          6      1.000000  -1.000000   1.000000  NA    1
7        7          7     -1.000000   1.000000   1.000000  NA    1
8        8          8      1.000000   1.000000   1.000000  NA    1
9        9          9      0.000000   0.000000   0.000000  NA    1
10       10         10     0.000000   0.000000   0.000000  NA    1
11       11         11     0.000000   0.000000   0.000000  NA    1
12       12         12     0.000000   0.000000   0.000000  NA    1
13       1          1     -1.681793   0.000000   0.000000  NA    2
14       2          2      1.681793   0.000000   0.000000  NA    2
15       3          3      0.000000  -1.681793   0.000000  NA    2
16       4          4      0.000000   1.681793   0.000000  NA    2
17       5          5      0.000000   0.000000  -1.681793  NA    2
18       6          6      0.000000   0.000000   1.681793  NA    2
19       7          7      0.000000   0.000000   0.000000  NA    2
20       8          8      0.000000   0.000000   0.000000  NA    2
Data are stored in coded form using these coding formulas ...
x1 ~ x1.as.is
x2 ~ x2.as.is
x3 ~ x3.as.is
```

上面输出结果中 y(因变量)所对应的列在试验方案中以初始化值 NA 的形式出现,后续有了试验结果后进行替换添加,从而进行进一步分析.上面介绍的函数中可设置的参数非常丰富,读者可根据实际需要查看其帮助文档.

6.5 Box-Behnken 设计

中心组合设计是广泛应用于拟合二次回归模型的设计方法之一,除此之外,还有一些设计方法,如 Box-Behnken 设计(Box-Behnken design,BBD)也在各领域经常使用.Box 和 Behnken 于 20 世纪 60 年代提出了一种拟合响应曲面的二阶三水平设计,由 2^k 析因设计与不完全区组设计组合而成,所得到的设计具有旋转性或近似旋转性.这种设计的另外一个优点是,它是球形设计,即所有试验点都在半径为 $2^{1/2}$ 的球面上,也就是正方体各棱的中点再加上中心点.

表 6.37 展示了一种三因子的 Box-Behnken 设计方案.

表 6.37 三因子 Box-Behnken 设计方案

试验号	x_1	x_2	x_3
1	−1	−1	0
2	−1	1	0
3	1	−1	0
4	1	1	0
5	−1	0	−1
6	−1	0	1
7	1	0	−1
8	1	0	1
9	0	−1	−1
10	0	−1	1
11	0	1	−1
12	0	1	1
13	0	0	0
14	0	0	0
15	0	0	0

三因子 Box-Behnken 设计方案的试验点在因子编码空间的几何示意图如图 6.5 所示：

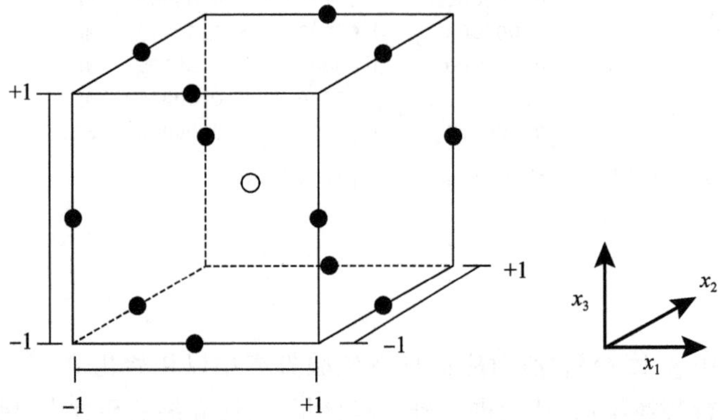

图 6.5 三因子 Box-Behnken 设计方案试验点示意图

注意到除中心点外，试验点都在棱的中点位置处，这与中心组合设计方案的试验点有很大的不同. 由于 Box-Behnken 设计的试验点不包含星号点(轴点)，因此当有些试验在轴向上的水平取值超出安全操作区域或者不在研究范围之内而不便使用中心组合设计时，Box-Behnken 设计就成了一种很好的替代方法. 另外，在相同因子的情况下，一般来说，Box-Behnken 设计的试验数比中心组合设计方案要少，因此也更经济. Box-Behnken 设计常用于 3～7 个因子的试验设计问题，试验次数一般在 13～62 次.

6.5.1　Box-Behnken 设计方案的 R 语言实现

在 R 语言中可以用 rsm 包中的 bbd() 函数实现 Box-Behnken 试验方案，bbd() 函数的使用代码如下：

```
bbd(k, n0 = 4, block = (k = = 4 | k = = 5), randomize = TRUE, coding)
```

其中主要参数含义如下.

k：该参数有 2 种定义方式，一种是正整数，即试验因子的个数；另一种是用公式形式定义，如 $y\sim A+B+C$，其中 y 是因变量，A，B，C 表示自变量(因子)，因变量在试验方案中以初始化值 NA 的形式出现，也可以添加多个因变量，其形式为 $y_1+y_2\sim A+B+C+D$.

n0：每个区组中中心试验点个数.

block：逻辑参数，制定是否采用区组设计. 只有 4 个或 5 个因子的 Box-Behnken 试验才能使用区组设计.

randomize：随机化参数，默认值为 TRUE.

coding：公示列表，表明将自然变量进行编码转化为规范化变量. 如果指定了 coding 公式对自然变量进行规范化编码，则在输出的试验方案中会给出指定的编码公式.

例 6.5　利用 R 中的 bbd() 函数为某三因子试验设计一个 Box-Behnken 试验方案，中心点做 3 次重复试验. 其中 3 个因子的取值区间分别是 $z_1[6,18]$、$z_2[8,24]$、$z_3[22,48]$.

R 代码及输出结果如下：

```
> bbd(y ~ x1 + x2 + x3, randomize = FALSE, n0 = 3, coding = list(x1~(z1 - 12)/6, x2~(z2 - 16)/8,
x3~(z3 - 35)/13))
    run.order  std.order  z1  z2  z3  y
1       1          1       6   8  35  NA
2       2          2      18   8  35  NA
3       3          3       6  24  35  NA
4       4          4      18  24  35  NA
5       5          5       6  16  22  NA
6       6          6      18  16  22  NA
7       7          7       6  16  48  NA
8       8          8      18  16  48  NA
9       9          9      12   8  22  NA
10     10         10      12  24  22  NA
11     11         11      12   8  48  NA
12     12         12      12  24  48  NA
13     13         13      12  16  35  NA
14     14         14      12  16  35  NA
15     15         15      12  16  35  NA

Data are stored in coded form using these coding formulas ...
x1 ~ (z1 - 12)/6
x2 ~ (z2 - 16)/8
x3 ~ (z3 - 35)/13
```

若不进行编码则输出结果如下：

```
> bbd(y ~ x1 + x2 + x3, randomize = FALSE, n0 = 3)
    run.order  std.order  x1.as.is  x2.as.is  x3.as.is  y
1       1          1        -1        -1         0      NA
2       2          2         1        -1         0      NA
3       3          3        -1         1         0      NA
4       4          4         1         1         0      NA
5       5          5        -1         0        -1      NA
6       6          6         1         0        -1      NA
7       7          7        -1         0         1      NA
8       8          8         1         0         1      NA
9       9          9         0        -1        -1      NA
10      10         10        0         1        -1      NA
11      11         11        0        -1         1      NA
12      12         12        0         1         1      NA
13      13         13        0         0         0      NA
14      14         14        0         0         0      NA
15      15         15        0         0         0      NA

Data are stored in coded form using these coding formulas ...
x1 ~ x1.as.is
x2 ~ x2.as.is
x3 ~ x3.as.is
```

6.5.2 Box-Behnken 设计与分析的实例

下面通过一个例子说明 Box-Behnken 设计及其数据分析的过程.

例 6.6 连线草是一种中草药,研究者希望利用 Box-Behnken 设计研究优化热水浴法提取连线草多糖的工艺. 经初步研究影响连线草多糖提取的因子主要有 4 个,因子水平表如表 6.38 所示：

表 6.38 例 6.6 因子水平表

水平	试验因子			
	pH A	液固比 B/(mL/g)	提取温度 C/℃	提取时间 D/min
−1	6.5	20:1	85	120
0	7.0	30:1	90	150
1	7.5	40:1	95	180

响应变量为连线草提取率(%). 利用 Box-Behnken 设计安排试验,中心点处进行 5 次重复试验,试验方案及试验结果如表 6.39 所示：

表 6.39　例 6.6Box-Behnken 设计方案及试验结果

试验号	A	B	C	D	y(提取率)/%
1	−1	−1	0	0	2.58
2	1	−1	0	0	2.74
3	−1	1	0	0	2.94
4	1	1	0	0	3.06
5	0	0	−1	−1	2.88
6	0	0	1	−1	2.63
7	0	0	−1	1	2.89
8	0	0	1	1	2.82
9	−1	0	0	−1	2.66
10	1	0	0	−1	2.65
11	−1	0	0	1	2.60
12	1	0	0	1	3.14
13	0	−1	−1	0	2.80
14	0	1	−1	0	2.90
15	0	−1	1	0	2.44
16	0	1	1	0	2.81
17	−1	0	−1	0	2.55
18	1	0	−1	0	3.12
19	−1	0	1	0	2.50
20	1	0	1	0	2.70
21	0	−1	0	−1	2.72
22	0	1	0	−1	2.64
23	0	−1	0	1	2.62
24	0	1	0	1	3.14
25	0	0	0	0	3.32
26	0	0	0	0	3.24
27	0	0	0	0	3.44
28	0	0	0	0	3.28
29	0	0	0	0	3.32

试对试验结果进行回归分析并寻优.

(1)首先利用 bbd()函数生成试验方案(与上述所给试验顺序对应,在实际中应采用随机化打乱次序),利用 coding 参数对 A,B,C,D 进行编码,新的编码变量记为 x_1,x_2,x_3,x_4.

```
>bbd.design <-bbd(y ~ x1 + x2 + x3 + x4, block = FALSE, randomize = FALSE, n0 = 5, coding = list(x1~
(A - 7)/0.5,x2~(B - 30)/10,x3~(C - 90)/5,x4~(D - 150)/30))
>bbd.design
```

```
run.order  std.order    A   B  C  D   y
1          1           1 6.5 20 90 150 NA
2          2           2 7.5 20 90 150 NA
3          3           3 6.5 40 90 150 NA
4          4           4 7.5 40 90 150 NA
5          5           5 7.0 30 85 120 NA
6          6           6 7.0 30 95 120 NA
7          7           7 7.0 30 85 180 NA
8          8           8 7.0 30 95 180 NA
9          9           9 6.5 30 90 120 NA
10         10         10 7.5 30 90 120 NA
11         11         11 6.5 30 90 180 NA
12         12         12 7.5 30 90 180 NA
13         13         13 7.0 20 85 150 NA
14         14         14 7.0 40 85 150 NA
15         15         15 7.0 20 95 150 NA
16         16         16 7.0 40 95 150 NA
17         17         17 6.5 30 85 150 NA
18         18         18 7.5 30 85 150 NA
19         19         19 6.5 30 95 150 NA
20         20         20 7.5 30 95 150 NA
21         21         21 7.0 20 90 120 NA
22         22         22 7.0 40 90 120 NA
23         23         23 7.0 20 90 180 NA
24         24         24 7.0 40 90 180 NA
25         25         25 7.0 30 90 150 NA
26         26         26 7.0 30 90 150 NA
27         27         27 7.0 30 90 150 NA
28         28         28 7.0 30 90 150 NA
29         29         29 7.0 30 90 150 NA

Data are stored in coded form using these coding formulas ...
x1 ~ (A - 7)/0.5
x2 ~ (B - 30)/10
x3 ~ (C - 90)/5
x4 ~ (D - 150)/30
```

(2)注意到输出结果中因变量 y 所对应的列都是缺省值 NA，将试验结果添加到 y 所对应的列，为下一步数据分析做准备.

```
> y <- c(2.58,2.74,2.94,3.06,2.88,2.63,2.89,2.82,2.66,2.65,2.60,3.14,2.80,2.90,
2.44,2.81,2.55,3.12,2.50,2.70,2.72,2.64,2.62,3.14,3.32,3.24,3.44,3.28,3.32)
>bbd.design $ y = y
>bbd.design
```

```
run.order std.order    A   B  C  D    y
1         1          1 6.5 20 90 150 2.58
2         2          2 7.5 20 90 150 2.74
3         3          3 6.5 40 90 150 2.94
4         4          4 7.5 40 90 150 3.06
5         5          5 7.0 30 85 120 2.88
6         6          6 7.0 30 95 120 2.63
7         7          7 7.0 30 85 180 2.89
8         8          8 7.0 30 95 180 2.82
9         9          9 6.5 30 90 120 2.66
10        10        10 7.5 30 90 120 2.65
11        11        11 6.5 30 90 180 2.60
12        12        12 7.5 30 90 180 3.14
13        13        13 7.0 20 85 150 2.80
14        14        14 7.0 40 85 150 2.90
15        15        15 7.0 20 95 150 2.44
16        16        16 7.0 40 95 150 2.81
17        17        17 6.5 30 85 150 2.55
18        18        18 7.5 30 85 150 3.12
19        19        19 6.5 30 95 150 2.50
20        20        20 7.5 30 95 150 2.70
21        21        21 7.0 20 90 120 2.72
22        22        22 7.0 40 90 120 2.64
23        23        23 7.0 20 90 180 2.62
24        24        24 7.0 40 90 180 3.14
25        25        25 7.0 30 90 150 3.32
26        26        26 7.0 30 90 150 3.24
27        27        27 7.0 30 90 150 3.44
28        28        28 7.0 30 90 150 3.28
29        29        29 7.0 30 90 150 3.32

Data are stored in coded form using these coding formulas ...
x1 ~ (A - 7)/0.5
x2 ~ (B - 30)/10
x3 ~ (C - 90)/5
x4 ~ (D - 150)/30
```

(3)利用 rsm()函数进行响应面分析,考虑完全二阶模型,代码如下.

```
>bbd.model <- rsm(formula = y~SO(x1,x2,x3,x4), data = bbd.design)
> summary(bbd.model)

Call:
rsm(formula = y ~ SO(x1, x2, x3, x4), data = bbd.design)
```

```
             Estimate Std.   Error       t-value    Pr(>|t|)
(Intercept)    3.320000    0.037198    89.2521    < 2.2e-16 ***
x1             0.131667    0.024011     5.4836    8.057e-05 ***
x2             0.132500    0.024011     5.5183    7.572e-05 ***
x3            -0.103333    0.024011    -4.3035    0.0007285 ***
x4             0.085833    0.024011     3.5747    0.0030476 **
x1:x2         -0.010000    0.041589    -0.2405    0.8134664
x1:x3         -0.092500    0.041589    -2.2242    0.0431001 *
x1:x4          0.137500    0.041589     3.3062    0.0051978 **
x2:x3          0.067500    0.041589     1.6230    0.1268757
x2:x4          0.150000    0.041589     3.6068    0.0028599 **
x3:x4          0.045000    0.041589     1.0820    0.2975264
x1^2          -0.277083    0.032659    -8.4842    6.865e-07 ***
x2^2          -0.258333    0.032659    -7.9101    1.562e-06 ***
x3^2          -0.302083    0.032659    -9.2497    2.433e-07 ***
x4^2          -0.258333    0.032659    -7.9101    1.562e-06 ***
---
Signif. codes:  0 '***' 0.001 '**' 0.01 '*' 0.05 '.' 0.1 ' ' 1
Multiple R-squared:  0.9562,    Adjusted R-squared:  0.9124
F-statistic: 21.83 on 14 and 14 DF,  p-value: 4.201e-07
```

如上输出是回归系数估计与检验结果,从 p 值看,交互项 x_1x_2 最不显著,另外两个交互项 x_3x_4,x_2x_3 在 0.05 显著性水平上也不显著,其他项都显著.而且决定系数 $R^2=0.9562$,说明模型整体可以很好地描述试验数据.

```
Analysis of Variance Table
Response: y
                    Df  Sum Sq   Mean Sq   F-value   Pr(>F)
FO(x1, x2, x3, x4)   4  0.63525  0.158812  22.9549   5.019e-06
TWI(x1, x2, x3, x4)  6  0.22658  0.037763  5.4582    0.004243
PQ(x1, x2, x3, x4)   4  1.25257  0.313143  45.2620   7.359e-08
Residuals           14  0.09686  0.006918
Lack of fit         10  0.07446  0.007446  1.3296    0.421110
Pure error           4  0.02240  0.005600
```

上一部分输出结果是模型及各部分的方差分析结果,从 p 值看,一次项 [FO(x_1,x_2,x_3,x_4)]、交互项 [TWI(x_1,x_2,x_3, x_4)]、纯二次项 [PQ(x_1, x_2, x_3, x_4)] 整体都是高度显著的.失拟检验的 p 值是 0.4211,接受该二阶模型对数据的拟合.综合这些结果,认为所建立的模型是合适的.可以根据上述结果写出二次回归方程.

$$\hat{y}=3.3200+0.1317x_1+0.1325x_2-0.1033x_3+0.0858x_4-0.2771x_1^2-0.2583x_2^2$$
$$-0.3021x_3^2-0.2583x_4^2-0.0925x_1x_3+0.1375x_1x_4+0.1500x_2x_4$$

```
Stationary point of response surface:
       x1         x2          x3         x4
0.3425909  0.3268424  -0.1617875  0.3381010
Stationary point in original units:
```

```
        A           B           C          D
  7.171295   33.268424   89.191063 160.143030

Eigenanalysis:
eigen() decomposition
 $ values
[1] -0.1604349 -0.2250052 -0.3314519 -0.3789414

 $ vectors
         [,1]        [,2]        [,3]        [,4]
x1 0.3441752   0.6988150   0.1298701   0.6134613
x2 0.5839170  -0.4182663  -0.6354423   0.2833854
x3 0.1413602  -0.5684483   0.6921331   0.4217056
x4 0.7215273   0.1165223   0.3166996  -0.6045844
```

如上输出是响应面的驻点及特征根结果，分别列出了编码后的驻点坐标(stationary point of response surface)及原始变量的取值结果(stationary point in original units)，从特征根看全是负值，因此该驻点为最大值点，即为最优水平组合.

(4)利用 contour()函数和 persp()函数进行等高线图和响应曲面图形分析.代码及输出图形分别如下(图 6.6 和图 6.7).

```
> par(mfrow = c(2,3))
> contour(bbd.model,x1~x2,at = xs(bbd.model))
> contour(bbd.model,x1~x3,at = xs(bbd.model))
> contour(bbd.model,x1~x4,at = xs(bbd.model))
> contour(bbd.model,x2~x3,at = xs(bbd.model))
> contour(bbd.model,x2~x4,at = xs(bbd.model))
> contour(bbd.model,x3~x4,at = xs(bbd.model))
>
> persp(bbd.model,x1~x2,at = xs(bbd.model),contours = list(z = "bottom"))
> persp(bbd.model,x1~x3,at = xs(bbd.model),contours = list(z = "bottom"))
> persp(bbd.model,x1~x4,at = xs(bbd.model),contours = list(z = "bottom"))
> persp(bbd.model,x2~x3,at = xs(bbd.model),contours = list(z = "bottom"))
> persp(bbd.model,x2~x4,at = xs(bbd.model),contours = list(z = "bottom"))
> persp(bbd.model,x3~x4,at = xs(bbd.model),contours = list(z = "bottom"))
```

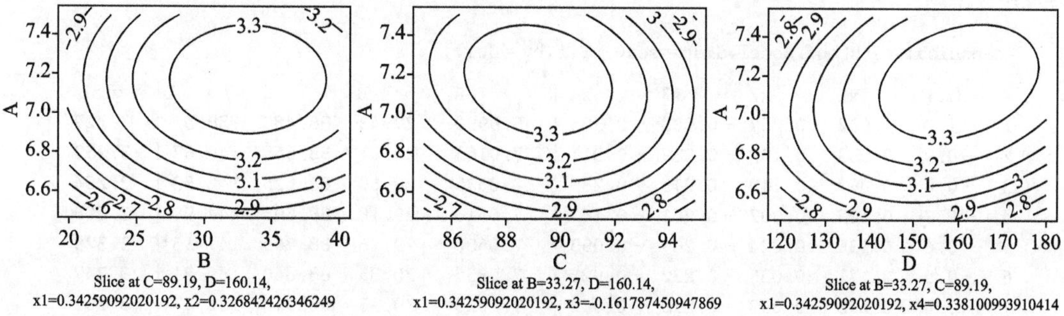

图 6.6 例 6.6 试验结果等高线图

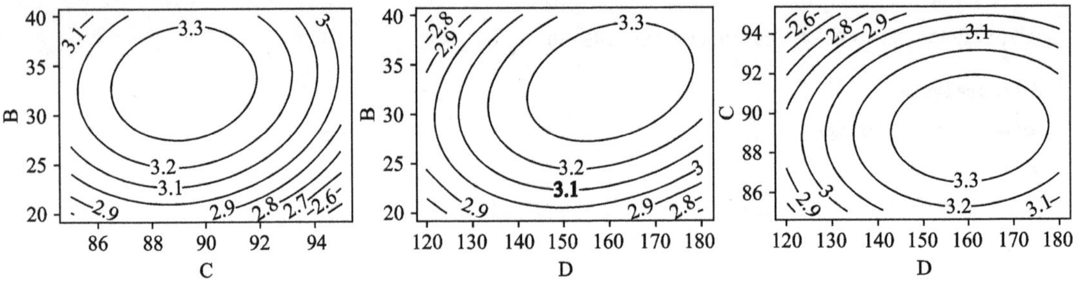

Slice at A=7.17, D=160.14, x2=0.326842426346249, x3=-0.161787450947869

Slice at A=7.17, C=89.19, x2=0.326842426346249, x4=0.338100993910414

Slice at A=7.17, B=33.27, x3=-0.161787450947869, x4=0.338100993910414

图 6.6(续)

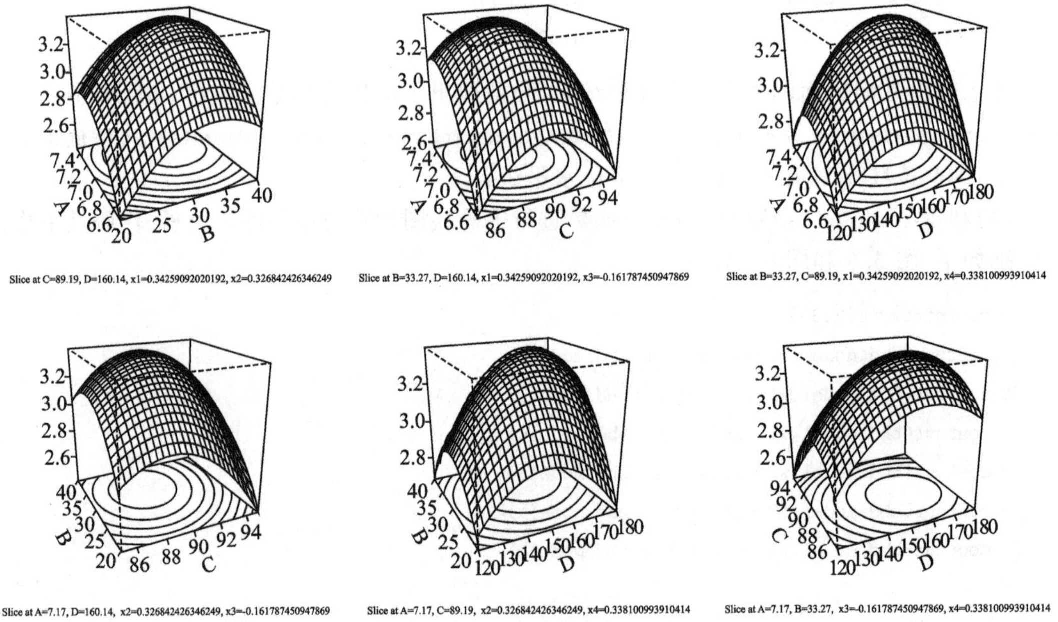

图 6.7　例 6.6 试验结果响应曲面图

(5)还可以利用 canonical. path()函数来求最优水平组合. 该函数中的参数 dist 确定变量变化快慢及范围,前 2 个数字表示与中心水平的方向,“by”为变化的速度. 实际应用中,可以先将 by 设置得稍大一些,在初步寻优的基础上,再将 by 数值减少,以便找到较精确的最优解. 代码及结果如下.

```
>canonical.path(bbd.model,dist = seq( - 1,1,by = 0.1))
   dist      x1      x2      x3      x4 |      A      B       C       D|  yhat
1  - 1.0 - 0.002 - 0.257 - 0.303 - 0.383 | 6.9990  27.43  88.485  138.51 | 3.227
2  - 0.9   0.033 - 0.199 - 0.289 - 0.311 | 7.0165  28.01  88.555  140.67 | 3.257
3  - 0.8   0.067 - 0.140 - 0.275 - 0.239 | 7.0335  28.60  88.625  142.83 | 3.284
4  - 0.7   0.102 - 0.082 - 0.261 - 0.167 | 7.0510  29.18  88.695  144.99 | 3.308
5  - 0.6   0.136 - 0.024 - 0.247 - 0.095 | 7.0680  29.76  88.765  147.15 | 3.329
6  - 0.5   0.171   0.035 - 0.232 - 0.023 | 7.0855  30.35  88.840  149.31 | 3.347
7  - 0.4   0.205   0.093 - 0.218   0.049 | 7.1025  30.93  88.910  151.47 | 3.361
8  - 0.3   0.239   0.152 - 0.204   0.122 | 7.1195  31.52  88.980  153.66 | 3.373
```

9	-0.2	0.274	0.210	-0.190	0.194	7.1370	32.10	89.050	155.82	3.381
10	-0.1	0.308	0.268	-0.176	0.266	7.1540	32.68	89.120	157.98	3.385
11	0.0	0.343	0.327	-0.162	0.338	7.1715	33.27	89.190	160.14	3.387
12	0.1	0.377	0.385	-0.148	0.410	7.1885	33.85	89.260	162.30	3.385
13	0.2	0.411	0.444	-0.134	0.482	7.2055	34.44	89.330	164.46	3.381
14	0.3	0.446	0.502	-0.119	0.555	7.2230	35.02	89.405	166.65	3.373
15	0.4	0.480	0.560	-0.105	0.627	7.2400	35.60	89.475	168.81	3.361
16	0.5	0.515	0.619	-0.091	0.699	7.2575	36.19	89.545	170.97	3.347
17	0.6	0.549	0.677	-0.077	0.771	7.2745	36.77	89.615	173.13	3.329
18	0.7	0.584	0.736	-0.063	0.843	7.2920	37.36	89.685	175.29	3.308
19	0.8	0.618	0.794	-0.049	0.915	7.3090	37.94	89.755	177.45	3.284
20	0.9	0.652	0.852	-0.035	0.987	7.3260	38.52	89.825	179.61	3.257
21	1.0	0.687	0.911	-0.020	1.060	7.3435	39.11	89.900	181.80	3.226

从上述结果看，在第 11 个点处因变量达到最大，与第 3 步中给出的驻点结果基本一致.

习题 6

1. 中心组合设计由哪几部分试验点构成？说明各部分点的含义.

2. 为考察镓溶液的电导率 y 与温度(z_1)、镓的浓度(z_2)、苛性碱的浓度(z_3)之间的关系，考虑进行一次回归的正交设计安排实验，各因子取值范围如下：

$$z_1:30\sim80;z_2:20\sim120;z_3:0\sim300$$

试验计划与实验结果如下：

试验号	z_1	z_2	z_3	y
1	1	1	1	0.49
2	1	1	−1	0.24
3	1	−1	1	0.72
4	1	−1	−1	0.44
5	−1	1	1	0.32
6	−1	1	−1	0.16
7	−1	−1	1	0.45
8	−1	−1	−1	0.30

(1)试对数据进行统计分析，建立 y 关于 z_1,z_2,z_3 的一次回归方程；

(2)若在试验中心进行了 6 次重复试验，结果分别为 0.422，0.433，0.435，0.436，0.423，0.440，试用失拟检验考察在区域中心一次回归方程是否合适.

3. 为考察烧结矿的烧结速度与下列 5 个因子的关系，拟用中心组合设计进行二次回归设计. 5 个因子的取值范围分别为：

z_1：水分　6.45～9.55；z_2：燃料　7.22～8.78；z_3：　碱度　1.02～1.18；

z_4：返矿　22.2～37.8；z_5：生石灰　0～8

请给出在中心点进行 5 次试验的二次回归正交设计的编码表及试验计划列表.

4. 研究氮(N)、磷(P_2O_5)、钾(K_2O)对玉米产量的影响. 已知施氮、磷、钾肥的下限和上限依次为:N:0 和 17 kg/666.67 m^2;P_2O_5:0 和 7 kg/666.67 m^2;K_2O:0 和 18 kg/666.67 m^2. 试采用三因子二次回归正交设计方法写出它们的因子水平编码表并制定试验方案(分别取 $m_0=1$ 和 $m_0=2$).

5. 玉米肥料试验按三元二次回归正交组合设计进行,下表为试验方案,表中各水平为编码值和试验结果. 试建立三元二次回归模型并进行检验.

试验号	各变量水平编码值			产量 $y/(t/hm^2)$
	x_1	x_2	x_3	
1	1	1	1	10.2
2	1	1	−1	9.3
3	1	−1	1	8.8
4	1	−1	−1	7.4
5	−1	1	1	8.2
6	−1	1	−1	7.5
7	−1	−1	1	7.5
8	−1	−1	−1	6.6
9	1.353	0	0	9.3
10	−1.353	0	0	7.3
11	0	1.353	0	9.5
12	0	−1.353	0	7.9
13	0	0	1.353	9.1
14	0	0	−1.353	7.9
15	0	0	0	9.4
16	0	0	0	9.1
17	0	0	0	9.2

6. 回归设计中旋转性和通用性的含义是什么?

7. 应用二次回归通用旋转组合设计寻求有害废水净化的最佳工艺条件. 根据废水净化工艺的需要,进行了三因子试验. 考察的试验指标为:铅的净化率,试验因子为温度 z_1(34~42)、时间 z_2(30~50)、碱与硫酸亚铁之比 z_3(1.34~1.46),试给出编码表与试验设计方案.

8. 在一项优化晶体生长的试验中,采用二次回归通用旋转设计,试验方案及结果如下表所示,3 个自变量 x_1,x_2,x_3,因变量 y 表示产量(g),该值越大越好. 试拟合二阶模型并对进行响应面分析. 在什么条件下能达到最大生长量?

试验号	各变量水平编码值			产量 y/g
	x_1	x_2	x_3	
1	−1	−1	−1	66
2	−1	−1	1	70
3	−1	1	−1	78
4	−1	1	1	60

续表

试验号	各变量水平编码值			产量 y/g
	x_1	x_2	x_3	
5	1	−1	−1	80
6	1	−1	1	70
7	1	1	−1	100
8	1	1	1	75
9	−1.682	0	0	100
10	1.682	0	0	80
11	0	−1.682	0	68
12	0	1.682	0	63
13	0	0	−1.682	65
14	0	0	1.682	82
15	0	0	0	113
16	0	0	0	100
17	0	0	0	118
18	0	0	0	88
19	0	0	0	100
20	0	0	0	85

9. 在玫瑰茄花色苷浸提工艺研究试验中，考虑 3 个因子：酸性乙醇浓度(A,%)，浸提温度(B,℃)，料液比(C,g/mL)，因子及水平编码表如下：

编码水平	酸性乙醇浓度 A/%	浸提温度 B/℃	料液比 C/(g/mL)
下水平(−1)	30	60	10
零水平(0)	40	70	15
上水平(+1)	50	80	20

用 Box-Behnken 设计法安排试验，试验方案及结果见下表：

试验号	各变量水平编码值			花色苷含量 y/(mg/g)
	酸性乙醇浓度 A/%	浸提温度 B/℃	料液比 C/(g/mL)	
1	0	0	0	6.99
2	0	0	0	6.71
3	0	−1	1	5.26
4	1	−1	0	5.89
5	−1	1	0	6.00
6	1	0	−1	6.40
7	0	0	0	6.82

续表

试验号	各变量水平编码值			花色苷含量 y/(mg/g)
	酸性乙醇浓度 A/%	浸提温度 B/℃	料液比 C/(g/mL)	
8	1	1	0	5.75
9	0	−1	1	6.26
10	1	0	1	6.48
11	−1	0	−1	5.71
12	0	0	0	7.00
13	0	0	0	6.92
14	−1	0	1	5.78
15	0	−1	−1	6.39
16	−1	1	0	5.13
17	0	1	1	5.80

试对上述数据拟合二阶多项式模型做响应面分析.确定最佳浸提条件.

第 7 章　其他试验设计方法简介

不同领域或场合下的科学研究对试验设计方法及其性质的要求也各不相同，除前几章介绍的试验设计外，人们还发展了其他试验设计，限于篇幅不能详细介绍. 本章我们简要介绍其他几种常用的设计方法及其适用场合，包括混料设计、均匀设计、交叉设计，有兴趣的读者可以参阅相关文献深入学习.

7.1　混料设计

7.1.1　混料问题与混料设计模型

在日常生活中和工业生产上经常遇到多种成分的混料配比问题，这里所说的混料是指由若干不同成分的元素混合形成一种新的物品. 比如将多种原料按百分比混合在一起形成饲料，原料各占多少比例对动物生长更有利？糕点是将面粉、油、糖及某些香料等原料混合在一起经过烘烤而成，如何配比能使糕点的口味或其他特性更好？混凝土是将砂子、碎石、水及若干型号的水泥混在一起搅拌而成，这些原料各占多少比例能使混凝土黏合强度更高？广义上讲，工业企业生产的不同品种、不同合格品率的产品总体，不同型号、不同设备完好率的机床的总体也是混料. 某些分配问题，如企业的材料、资金、设备、人员等的分配也可看作混料问题. 关于这一类问题的试验设计就称为混料设计(mixture design). 混料设计自 1958 年由统计学家 H. Scheffe 提出后，在理论研究和实际应用方面都得到了快速发展.

混料试验与其他试验最大的不同在于试验指标仅与每种成分的含量有关，且每种成分的比例必须是非负的，每种成分的含量在 0～1 变动，其总和必须等于 1 或常数，也就是说，各成分不能完全自由地变化，受到一定条件的约束. 在混料试验时，如何安排少量试验就可以得到较高精度且易于计算的回归方程是试验设计的重要目的，所以混料设计可以看作是一种受特殊条件约束的回归设计.

混料试验一般描述如下. 设 y 为试验指标，$x_i(i=1,2,\cdots,p)$是第 i 种成分的含量，混料问题的约束条件即混料条件为：

$$\sum_{i=1}^{p} x_i = 1,\ x_i \geqslant 0,\ i = 1,2,\cdots,p \tag{7.1}$$

其中 x_i，$i=1,2,\cdots,p$ 称为混料成分或混料分量，即混料试验中的试验因子.

混料设计需要满足式(7.1)条件下，合理安排试验方案，寻找试验指标 y 与试验因子 x_i，$i=1,2,\cdots,p$ 的定量关系.

混料条件[式(7.1)]决定了混料设计不能采用一般多项式作为回归模型，否则会由于混料条件的约束而引起信息矩阵的退化. 混料试验设计常采用 Scheffe 多项式(或称规范多项式)回归模型.

例如，一般的三元二次回归方程为：

$$E(y)=\beta_0+\sum_{j=1}^{3}\beta_j x_j+\sum_{j=1}^{3}\beta_{jj}x_j^2+\sum_{j<k}\beta_{jk}x_j x_k \tag{7.2}$$

而混料设计中，三分量二次回归方程应为：

$$E(y)=\sum_{j=1}^{3}\beta_j x_j+\sum_{j<k}\beta_{jk}x_j x_k \tag{7.3}$$

比较式(7.2)和式(7.3)可以看出，混料设计没有常数项和平方项，只有一次项和交叉项. 这是因为，假设混料问题的三分量二次回归方程为：

$$E(y)=a_0+\sum_{j=1}^{3}a_j x_j+\sum_{j=1}^{3}a_{jj}x_j^2+\sum_{j<k}a_{jk}x_j x_k \tag{7.4}$$

根据混料约束条件，$p=3,\sum_{i=1}^{p}x_i=1$，可得：

$$\begin{cases}a_0=a_0x_1+a_0x_2+a_0x_3\\ x_1^2=x_1-x_1x_2-x_1x_3\\ x_2^2=x_2-x_2x_1-x_2x_3\\ x_3^2=x_3-x_3x_1-x_3x_2\end{cases} \tag{7.5}$$

将式(7.5)代入式(7.4)，则有：

$$\begin{aligned}E(y)=&(a_0+a_1+a_{11})x_1+(a_0+a_2+a_{22})x_2+(a_0+a_3+a_{33})x_3\\&+(a_{12}-a_{11}-a_{22})x_1x_2+(a_{13}-a_{11}-a_{33})x_1x_3+(a_{23}-a_{22}-a_{33})x_2x_3\end{aligned} \tag{7.6}$$

若令：

$$\begin{cases}\beta_1=a_0+a_1+a_{11}\\ \beta_2=a_0+a_2+a_{22}\\ \beta_3=a_0+a_3+a_{33}\\ \beta_{12}=a_{12}-a_{11}-a_{22}\\ \beta_{13}=a_{13}-a_{11}-a_{33}\\ \beta_{23}=a_{23}-a_{22}-a_{33}\end{cases} \tag{7.7}$$

即：

$$\begin{cases}\beta_i=a_0+a_i+a_{ii}\,,\ i=1,2,3\\ \beta_{jk}=a_{jk}-a_{jj}-a_{kk}\,,\ j<k\end{cases} \tag{7.8}$$

则可知，三分量二次多项式回归方程化为式(7.3)的形式.

通常混料试验设计的 p 分量 d 次多项式回归方程,其 Scheffe 式多项式为:

一次式($d=1$).

$$E(y)=\sum_{j=1}^{p}\beta_j x_j \tag{7.9}$$

二次式($d=2$).

$$E(y)=\sum_{j=1}^{p}\beta_j x_j+\sum_{j<k}\beta_{jk}x_j x_k \tag{7.10}$$

混料试验设计(p,d)的 Scheffe 多项式回归方程中待估回归系数的个数,比一般 p 元 d 次多项式回归方程要少.例如,对于混料试验设计(p,2)的回归方程[式(7.10)],无常数项和二次项,因此就减少了 $p+1$ 个回归系数,从而在求该方程时,至少可少做 $p+1$ 次试验.

混料试验设计方法比较多,下面简要介绍几种常用的方法.

7.1.2 单纯形格子设计

在混料试验设计方法中,单纯形格子设计(simplex-lattice design,SLD)是最早最基本的方法,由 Scheffe 于 1958 年提出,其他一些方法都要用到单纯形格子设计.

在混料问题中,各分量 x_i, $i=1,2,\cdots,p$ 的变化范围受混料条件[式(7.1)]制约.在几何上,各分量 x_i, $i=1,2,\cdots,p$ 的变化范围可由一个 $p-1$ 维正规单纯形表示.在单纯形上,顶点代表单一成分的混料,棱上点代表 2 种成分组成的混料,面上点代表多于 2 种少于 p 种成分组成的混料,而内点代表全部 p 种成分组成的混料.

在 $p-1$ 维正规单纯形上,若 p 个坐标中有 1 个坐标为 1,则其余的 $p-1$ 个坐标为 0,这种点称为单纯形顶点,故 p 因子的混料模型中,单纯形的顶点有 p 个.

现以分量数 $p=3$ 为例讨论单纯形上点的坐标问题.

取空间直角坐标系 $O\text{-}x_1x_2x_3$[图 7.1(1)],分别在 3 个坐标轴上取 3 个点 $A(1,0,0)$,$B(0,1,0)$,$C(0,0,1)$,由于受混料条件[式(7.1)]的限制,各混料分量 $x_i(i=1,2,3)$ 只能在 ΔABC 内取值,即满足条件[式(7.1)]的试验点只能取在二维正规单纯形(等边三角形)上.为简便起见,使用时不再画出 3 个坐标轴,只画出一个等边(正)三角形[图 7.1(2)].取此等边(正)三角形的高为 1,则 ΔABC 内任一点 F 到三个边距离之和为 1,即 $FA'+FB'+FC'=1$.

这样,可以把 FA'、FB'、FC' 的长度分别看成是 F 点的 x_1、x_2、x_3 的坐标值,在等边三角形上建立起二维正规单纯形坐标系.同样,可以在三维(或多维)空间内取一个高为 1 的正规单纯形,则此正规单纯形内任一点与各个面的距离之和是 1,可以所此点到各个面的距离分别视为相应的坐标,建立起三维(或多维)正规单纯形坐标系.四因子混料试验的单纯形是一个四面体[图 7.1(3)],所建立起的是三维正规单纯形坐标系.用类似的方法可建立 p 因子混料试验的正规单纯形坐标系.

对于由混料条件[式(7.1)]构成的正规单纯形因子空间,当采用[式(7.10)]这种完全型规范多项式回归模型时,试验点可以取在正规单纯形的格子点上,构成单纯形格子设计.下面以 $p=3$ 情形为例介绍一下格子点的分布情况.

当格子点集 $p=3$ 的情形时,其单纯形是一个高为 1 的等边三角形,它的 3 个顶点的全体称为一阶格子点集,记为{3,1},如图 7.2(1)所示.

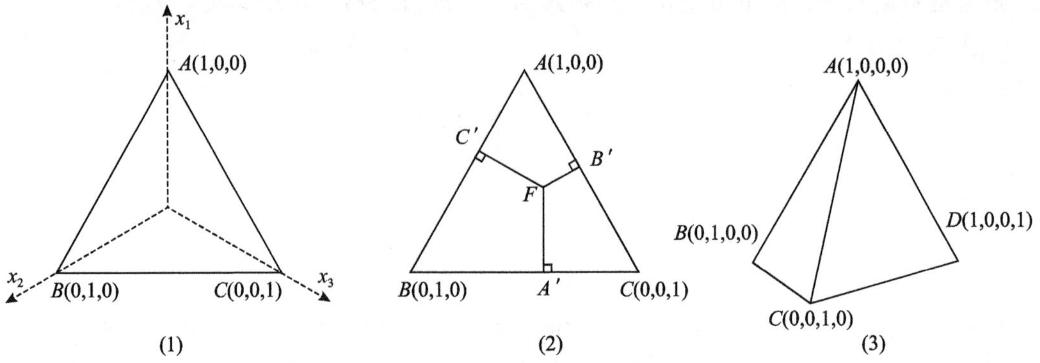

图 7.1 二维和三维单纯形示意图

将高为 1 的等边三角形三条边各二等分，则该三角形的三个顶点与三个边的中点的全体称二阶格子点集，记为{3,2}，如图 7.2(2)所示，其中共有 6 个点，各点坐标见表 7.1.

将等边三角形各边三等分，对应分点连成的与一边平行的直线，在等边三角形上形成许多格子，则这些格子顶点的全体称为三阶格子点集，记为{3,3}，如图 7.2(3)所示，其中共有 10 个点，各点坐标见表 7.2.类似的可以构造四阶格子点集{3,4}，如图 7.2(4)所示，读者可以尝试自己写出各点坐标.

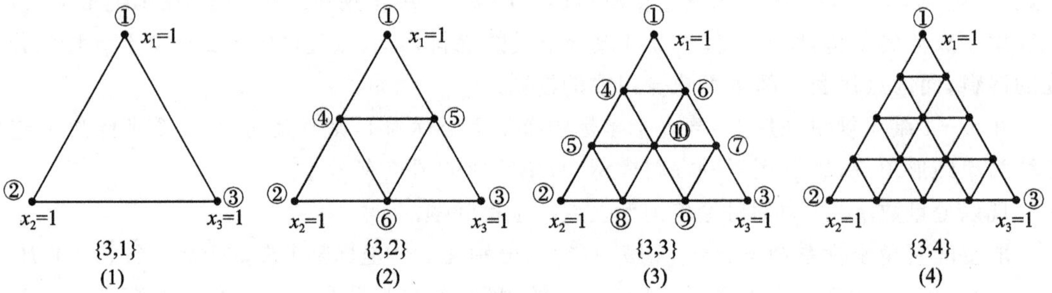

图 7.2 单纯形格子点分布图

类似上述 $p=3$ 的情形，可做出其他格子点集，一般记为$\{p,d\}$，其中 p 为单纯形顶点的个数，d 表示将单纯形边长等分段数.

表 7.1 {3,2}情形格子点坐标

点号	坐标		
	x_1	x_2	x_3
1	1	0	0
2	0	1	0
3	0	0	1
4	1/2	1/2	0
5	1/2	0	1/2
6	0	1/2	1/2

表 7.2　{3,3}情形格子点坐标

点号	坐标		
	x_1	x_2	x_3
1	1	0	0
2	0	1	0
3	0	0	1
4	2/3	1/3	0
5	1/3	2/3	0
6	2/3	0	1/3
7	1/3	0	2/3
8	0	2/3	1/3
9	0	2/3	1/3
10	1/3	1/3	1/3

在单纯形格子设计中，在 p 分量系统的各分量 $x_i(i=1,2,\cdots,p)$ 的变化范围满足混料条件[式(7.1)]，采用 d 阶完全型规范多项式回归模型，试验点为$\{p,d\}$的 C_{p+d+1}^{d} 个格子点. 这样的试验设计方案称为单纯形格子设计. 这种设计保证试验点分布均匀，而且计算简单，回归系数只是相应格子点的响应值的简单函数.

7.1.3　单纯形重心设计

在一个$\{p,d\}$单纯形格子设计中，当回归模型的阶数 $d>2$ 时，某些混料各分量的比例不相等，这种非对称性会使某些点对回归系数的估计产生较大的影响. 另外，单纯形格子设计的试验次数还是比较多，为改进这些缺点，统计学家又提出了一种单纯形重心设计(simplex-centroid design，SCD).

在单纯形重心设计中，试验点取在单纯形顶点的一些重心点：

p 个顶点$(1,0,\cdots,0)$，…，$(0,0,\cdots,1)$，共有 C_p^1 个点；

2 个顶点的重心点$(\frac{1}{2},\frac{1}{2},0,\cdots,0)$，…，$(0,0,\cdots,\frac{1}{2},\frac{1}{2})$，共有 C_p^2 个点；

3 个顶点的重心点$(\frac{1}{3},\frac{1}{3},\frac{1}{3},0,\cdots,0)$，$(\frac{1}{3},\frac{1}{3},0,\frac{1}{3},0,\cdots,0)$ …，$(0,0,\cdots,\frac{1}{3},\frac{1}{3},\frac{1}{3})$，共有 C_p^3 个点；

p 个顶点的重心点$(\frac{1}{p},\frac{1}{p},\cdots,\frac{1}{p})$，共有 $C_p^p=1$ 个点. 显然，单纯形重心设计的全部点的坐标不依赖于 d.

当 $p=3$ 时，其单纯形重心设计中共有 $C_3^1+C_3^2+C_3^3=7$ 个试验点，见图 7.3 和表 7.3. $p=4$ 时，单纯形重心设计中共有 15 个试验点.

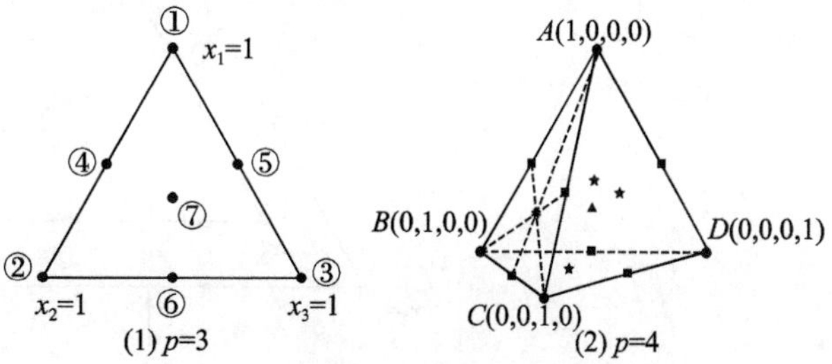

图 7.3　单纯形重心法试验点分布图

表 7.3 单纯形重心法试验方案($p=3$)

试验点	x_1	x_2	x_3	y
1	1	0	0	y_1
2	0	1	0	y_2
3	0	0	1	y_3
4	1/2	1/2	0	y_{11}
5	1/2	0	1/2	y_{12}
6	0	1/2	1/2	y_{13}
7	1/3	1/3	1/3	y_{23}

7.1.4 存在下界约束条件的混料设计

在某些混料问题中,各分量除了受式(7.1)约束条件约束外,有时还要求某些分量不得低于一个特定的比例,即还要受下界约束条件的限制,p 分量存在下界约束条件是:

$$\sum_{i=1}^{p} x_i = 1,\ x_i \geqslant a_i > 0,\ a_i \text{ 是常数}, i = 1,2,\cdots,p$$

上式中,a_i 是分量 $x_i(i=1,2,\cdots,p)$的下界,即该分量实际能取的最小值,且下界 a_i 必须满足 $\sum_{i=1}^{p} a_i < 1$,这是存在下界约束条件的混料设计的充分必要条件.

在上述约束条件下安排试验如图 7.4 所示.试验区域是正三角形 $x_1x_2x_3$ 内的小正三角形 $x'_1x'_2x'_3$.对于小正三角形 $x'_1x'_2x'_3$上任一点,如采用其正规单纯形坐标系 $x'_1-x'_2-x'_3$表示.就可将对于大正三角形坐标系存在下界约条件的混料试验,转化为对于小正三角形坐标系列约束的混料试验.于是,就可以在小正三角形上进行单纯形格子设计或单纯形重心设计.图 7.4 所示为进行三阶单纯形重心设计的各试验点的分布.坐标系 $x_1-x_2-x_3$ 是实际成分的变化空间,称自然空间;而坐标系 $x'_1-x'_2-x'_3$则是编码成分的变化空间,称编码空间.单纯形坐标系表示的自然空间与编码空间的转换公式,可由单纯形的顶点坐标确定.

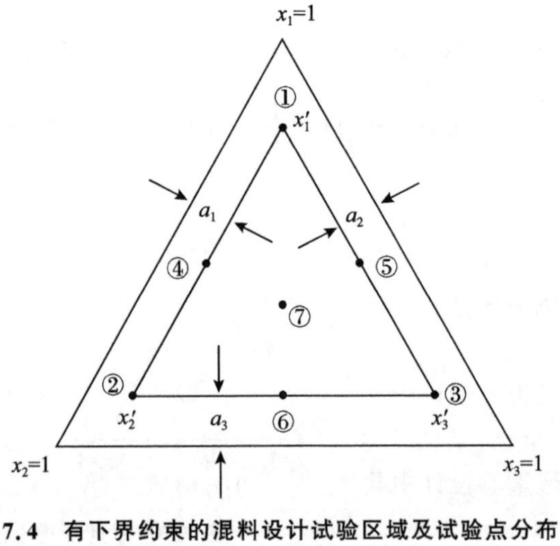

图 7.4 有下界约束的混料设计试验区域及试验点分布图

由图 7.4 可知，小正三角形 3 个顶点在两个坐标系的坐标分别为：

顶点	$x_1-x_2-x_3$ 坐标系		$x'_1-x'_2-x'_3$ 坐标系
①	$\begin{bmatrix}1-(a_2+a_3)\\a_2\\a_3\end{bmatrix}$	$\leftrightarrow$	$\begin{bmatrix}1\\0\\0\end{bmatrix}$
②	$\begin{bmatrix}a_1\\1-(a_2+a_3)\\a_3\end{bmatrix}$	$\leftrightarrow$	$\begin{bmatrix}0\\1\\0\end{bmatrix}$
③	$\begin{bmatrix}a_1\\a_2\\1-(a_2+a_3)\end{bmatrix}$	$\leftrightarrow$	$\begin{bmatrix}0\\0\\1\end{bmatrix}$

这样，设计区域内任一点关于自然空间和编码空间的坐标变换式为：

$$\begin{bmatrix}x_1\\x_2\\x_3\end{bmatrix}=\begin{bmatrix}1-(a_2+a_3) & a_1 & a_1\\a_2 & 1-(a_2+a_3) & a_2\\a_3 & a_3 & 1-(a_2+a_3)\end{bmatrix}\begin{bmatrix}x'_1\\x'_2\\x'_3\end{bmatrix}$$

上式经整理可变成：

$$\begin{bmatrix}x_1\\x_2\\x_3\end{bmatrix}=\left(1-\sum_{i=1}^{3}a_i\right)\begin{bmatrix}x'_1\\x'_2\\x'_3\end{bmatrix}+\begin{bmatrix}a_1\\a_2\\a_3\end{bmatrix}$$

一般地，对于 p 分量存在下界约束的混料问题，设计区域中任一点的坐标关于自然空间和编码空间之间的变换式为：

$$X=\left(1-\sum_{i=1}^{p}a_i\right)X'+a$$

其中：

$$X=\begin{bmatrix}x_1\\x_2\\\vdots\\x_p\end{bmatrix},X'=\begin{bmatrix}x'_1\\x'_2\\\vdots\\x'_p\end{bmatrix},a=\begin{bmatrix}a_1\\a_2\\\vdots\\a_p\end{bmatrix}$$

于是，各分量的变换式为 $x_i=\left(1-\sum_{i=1}^{p}a_i\right)x'_i+a_i$，或者 $x'_i=(x_i-a_i)/\left(1-\sum_{i=1}^{p}a_i\right)$.

这样，自然空间与编码空间建立了一一对应的关系.

通过以上变换公式，将混料的实际成分变成编码成分，使存在下界约束的混料问题变换为无下界约束的混料问题，然后进行单纯形重心设计，求得回归方程. 这里介绍的虽然是有下界约束条件的设计问题，但在有些试验中需要对上界进行约束，也可以利用这里的思想.

7.1.5 混料设计及分析的 R 语言实现及示例

在 R 语言中,可以利用 mixexp 包中的 SLD()函数和 SCD()函数分别完成单纯形格子设计和单纯形中心设计.

2 个函数的用法非常简单,SLD()函数只有 2 个参数,即 SLD(fac, lev),参数 fac 表示因子个数(2～12),参数 lev 表示水平数(2～5). SCD()函数只有一个参数,即 SCD(fac),其中 fac 表示因子个数.

下面分别用 SLD()函数设计了一个三因子三水平的单纯形格子设计,用 SCD()函数设计了三因子和四因子单纯形重心设计. 代码及结果如下:

```
> library(mixexp)
> SLD(3,3)
          x1        x2        x3
1  1.0000000 0.0000000 0.0000000
2  0.6666667 0.3333333 0.0000000
3  0.3333333 0.6666667 0.0000000
4  0.0000000 1.0000000 0.0000000
5  0.6666667 0.0000000 0.3333333
6  0.3333333 0.3333333 0.3333333
7  0.0000000 0.6666667 0.3333333
8  0.3333333 0.0000000 0.6666667
9  0.0000000 0.3333333 0.6666667
10 0.0000000 0.0000000 1.0000000
> SCD(3)
          x1        x2        x3
1  1.0000000 0.0000000 0.0000000
2  0.0000000 1.0000000 0.0000000
3  0.0000000 0.0000000 1.0000000
4  0.5000000 0.5000000 0.0000000
5  0.5000000 0.0000000 0.5000000
6  0.0000000 0.5000000 0.5000000
7  0.3333333 0.3333333 0.3333333
> SCD(4)
          x1        x2        x3        x4
1  1.0000000 0.0000000 0.0000000 0.0000000
2  0.0000000 1.0000000 0.0000000 0.0000000
3  0.0000000 0.0000000 1.0000000 0.0000000
4  0.0000000 0.0000000 0.0000000 1.0000000
5  0.5000000 0.5000000 0.0000000 0.0000000
6  0.5000000 0.0000000 0.5000000 0.0000000
7  0.5000000 0.0000000 0.0000000 0.5000000
8  0.0000000 0.5000000 0.5000000 0.0000000
9  0.0000000 0.5000000 0.0000000 0.5000000
```

```
10  0.0000000  0.0000000  0.5000000  0.5000000
11  0.3333333  0.3333333  0.3333333  0.0000000
12  0.3333333  0.3333333  0.0000000  0.3333333
13  0.3333333  0.0000000  0.3333333  0.3333333
14  0.0000000  0.3333333  0.3333333  0.3333333
15  0.2500000  0.2500000  0.2500000  0.2500000
```

对于三因子的单纯形格子设计，mixexp 包中的 DesignPoints()函数还可以绘制出不超过五水平的混料设计试验点分布图，下面用 R 代码绘制了三因子四水平和五水平的单纯形格子试验点示意图(图 7.5).

```
> DesignPoints(SLD(3,4))
> DesignPoints(SLD(3,5))
```

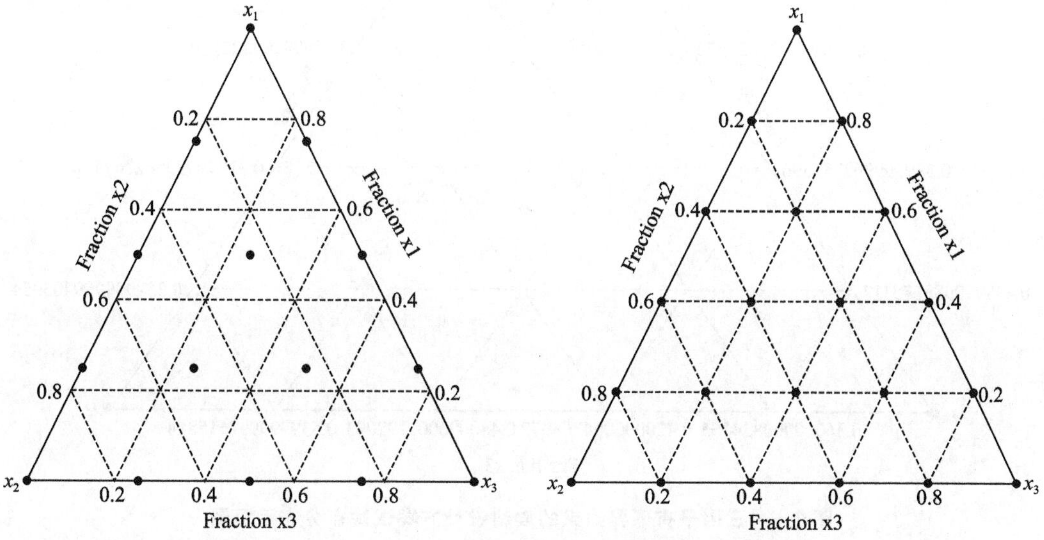

图 7.5　{3,4}和{3,5}单纯形格子设计试验点分布示意图

对于有上下界约束的混料试验问题，可以用 mixexp 包中的 Xvert()函数进行设计. Xvert()函数的用法如下：

```
Xvert(nfac = 3,uc = c(0,0),lc = c(0,0),nlc = 0,lb = c(0,0),ub = c(0,0),coef,ndm = 0,
          plot = TRUE, cornerlabs = c("x1","x2","x3"), axislabs = c("x1","x2","x3"),
          pseudo = TRUE)
```

其中主要参数含义如下.

nfac:混料成分数(因子数，取值为整数，最大为 12).

uc:上界约束条件.

lc:下界约束条件.

plot:默认参数值为 TRUE，当成分数为 3 时，将绘制试验点分布图.

下面利用 Xvert()函数设计了一个三因子有下界约束的混料设计方案，包含顶点和重心点，约束条件为 $x_1 \geqslant 0.2, x_2 \geqslant 0.2, x_3 \geqslant 0.3$. 代码及结果如下(图 7.6)：

```
> Xvert(nfac = 3, uc = c(1,1,1), lc = c(0.2,0.2,0.3))
   x1  x2  x3 dimen
1 0.2 0.2 0.6     0
2 0.2 0.5 0.3     0
3 0.5 0.2 0.3     0
4 0.3 0.3 0.4     2
```

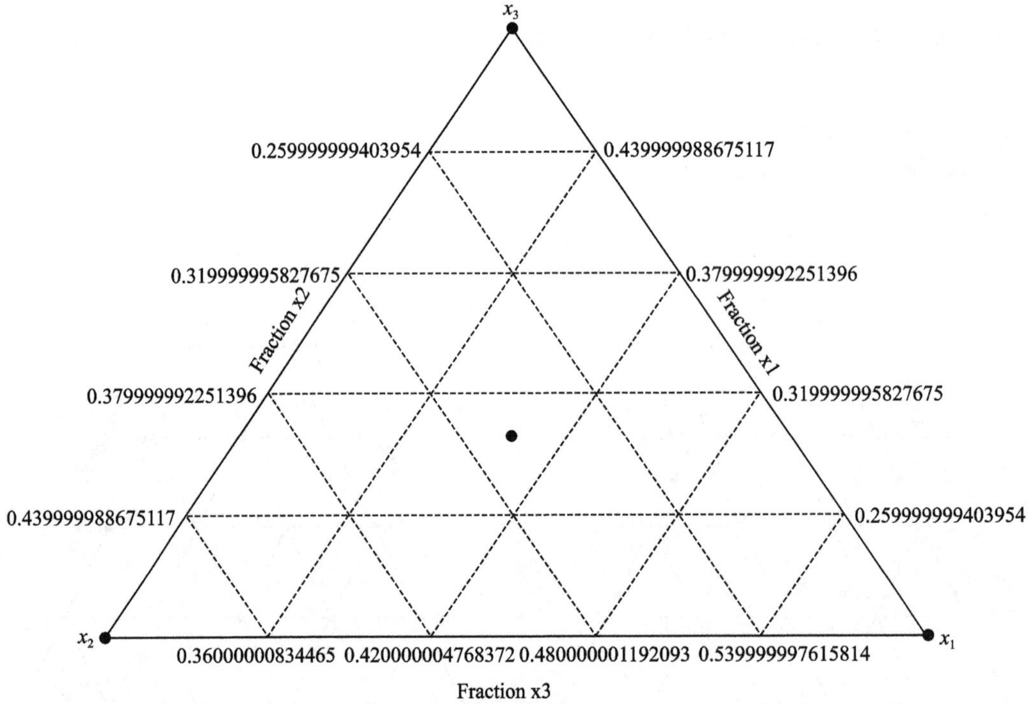

图 7.6　三因子有下界约束的混料设计方案试验点分布示意图

上面输出结果中 dimen 为 0 的点为顶点,3 个因子共 3 个顶点;dimen 为 2 的试验点为重心点,有 1 个重心点.如果希望加上边的中心试验点,则只需在代码中指定参数 ndm=1 即可,如下(图 7.7):

```
> Xvert(nfac = 3, uc = c(1,1,1), lc = c(0.2,0.2,0.3), ndm = 1)
    x1   x2   x3 dimen
1 0.20 0.20 0.60     0
2 0.20 0.50 0.30     0
3 0.50 0.20 0.30     0
4 0.20 0.35 0.45     1
5 0.35 0.20 0.45     1
6 0.35 0.35 0.30     1
7 0.30 0.30 0.40     2
```

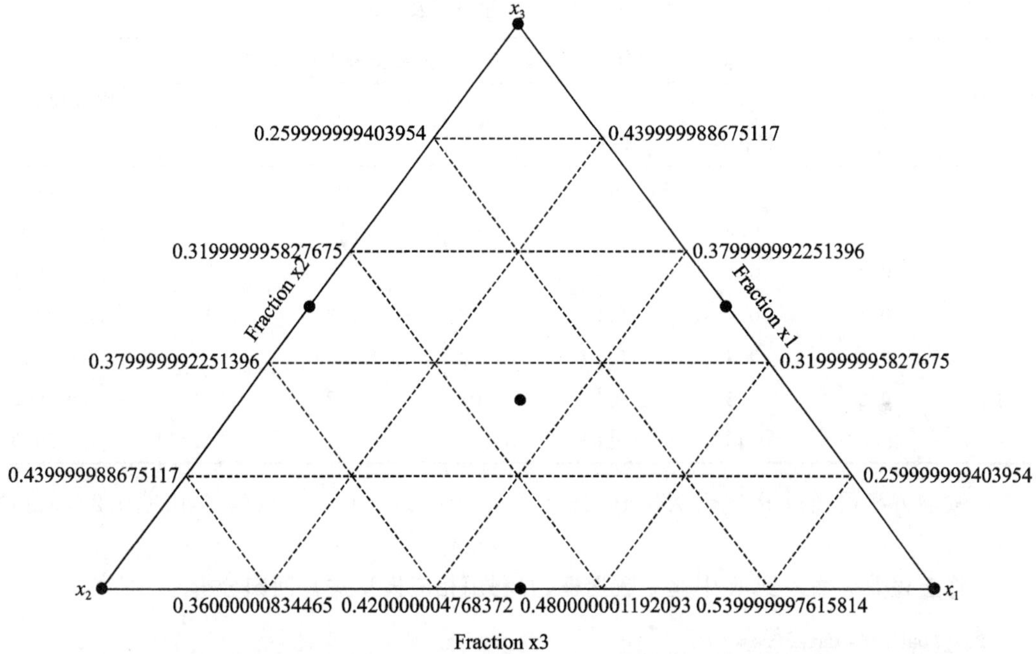

图 7.7　三因子有下界约束的混料设计方案试验点分布示意图(增加边上中心点)

下面通过一个有下界约束条件的混料设计实例,展示混料设计的数据分析过程.

例 7.1　试制某种喷气剂,3 种混料成分有下界约束:

$$\begin{cases} \text{黏合剂} & x_1 \geqslant 0.2 \\ \text{氧化剂} & x_2 \geqslant 0.4 \\ \text{燃料} & x_3 \geqslant 0.2 \end{cases}$$

本试验的目的是要找出使因变量弹性模数大于 3000 的混料,且黏合剂用量越少越好.

显然,这是存在下界约束的混料问题,其试验区域是大正三角形内的一个小正三角形.已知 $a_1=0.2, a_2=0.4, a_3=0.2$,而:

$$1-\sum_{i=1}^{3} a_i = 1-(0.2+0.4+0.2)=0.2$$

故由 7.1.4 所述公式可计算得试验区域内任意一点的坐标关于自然空间与编码空间的变换关系式为:

$$\begin{bmatrix} x_1 \\ x_2 \\ x_3 \end{bmatrix} = 0.2 \begin{bmatrix} x_1' \\ x_2' \\ x_3' \end{bmatrix} + \begin{bmatrix} 0.2 \\ 0.4 \\ 0.2 \end{bmatrix}$$

本例采用三阶单纯形重心设计,试验次数 $N=2^p-1=7$(次).利用上式计算出 7 个试验的实际配料比,以此进行试验,试验方案及结果如表 7.4 所示.

表 7.4　例 7.1 试验方案及结果

试验号	大三角形坐标系(实际成分)			小三角形坐标系(编码成分)			弹性模数 y
	x_1 黏合剂	x_2 氧化剂	x_3 燃料	x'_1	x'_2	x'_3	
1	0.4	0.4	0.2	1	0	0	$y_1=2350$
2	0.2	0.6	0.2	0	1	0	$y_2=2450$
3	0.2	0.4	0.4	0	0	1	$y_3=2650$
4	0.3	0.5	0.2	1/2	1/2	0	$y_{12}=2400$
5	0.3	0.4	0.3	1/2	0	1/2	$y_{13}=2750$
6	0.2	0.5	0.3	0	1/2	1/2	$y_{23}=2950$
7	0.266	0.466	0.266	1/3	1/3	1/3	$y_{23}=3000$

(1)试验方案可通过 R 代码 Xvert(nfac=3, uc=c(1,1,1), lc=c(0.2,0.4,0.2), ndm=1)生成.

(2)将上述数据输入到 R 中建立数据框,并利用相应模型进行回归分析.

```
> Eg7_1Data <- data.frame(
+                 x1p = c(1,0,0,1/2,1/2,0,1/3),
+                 x2p = c(0,1,0,1/2,0,1/2,1/3),
+                 x3p = c(0,0,1,0,1/2,1/2,1/3),
+                 Y   = c(2350,2450,2650,2400,2750,2950,3000)
+                 )
> Eg7_1Data
        x1p       x2p       x3p    Y
1 1.0000000 0.0000000 0.0000000 2350
2 0.0000000 1.0000000 0.0000000 2450
3 0.0000000 0.0000000 1.0000000 2650
4 0.5000000 0.5000000 0.0000000 2400
5 0.5000000 0.0000000 0.5000000 2750
6 0.0000000 0.5000000 0.5000000 2950
7 0.3333333 0.3333333 0.3333333 3000
>
> lm.Eg7_1Data <- lm(Y ~ x1p + x2p + x3p + x1p:x2p + x1p:x3p + x2p:x3p + x1p:x2p:x3p - 1, data =
Eg7_1Data)
> summary(lm.Eg7_1Data)

Call:
lm(formula = Y ~ x1p + x2p + x3p + x1p:x2p + x1p:x3p + x2p:x3p +
    x1p:x2p:x3p - 1, data = Eg7_1Data)

Residuals:
ALL 7 residuals are 0: no residual degrees of freedom!

Coefficients:
```

```
                 Estimate Std.  Error  t-value  Pr(>|t|)
x1p              2.350e+03      NaN    NaN      NaN
x2p              2.450e+03      NaN    NaN      NaN
x3p              2.650e+03      NaN    NaN      NaN
x1p:x2p          6.494e-14      NaN    NaN      NaN
x1p:x3p          1.000e+03      NaN    NaN      NaN
x2p:x3p          1.600e+03      NaN    NaN      NaN
x1p:x2p:x3p      6.150e+03      NaN    NaN      NaN
Residual standard error: NaN on 0 degrees of freedom
Multiple R-squared:      1,     Adjusted R-squared:     NaN
F-statistic:   NaN on 7 and 0 DF,   p-value: NA
```

注意到在上述回归模型($Y \sim x_1+x_2+x_3+x_1:x_2+x_1:x_3+x_2:x_3+x_1:x_2:x_3-1$)中考虑了所有的一次项及交互项,模型表达式最后的"-1"表示去除常系数项,共有 7 个待估参数,而只有 7 个数据,因此上述结果中只给出了参数估计值,而无法进行检验. 注意到估计结果中 $x_1:x_2$ 项的系数远远小于其他各项,非常接近于 0,因此考虑将该项从模型中剔除后重新回归,结果如下:

```
> lm.Eg7_1DataM <- lm(Y ~ x1p + x2p + x3p + x1p:x3p + x2p:x3p + x1p:x2p:x3p - 1, data = Eg7_1Data)
> summary(lm.Eg7_1DataM)
Call:
lm(formula = Y ~ x1p + x2p + x3p + x1p:x3p + x2p:x3p + x1p:x2p:x3p -
    1, data = Eg7_1Data)
Residuals:
          1          2          3         4         5         6          7
 -8.122e-14 -8.122e-14 -2.919e-29 1.624e-13 9.466e-30 5.364e-29 -1.578e-30
Coefficients:
                 Estimate Std.  Error      t-value     Pr(>|t|)
x1p              2.350e+03     1.816e-13  1.294e+16  < 2e-16 ***
x2p              2.450e+03     1.816e-13  1.349e+16  < 2e-16 ***
x3p              2.650e+03     1.990e-13  1.332e+16  < 2e-16 ***
x1p:x3p          1.000e+03     9.610e-13  1.041e+15  6.12e-16 ***
x2p:x3p          1.600e+03     9.610e-13  1.665e+15  3.82e-16 ***
x1p:x2p:x3p      6.150e+03     6.410e-12  9.595e+14  6.64e-16 ***
---
Signif. codes:  0 '***' 0.001 '**' 0.01 '*' 0.05 '.' 0.1 ' ' 1
Residual standard error: 1.99e-13 on 1 degrees of freedom
Multiple R-squared:    1,     Adjusted R-squared:    1
F-statistic: 2.087e+32 on 6 and 1 DF,  p-value: < 2.2e-16
```

从上述结果可以看到,模型整体的 F 检验和各回归系数检验均高度显著,认为回归模型合适,回归方程为:

$$\hat{y}=2350x_1'+2450x_2'+2650x_3'+1000x_1'x_3'+1600x_2'x_3'+6150x_1'x_2'x_3'$$

(3)利用 R 函数 constrOptim()进行最优条件求解.

```
> start <- c(0.01,0.01)
> fn <- function(z){z1 <- z[1]; z2 <- z[2]; z3 <- 1 - z[1] - z[2]
f <- -(2350 * z1 + 2450 * z2 + 2650 * z3 + 1000 * z1 * z3 + 1600 * z2 * z3 + 6150 * z1 * z2 * z3)}
> ui <- rbind(c(1,0),c(-1,0),c(0,1),c(0,-1),c(1,1),c(-1,-1))
> ci <- c(0,-1,0,-1,0,-1)
> constrOptim(start,fn,NULL,ui,ci)
$par
[1] 0.1982156 0.3302055

$value
[1] -3056.941

$counts
function gradient
     103       NA

$convergence
[1] 0

$message
NULL

$outer.iterations
[1] 2

$barrier.value
[1] 0.0001823774
```

求解出的最大值点是 $x_1'=0.198$，$x_2'=0.330$，$x_3'=1-0.198-0.330=0.472$，最大值是 3056.941. 注意到上面输出结果中是 -3056.941，这是因为函数 constrOptim()默认是求最小值，因此在设置参数时将目标函数取了负值，这样求最大值问题就转化为求最小值问题. 再利用编码关系式可求得实际成分的混料点为：

$$\begin{bmatrix}x_1\\x_2\\x_3\end{bmatrix}=0.2\begin{bmatrix}0.198\\0.330\\0.472\end{bmatrix}+\begin{bmatrix}0.2\\0.4\\0.2\end{bmatrix}=\begin{bmatrix}0.2396\\0.4660\\0.2944\end{bmatrix}$$

因此，合理的喷气剂合适的配方为：黏合剂 24%，氧化剂 46.6%，燃料 29.4%.

7.2 均匀设计

7.2.1 均匀设计发展历史和思想

均匀设计，顾名思义，就是考虑试验点在试验空间内均匀散布的一种试验设计方法，是部分因子设计的重要方法之一.它适用于多因素、多水平的试验设计场合，是大幅度减少试验次数的一种优良的试验设计方法.和正交试验设计相比，均匀设计能用更少的试验次数获得期望的结果.得到试验数据后，再利用回归分析等方法研究响应变量和自变量的关系，从这个意义上讲，均匀设计也是一种特殊的回归设计.

20世纪70年代，我国推广正交设计方法并取得丰硕的成果.然而当试验需考察的因子较多，特别是每个因子有较多的水平时，运用正交设计方法所需做的试验次数仍会较多，以至于难以安排试验.1978年，原七机部在进行某项产品的试验设计时，须考虑五因子三十一水平的试验，且要求试验次数不能超过50次.五因子三十一水平可能的试验次数多达2800多万次，而运用正交设计方法，五因子三十一水平的试验次数至少也要 $31^2=961$ 次.为解决该难题，我国著名的数理统计学家方开泰与数学家王元合作，将数论理论成功地应用于试验设计问题中，创立了一种全新的试验设计方法——均匀设计试验法，运用该方法于上述的五因子三十一水平的试验问题，仅需做31次试验，其效果便接近于2800多万次的试验，成功地解决了该难题.均匀设计方法已广泛应用于国内的军工、化工、医药、食品等领域，并取得显著的成效.在国际上均匀设计也已得到承认和应用，引起了国际数学界的重视.

正交设计法是从全面试验中挑选部分试验点进行试验，它在挑选试验点时有两个特点，即均匀分散和整齐可比.均匀分散使试验点具有代表性，整齐可比便于试验的数据分析.然而，为了照顾整齐可比，试验点就不能充分地均匀分散，且试验点的数目就会比较多(试验次数随水平数的平方而增加).均匀设计方法的思路是去掉整齐可比的要求，通过提高试验点均匀分散的程度，使试验点具有更好的代表性，从而使得能用较少的试验获得较多的信息.

7.2.2　均匀设计表

与正交设计类似，均匀设计也是利用事先设计好的表格来安排试验的，这种表格称为均匀设计表.均匀设计表是根据数论在多维数值积分中的应用原理构造的，它分为等水平和混合水平两种.下面我们简要介绍一下等水平均匀设计表的含义与使用方法.

类似于正交表，每一个均匀设计表有一个代号 $U_n(q^m)$ 或 $U_n^*(q^m)$，其中“U”表示均匀设计，下标“n”表示要做 n 次试验，括号里的底数“q”表示每个因子有 q 个水平，“m”表示该表有 m 列，可安排 m 个因子.U 的右上角加“*”和不加“*”代表两种不同类型的均匀设计表.表7.5和表7.7分别为均匀设计表 $U_7(7^4)$ 和 $U_7^*(7^4)$.通常加“*”的均匀设计表有更好的均匀性，应优先选用.

每个均匀设计表都附有一个使用表，它指示我们如何从设计表中选用适当的列，以及由这些列所组成的试验方案的均匀度.表7.6和表7.8分别为 $U_7(7^4)$ 和 $U_7^*(7^4)$ 的使用表.它告诉我们，若有2个因子时，应选用1,3两列来安排试验；若有3个因子，应选用1,2,3三列，…，最后1列 D 表示刻划均匀度的偏差，偏差值越小，表示均匀度越好.当有2个因子时，选用 $U_7(7^4)$ 的1,3列，其偏差 $D=0.2398$，选用 $U_7^*(7^4)$ 的1,3列，其偏差 $D=0.1582$，后者较小，应优先择用.有关 D 的定义和计算在这里不介绍.可见当 U_n 表和 U_n^* 表能满足试验设计时.应优先使用 U_n^* 表.

表 7.5 $U_7(7^4)$

试验号	1	2	3	4
1	1	2	3	6
2	2	4	6	5
3	3	6	2	4
4	4	1	5	3
5	5	3	1	2
6	6	5	4	1
7	7	7	7	7

表 7.6 $U_7(7^4)$使用表

因子数 s	列号	D
2	1 3	0.2398
3	1 2 3	0.3721
4	1 2 3 4	0.4760

表 7.7 $U_7^*(7^4)$

试验号	1	2	3	4
1	1	3	5	7
2	2	6	2	6
3	3	1	7	5
4	4	4	4	4
5	5	7	1	3
6	6	2	6	2
7	7	5	3	1

表 7.8 $U_7^*(7^4)$使用表

因子数 s	列号	D
2	1 3	0.1582
3	2 3 4	0.2132

均匀设计有其独特的布(试验)点方式,其特点表现在:

①每个因子的每个水平做且仅做 1 次试验.

②任意 2 个因子的试验点都点在平面的格子点上,每行每列有且仅有 1 个试验点.如表 7.9 所示的 $U_7(7^6)$均匀设计表的第 1 列和第 3 列点成图 7.8.性质①和②反映了试验安排的"均衡性",即对每个因子的每个水平一视同仁.

③均匀设计表任意两列组成的试验方案一般并不等价.例如,用 $U_7(7^6)$的 1,3 列和 1,6 列分别画图,得图 7.8 和图 7.9.我们看到,图 7.8 的点散布比较均匀,而图 7.9 的点散布并不均匀.均匀设计表的这一性质和正交表有很大的不同,因此,每个均匀设计表必须有一个附加的使用表.如表 7.10 为 $U_7(7^6)$均匀设计表的使用表.

表 7.9 $U_7(7^6)$

试验号	1	2	3	4	5	6
1	1	2	3	4	5	6
2	2	4	6	1	3	5
3	3	6	2	5	1	4
4	4	1	5	2	6	3
5	5	3	1	6	4	2
6	6	5	4	3	2	1
7	7	7	7	7	7	7

表 7.10 $U_7(7^6)$使用表

因子数 s	列号	D
2	1 3	0.2398
3	1 2 3	0.3721
4	1 2 3 6	0.4760

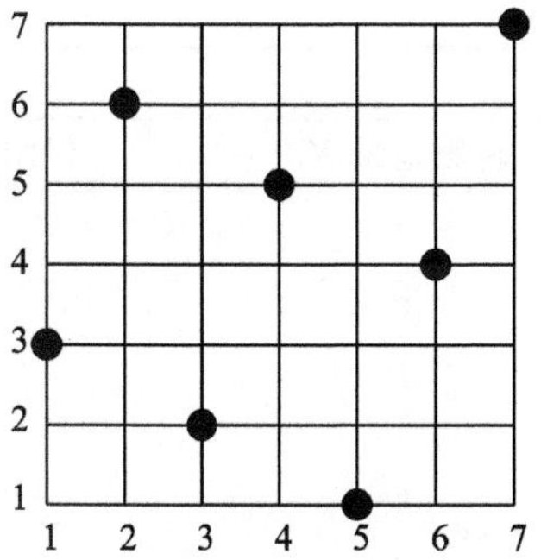

图 7.8　均匀分布 1,3 列

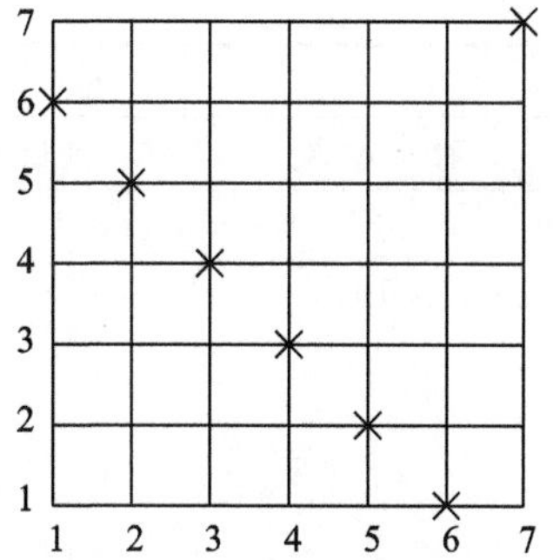

图 7.9　不均匀分布 1,6 列

7.2.3　均匀设计示例

例 7.2　在阿魏酸的合成工艺考察中,为了提高产量,选取了原料配比(A)、吡啶量(B)和反应时间(C)3 个因子,它们各取了 7 个水平如下:

原料配比(A):1.0,1.4,1.8,2.2,2.6,3.0,3.4

吡啶量(B):10,13,16,19,22,25,28 mL

反应时间(C):0.5,1.0,1.5,2.0,2.5,3.0,3.5 h

根据因子和水平数,我们选取均匀设计表 $U_7^*(7^4)$ 或 $U_7(7^4)$. 从它们的使用表中可以查到,当因子数 $s=3$ 时,两个表的偏差分别为 0.2132 和 0.3721,故应当选用 $U_4^*(7^4)$ 来安排该试验,其试验方案列于表 7.11. 该方案是将 A,B,C 分别放在表的后 3 列而获得的.

表 7.11　制备阿魏酸的试验方案 $U_7^*(7^3)$

水平	原料配比(A)	吡啶量/mL(B)	反应时间/h(C)
1	1.8(3)	22(5)	3.5(7)
2	3.0(6)	13(2)	3.0(6)
3	1.0(1)	28(7)	2.5(5)
4	2.2(4)	19(4)	2.0(4)
5	3.4(7)	10(1)	1.5(3)
6	1.4(2)	25(6)	1.0(2)
7	2.6(5)	16(3)	0.5(1)

例 7.3　研究水肥耦合对马铃薯干物质的影响规律为提高马铃薯产量提供理论依据. 以补水量、氮肥施量、磷肥施量、钾肥施量为试验因子,选用四因子十水平的均匀设计,采用 $U_{10}(10^8)$ 均匀设计表,试验设计 10 个水平,共 10 个处理,试验地各小区面积均为 6 m×6 m. 因子和水平代码设计见表 7.12,具体的试验方案和试验结果见表 7.13. 试对试验数据进行回归分析.

表 7.12　例 7.3 试验因子及水平代码表($D=0.1258$)

处理	因子			
	补水量 X_1	氮肥施量 X_2	磷肥施量 X_3	钾肥施量 X_4
1	2	3	9	2

续表 7.12

处理	因子			
	补水量 X_1	氮肥施量 X_2	磷肥施量 X_3	钾肥施量 X_4
2	8	2	2	9
3	10	4	5	3
4	5	1	7	5
5	4	9	1	4
6	3	8	6	10
7	1	5	3	7
8	7	7	4	1
9	6	6	10	8
10	9	10	8	6

表 7.13　例 7.3 试验实施方案及干物质生产量

处理	因子				干物质量 y/(kg/hm^2)
	补水量 X_1/(m^3/hm^2)	氮肥施量 X_2/(kg/hm^2)	磷肥施量 X_3/(kg/hm^2)	钾肥施量 X_4/(kg/hm^2)	
1	300	90	270	30	8175.96
2	1200	60	60	135	9461.61
3	1500	120	150	45	15181.75
4	750	30	210	75	12338.21
5	600	270	30	60	13321.62
6	450	240	180	150	13076.98
7	150	150	90	105	11064.67
8	1050	210	120	15	16021.48
9	900	180	300	120	13148.22
10	1350	300	240	90	17114.03

(1)首先将数据输入到 R 中建立数据框.

```
> Eg7_3Data <- data.frame(
+                   x1 = c(300,1200,1500,750,600,450,150,1050,900,1350),
+                   x2 = c(90,60,120,30,270,240,150,210,180,300),
+                   x3 = c(270,60,150,210,30,180,90,120,300,240),
+                   x4 = c(30,135,45,75,60,150,105,15,120,90),
+                   Y  = c(8175.96,9461.61,15181.75,12338.21,13321.62,13076.98,
+                          11064.67,16021.48,13148.22,17114.03)
+                   )
> Eg7_3Data
     x1   x2   x3   x4        Y
1   300   90  270   30  8175.96
2  1200   60   60  135  9461.61
```

```
3   1500  120  150   45  15181.75
4    750   30  210   75  12338.21
5    600  270   30   60  13321.62
6    450  240  180  150  13076.98
7    150  150   90  105  11064.67
8   1050  210  120   15  16021.48
9    900  180  300  120  13148.22
10  1350  300  240   90  17114.03
```

(2)建立 Y 与 x_1,x_2,x_3,x_4 之间的线性回归模型,并用逐步回归进行模型选择.

```
> lm01.Eg7_3Data <- lm(Y ~ x1 + x2 + x3 + x4, data = Eg7_3Data)
> summary(lm01.Eg7_3Data)

Call:
lm(formula = Y ~ x1 + x2 + x3 + x4, data = Eg7_3Data)

Residuals:
      1        2       3       4       5       6       7       8       9      10
-2274.3  -1859.1   576.3  2158.4  -818.8   631.2  1095.5   905.3  -181.9  -232.6

Coefficients:
             Estimate Std.  Error   t-value   Pr(>|t|)
(Intercept)  7438.213      2316.028   3.212    0.0237 *
x1              3.315         1.357   2.443    0.0584 .
x2             19.515         6.759   2.887    0.0343 *
x3              2.114         6.738   0.314    0.7664
x4            -10.322        13.569  -0.761    0.4811
---
Signif. codes:  0 '***' 0.001 '**' 0.01 '*' 0.05 '.' 0.1 ' ' 1

Residual standard error: 1833 on 5 degrees of freedom
Multiple R-squared:  0.7628,     Adjusted R-squared:  0.573
F-statistic: 4.019 on 4 and 5 DF,  p-value: 0.07967
```

从回归分析结果看,模型整体在0.1显著性水平上显著,但系数检验中只有 x_1,x_2 的系数显著.利用R中的step()函数进行变量筛选,结果如下:

```
> step.lm01.Eg7_3Data <- step(lm01.Eg7_3Data, direction = "both")
Start:  AIC = 153.34
Y ~ x1 + x2 + x3 + x4

        Df  Sum of Sq       RSS     AIC
- x3     1     330629  17125628  151.53
- x4     1    1944003  18739003  152.44
<none>                 16795000  153.34
- x1     1   20045169  36840169  159.19
- x2     1   27997885  44792885  161.15
```

```
Step:   AIC = 151.54
Y ~ x1 + x2 + x4

         Df  Sum of Sq      RSS      AIC
- x4      1    1925611  19051240  150.60
<none>                  17125628  151.53
+ x3      1     330629  16795000  153.34
- x1      1   20171110  37296739  157.32
- x2      1   27744461  44870090  159.17

Step:   AIC = 150.6
Y ~ x1 + x2

         Df  Sum of Sq      RSS      AIC
<none>                  19051240  150.60
+ x4      1    1925611  17125628  151.53
+ x3      1     312237  18739003  152.44
- x1      1   21983530  41034769  156.27
- x2      1   26956601  46007840  157.42
```

从上述结果看,最后选择的最优模型只包含 x_1,x_2,回归结果为:

```
> lm01step.Eg7_3Data <- lm(Y ~ x1 + x2, data = Eg7_3Data)
> summary(lm01step.Eg7_3Data)

Call:
lm(formula = Y ~ x1 + x2, data = Eg7_3Data)

Residuals:
      Min        1Q     Median       3Q       Max
 -2717.63   -669.50    -57.08   814.42   2282.36

Coefficients:
             Estimate Std.  Error  t-value  Pr(>|t|)
(Intercept) 6898.512     1471.316   4.689  0.00224 **
x1             3.446        1.213   2.842  0.02497 *
x2            19.082        6.063   3.147  0.01622 *
---
Signif. codes:  0 '***' 0.001 '**' 0.01 '*' 0.05 '.' 0.1 ' ' 1

Residual standard error: 1650 on 7 degrees of freedom
Multiple R-squared:  0.7309,    Adjusted R-squared:  0.654
F-statistic: 9.507 on 2 and 7 DF,  p-value: 0.01011
```

回归模型和各回归系数都通过检验,写出回归方程如下:

$$\hat{y}=6898.512+3.446x_1+19.082x_2$$

注意到上述模型中缺少了 2 个变量,一般来讲这是不符合实际情况的,说明我们选择线性模型值得改进.因此,我们继续采用二次回归模型考虑,设:

$$E(y)=\beta_0+\sum_{i=1}^{4}\beta_i x_i+\sum_{i<j}\beta_{ij}x_i x_j+\sum_{i=1}^{4}\beta_{ii}x_i^2$$

注意到这个完全二阶模型中有 14 个参数需要估计，而试验数据只有 10 个，因此无法用普通最小二乘法估计出二次函数中的所有参数. 但在模型中选择哪些项并不容易确定. 这里我们考虑利用 R 语言 leaps 包中的函数 regsubsets()进行模型选取.

```
> library(leaps)
> summary(regsubsets(Y ~ x1 + x2 + x3 + x4 + x1:x2 + x1:x3 + x1:x4 + x2:x3 + x2:x4 + x3:x4 + I(x1^2) + I(x2^2) + I(x3^2) + I(x4^2), data = Eg7_3Data))
Subset selection object
Call: regsubsets.formula(Y ~ x1 + x2 + x3 + x4 + x1:x2 + x1:x3 + x1:x4 +
    x2:x3 + x2:x4 + x3:x4 + I(x1^2) + I(x2^2) + I(x3^2) + I(x4^2),
    data = Eg7_3Data)
14 Variables  (and intercept)
         Forced in  Forced out
x1         FALSE      FALSE
x2         FALSE      FALSE
x3         FALSE      FALSE
x4         FALSE      FALSE
I(x1^2)    FALSE      FALSE
I(x2^2)    FALSE      FALSE
I(x3^2)    FALSE      FALSE
I(x4^2)    FALSE      FALSE
x1:x2      FALSE      FALSE
x1:x3      FALSE      FALSE
x1:x4      FALSE      FALSE
x2:x3      FALSE      FALSE
x2:x4      FALSE      FALSE
x3:x4      FALSE      FALSE
1 subsets of each size up to 8
Selection Algorithm: exhaustive
         x1  x2  x3  x4  I(x1^2) I(x2^2) I(x3^2) I(x4^2) x1:x2 x1:x3 x1:x4 x2:x3 x2:x4 x3:x4
1  ( 1 ) " " " " " " " " " "     " "     " "     " "     "*"   " "   " "   " "   " "   " "
2  ( 1 ) " " " " " " " " " "     " "     " "     " "     "*"   " "   "*"   " "   " "   " "
3  ( 1 ) "*" " " " " " " " "     " "     " "     " "     " "   " "   "*"   " "   "*"   " "
4  ( 1 ) " " " " " " "*" " "     " "     "*"     " "     "*"   " "   " "   " "   " "   "*"
5  ( 1 ) " " " " " " "*" " "     "*"     "*"     " "     " "   "*"   " "   " "   " "   "*"
6  ( 1 ) " " " " "*" "*" " "     "*"     "*"     " "     " "   "*"   " "   " "   " "   "*"
7  ( 1 ) " " " " "*" " " "*"     "*"     "*"     " "     " "   " "   "*"   " "   "*"   "*"
8  ( 1 ) " " " " " " "*" "*"     "*"     "*"     "*"     " "   "*"   "*"   " "   " "   "*"
```

从上述结果看有多个模型可供选择，此处我们选取了上面第 8 号模型对应的变量再次进行回归，结果如下：

```
> lm03.Eg7_3Data <- lm(Y ~ x4 + I(x1^2) + I(x2^2) + I(x3^2) + I(x4^2) + x1:x3 + x1:x4 + x3:x4, data = Eg7_3Data)
> summary(lm03.Eg7_3Data)

Call:
lm(formula = Y ~ x4 + I(x1^2) + I(x2^2) + I(x3^2) + I(x4^2) +
    x1:x3 + x1:x4 + x3:x4, data = Eg7_3Data)

Residuals:
      1        2       3       4       5       6        7        8        9      10
0.09967 -0.07443 0.11358 0.41694 0.03622 0.35351 -0.36084 -0.24576 -0.41499 0.07612

Coefficients:
             Estimate Std. Error   t-value Pr(>|t|)
(Intercept)  1.456e+04  2.034e+00   7157.8 8.89e-05 ***
x4          -6.650e+01  3.877e-02  -1715.2 0.000371 ***
I(x1^2)     -8.933e-04  2.076e-06   -430.2 0.001480 **
I(x2^2)      2.691e-02  1.166e-05   2308.7 0.000276 ***
I(x3^2)     -1.200e-01  3.277e-05  -3663.2 0.000174 ***
I(x4^2)      1.308e-01  2.493e-04    524.7 0.001213 **
x1:x3        2.881e-02  2.218e-05   1298.6 0.000490 ***
x4:x1       -4.771e-03  1.772e-05   -269.2 0.002365 **
x4:x3        2.244e-01  1.972e-04   1138.0 0.000559 ***
---
Signif. codes:  0 '***' 0.001 '**' 0.01 '*' 0.05 '.' 0.1 ' ' 1

Residual standard error: 0.8349 on 1 degrees of freedom
Multiple R-squared:      1,    Adjusted R-squared:      1
F-statistic: 1.27e+07 on 8 and 1 DF,  p-value: 0.0002171
```

回归模型和各回归系数都通过检验,得回归方程为:

$$y=14560-6.65x_4-0.00089x_1^2+0.027x_2^2-0.12x_3^2+0.131x_4^2$$
$$+0.029x_1x_3-0.0048x_1x_4-0.022x_3x_4$$

从回归效果看,该模型较好,但从实际问题角度可能还需进一步探讨,这里我们只是写出来以供参考.

均匀设计内容丰富,应用广泛,对此感兴趣的读者可进一步参考文献[11].

7.3 交叉设计

交叉设计(cross-over design,COD),也称反转试验设计,是一种特殊的自身配对设计,是指在同一试验中将试验对象随机分组,交叉互换处理,分别进行2次或2次以上的试验设计方法.在医学、生物学等领域研究中有广泛的应用.

在某些试验研究中,研究者要考察一个具有二水平的试验因子(设其2个水平分别为A和B),但根据具体的专业需要,希望该因子的2个水平要先后施加于每一个试验对象,以便节省试验对象的个数，同时在做对比试验时也能尽可能保持其他条件一致. 显然，我们首先就会想到采用“自身配对设计”. 但是，如果所有的受试者都是先接受 A 处理后接受 B 处理，那就人为地引入了“顺序误差”. 因为我们很难保证 A 处理在每个试验对象身上所产生的效应都能被完全清除之后，才使用 B 处理. 也就是说，B 处理所产生的试验效应中可能混杂进了 A 处理的试验效应，这样，对 B 处理的实验效应的评价就会出现严重的“偏差(bias) ”. 纠正这种错误的方法，就是采用交叉设计，即让全部试验对象中的一半接受处理的顺序为“先 A 后 B”，另一半接受处理的顺序为“先 B 后 A”，从而使“A、B 2 种处理”在 2 组试验对象中施加的先后顺序是“交叉”开的，故得名“成组交叉设计”. 有时候，为了便于对重要非试验因子控制，先将全部试验对象按条件进行配对，然后，在每一对中让“A、B 2 种处理交叉”，这样做效果更好一些. 这种交叉设计，可以看作多个“配对设计”的串联，故可以称之为“配对交叉设计”. 这种设计可以通过拉丁方设计完成.

交叉设计可分为 2×2、2×3、3×3 交叉设计等. 表 7.14 和表 7.15 分别是 2×2 和 2×3 交叉设计的试验安排.

表 7.14　2×2 交叉设计

组别	时期	
	Ⅰ	Ⅱ
1	处理 1	处理 2
2	处理 2	处理 1

表 7.15　2×3 交叉设计

组别	时期		
	Ⅰ	Ⅱ	Ⅲ
1	处理 1	处理 2	处理 1
2	处理 2	处理 1	处理 2

交叉设计可以消除试验对象个体间及不同试验时期之间的差异对试验结果的影响，进一步突出处理效应，提高了试验的精确性. 交叉设计有一个非常重要的限制条件，它要求前一个阶段的处理效应不能持续到下一个试验阶段，为此两个试验阶段之间需要有一个洗脱期(wash out time)，以消除残留效应(carry-over effect)的影响. 在药物研究试验中，洗脱期间不服用其他药物，洗脱期的长短需要根据药物半衰期来定. 交叉设计一般用于需要长期治疗的一些疾病的药物或治疗方法间疗效的比较研究.

例 7.4　用 A、B 两种闪烁液对血浆中 ^{3}H-cGMP 成分进行测定. 随机选取 10 位测试对象，对同一对象分别用 A、B 两种闪烁液进行测定，测定分两阶段进行，第一阶段从 10 位测试对象中随机选 5 人用 A 闪烁液进行测定，另外 5 人用 B 闪烁液测定；第二阶段互换，即对第一阶段用 A 闪烁液测定的试验对象用 B 闪烁液进行测定，另一组用 A 闪烁液测定. 交叉试验计划及试验结果见表 7.16，试对交叉试验结果进行方差分析.

表 7.16　两种闪烁液测定血浆中 ^{3}H-cGMP 的交叉试验方案及结果

测试对象	阶段	
	Ⅰ	Ⅱ
1	A(760)	B(770)
2	B(860)	A(855)
3	A(568)	B(602)

续表 7.16

测试对象	阶段	
	Ⅰ	Ⅱ
4	A(780)	B(800)
5	B(960)	A(958)
6	B(940)	A(952)
7	A(635)	B(650)
8	B(440)	A(450)
9	A(528)	B(530)
10	B(800)	A(803)

方差分析的 R 代码及结果如下：

```
> Eg7_4Data <- data.frame(
Trt = c("A","B","A","A","B","B","A","B","A","B",
"B","A","B","B","A","A","B","A","B","A"),
+                    Pha = c(rep("I",10),rep("II",10)),
+                    Sub = factor(c(rep(1:10,2))),
+                    Y   = c(760,860,568,780,960,940,635,440,528,800,
770,855,602,800,958,952,650,450,530,803)
+                    )
> Eg7_4Data
   Trt  Pha  Sub  Y
1   A    I    1  760
2   B    I    2  860
3   A    I    3  568
4   A    I    4  780
5   B    I    5  960
6   B    I    6  940
7   A    I    7  635
8   B    I    8  440
9   A    I    9  528
10  B    I   10  800
11  B    II   1  770
12  A    II   2  855
13  B    II   3  602
14  B    II   4  800
15  A    II   5  958
16  A    II   6  952
17  B    II   7  650
18  A    II   8  450
19  B    II   9  530
20  A    II  10  803
> aov.Eg7_4Data <- aov(Y ~ Trt + Pha + Sub, data = Eg7_4Data)
```

```
> summary(aov.Eg7_4Data)
            Df  Sum Sq  Mean Sq  F-value   Pr(>F)
Trt          1     198      198    4.019  0.0799 .
Pha          1     490      490    9.925  0.0136 *
Sub          9  551111    61235 1240.195 1.32e-11 ***
Residuals    8     395       49
---
Signif. codes:  0 '***' 0.001 '**' 0.01 '*' 0.05 '.' 0.1 ' ' 1
```

从上述结果可以得到如下结论：A、B 处理间差异对应的 p 值为 0.0799，在 0.05 显著性水平上不显著，但在 0.1 水平上显著；测定阶段间差异显著；测试对象间差异显著. 交叉设计试验主要关注 A、B 处理间的差异是否显著.

习题 7

1. 混料设计和其他回归设计问题的主要区别是什么？

2. 利用 R 语言函数分别给出 $\{4,3\}$ 的单纯形格子设计和单纯形重心设计方案.

3. 考察燃料粒度分布对烧结矿强度的影响试验中，4 种烧结矿生产中的燃料粒度分布情况为：

粒度/mm	用量/%
0～0.5	z_1
0.5～2.0	z_2
2.0～3.0	z_3
3.0～5.0	z_4

$\sum_{i=1}^{4} z_i = 1$，$z_i \geqslant 0$，$i=1,2,3,4$，本试验考核的指标是烧结矿强度 y，它是燃料粒度小于等于 0.5mm 的粉矿所占的百分比，由转鼓试验得到的. 已知燃料(无烟煤)按纯炭量折算占炉料重量的 4%，其他成分的比例、粒度(除燃料粒度外)、烧结条件等不变，只考察燃料粒度比例变化对 y 的影响，试验方案与试验结果如下表所示.

试验号	炉料中各种粒度燃料的比例/%								烧结矿强度 y/%
	编码比例				自然比例				
	x_1	x_2	x_3	x_4	z_1	z_2	z_3	z_4	
1	1	0	0	0	4	0	0	0	$y_1=26.2$
2	0	1	0	0	0	4	0	0	$y_2=23.0$
3	0	0	1	0	0	0	4	0	$y_3=21.5$
4	0	0	0	1	0	0	0	4	$y_4=21.0$
5	1/2	1/2	0	0	2	2	0	0	$y_{12}=26.0$
6	1/2	0	1/2	0	2	0	2	0	$y_{13}=23.8$
7	1/2	0	0	1/2	2	0	0	2	$y_{14}=27.5$
8	0		1/2	0	0	2	2	0	$y_{23}=21.5$

续表

试验号	炉料中各种粒度燃料的比例/%								烧结矿强度 y/%
	编码比例				自然比例				
	x_1	x_2	x_3	x_4	z_1	z_2	z_3	z_4	
9	0		0	$\frac{1}{2}$	0	2	0	2	$y_{24}=22.3$
10	0	0	1/2	1/2	0	0	2	2	$y_{34}=21.7$

试用二次 Scheffe 多项式模型进行回归分析.

4.在例 7.2 中,用均匀设计安排的试验计划中得到试验结果如下表:

水平	配比(A)	吡啶量/mL(B)	反应时间/h(C)	收率 y/%
1	1.8(3)	22(5)	3.5(7)	0.6146
2	3.0(6)	13(2)	3.0(6)	0.3506
3	1.0(1)	28(7)	2.5(5)	0.7537
4	2.2(4)	19(4)	2.0(4)	0.8195
5	3.4(7)	10(1)	1.5(3)	0.0970
6	1.4(2)	25(6)	1.0(2)	0.7114
7	2.6(5)	16(3)	0.5(1)	0.4186

(1)分别建立收率 y 关于 3 个变量的一次、二次回归方程,并比较方程的优劣;

(2)找出使收率达到最高的水平组合.

5.比较 2 种不同的减肥药 A_1 和 A_2,将 14 名肥胖患者随机分为甲乙两组,甲组前 30 d 服用 A_1,后 30 d 服用 A_2,乙组前 30 d 服用 A_2,后 30 d 服用 A_1,换新药前均停药 3 d 以消除残留效应影响,试验结果如下表,试进行方差分析.

用药顺序	分组后受试者编号	前 30 d	后 30 d
甲组	1	4.132	0.256
	2	8.172	4.313
	3	6.129	0.454
	4	2.497	0.908
	5	4.313	0.454
	6	4.540	2.724
	7	1.498	1.135
乙组	8	2.766	1.232
	9	0.136	1.589
	10	4.449	2.043
	11	4.994	1.816
	12	0.454	0.136
	13	0.227	1.271
	14	1.589	1.271

第 8 章　R 语言简介

本书主要以 R 语言为工具进行试验设计与数据分析，因此这一章我们为不熟悉 R 语言的读者简要介绍一下 R 语言基础知识，进一步学习可参阅相关的学习资料.

R 是一个有着强大统计分析及绘图功能的软件系统，可以在通用许可规则(general public license，GNL)下从互联网免费下载使用. R 在一定程度上可以看作是 20 世纪 80 年代 S 语言的一种实现. S 语言是由 AT&T 贝尔实验室开发的一种用来进行数据探索、统计分析、作图的解释型语言. 最初 S 语言的实现版本主要是 S-PLUS. S-PLUS 是一个商业软件，它基于 S 语言，为统计学家们广泛使用，并由 MathSoft 公司的统计科学部进一步完善. 20 世纪 90 年代，新西兰奥克兰(Auckland)大学的 Robert Gentleman 和 Ross Ihaka 为教学方便，编写了一个 S 语言的简化版，由于他们名字的首字母都是 R，因此 R 便成了这门语言的名称. 后来成立了 R 语言开发核心小组负责 R 语言的维护和发展. 2000 年 2 月 29 日，R1.0.0 版本问世，经过不断的更新，截至 2023 年 7 月，版本为 R4.3.1。关于 R 语言的各种信息可以通过官方网站获得.

R 有如下特点：

(1)免费开源.

(2)有适用于各种操作系统的版本. R 可以运行于 UNIX，Linux，Windows 和 Macintosh 等各种操作系统，它们的安装软件及说明都可以在其官方网站下载.

(3)帮助功能完善. R 嵌入了一个非常实用的帮助系统，随软件所附的 pdf 或 html 帮助文件可以方便地通过主菜单打开浏览或打印，它提供了非常完善的各类函数的使用方法和具体实例.

(4)统计分析功能强大. R 除了内嵌了许多实用的统计分析函数之外，还可以通过添加各类包(package)来实现各个领域、各种最新的统计分析方法.

(5)作图功能强大.

总之，R 是一个包括了数据操作、数据分析和图形展示的免费软件系统，在科研和教育领域得到了广泛的认可和使用.

8.1　R 的安装和使用

1. R 的安装

在 R 的官方网站(CRAN 网站)上可以直接下载 R 安装程序，根据计算机的系统选择相应版本. 具体步骤为：

(1) 进入 CRAN 网站 https://www.r-project.org/，点击页面左侧 download 下的 CRAN，进入镜像网站（图 8.1）.

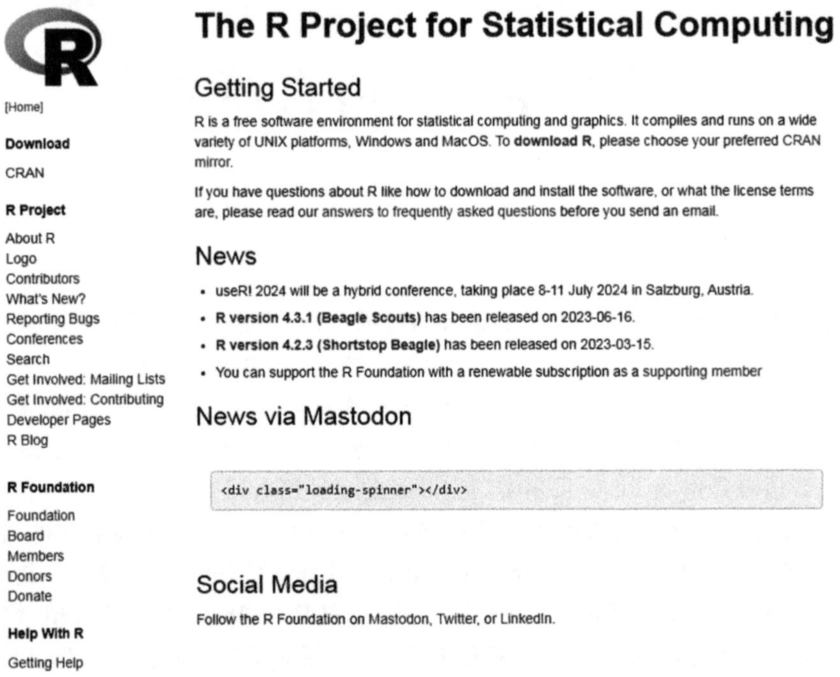

图 8.1　进入 CRAN 网站

(2) 选择合适的镜像网站并点击，比如 https://mirrors.tuna.tsinghua.edu.cn/CRAN/.

(3) 根据个人计算机的操作系统选择相应版本（Linux，Mac 或 Windows）并点击进入下一页面（图 8.2）.

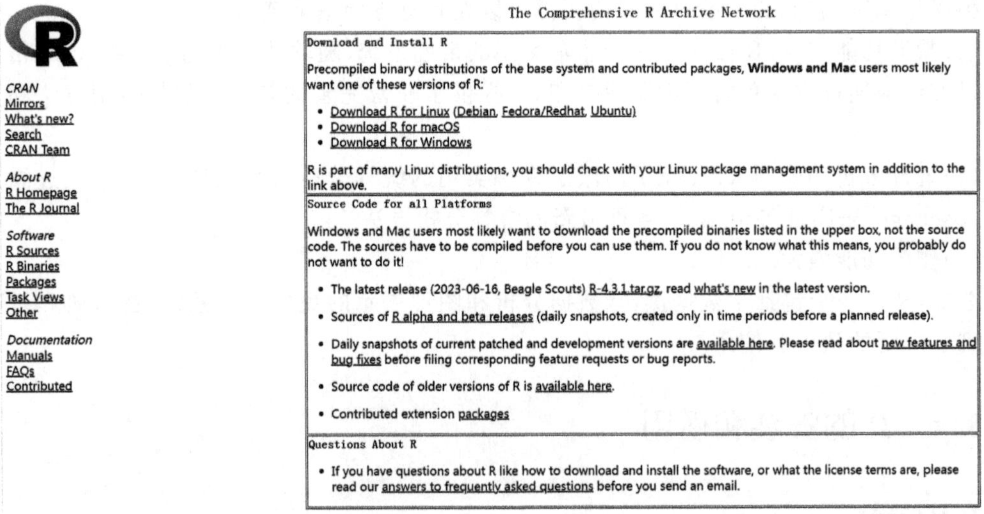

图 8.2　进入下一页面

(4)点击 install R for the first time 进入下一页面(图 8.3).

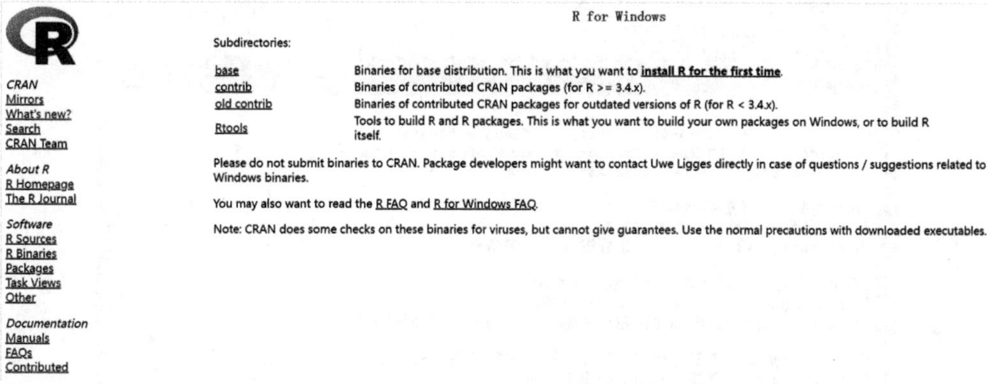

图 8.3　进入下一页面

(5)点击 Download R 4.3.1 for Windows(2023 年 7 月时 Windows 最新版本),进入下载界面,文件下载结束后,双击打开安装程序并按提示安装,直至安装结束(图 8.4).

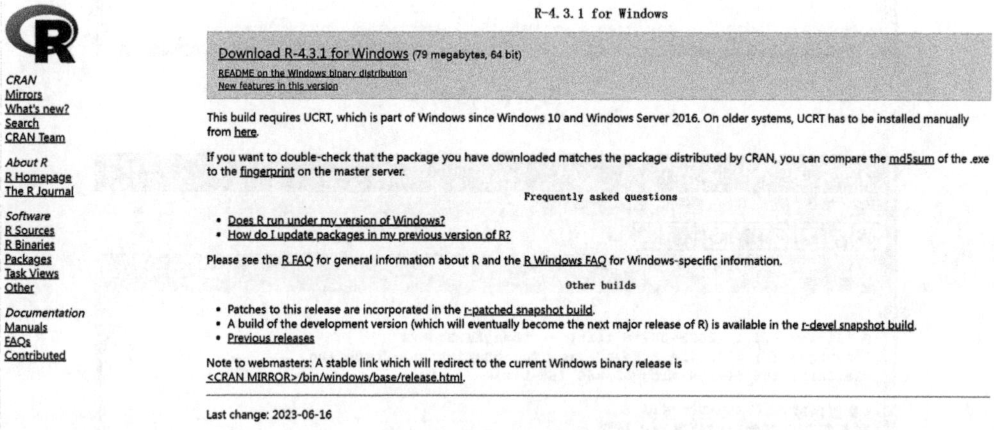

图 8.4　下载并安装

2. R 的启动与退出

点击桌面上 R x. x. x. 图标启动 R R-Gui. 也可以点击计算机“开始”菜单的“所有程序”里 R 选项来启动. 启动后如图 8.5 所示.

在 R Console 窗口红色提示符“＞”后键入命令并回车,即可完成相应操作. 比如输入 getwd( )后回车可以得到当前目录路径;输入 rnorm(20)后回车,可以看到命令行下方出现 20 个数据(图 8.6),此命令及结果的含义我们会在后面介绍. 要注意的是,R 命令对字母大小写敏感,即同一字母的大小写被视为不同的符号.

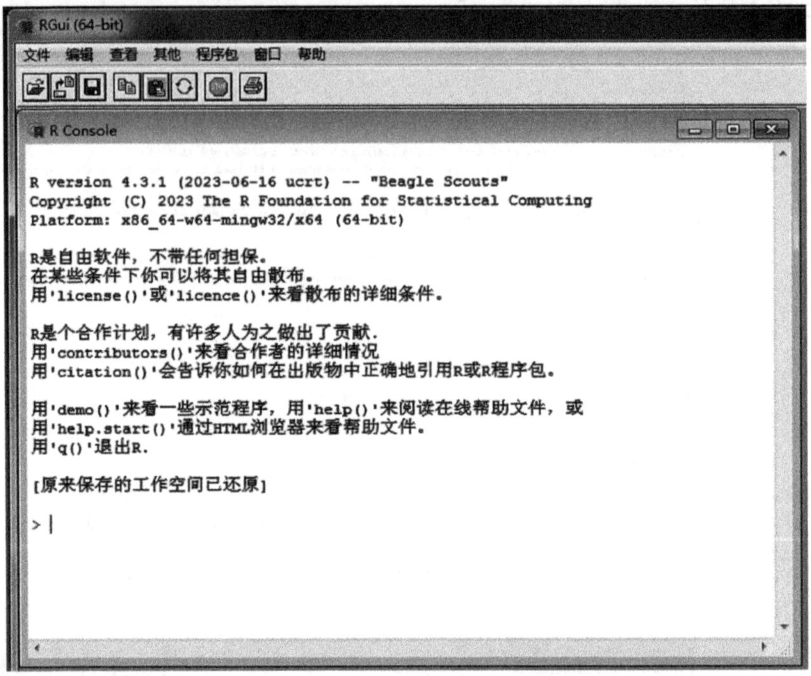

图 8.5 启动

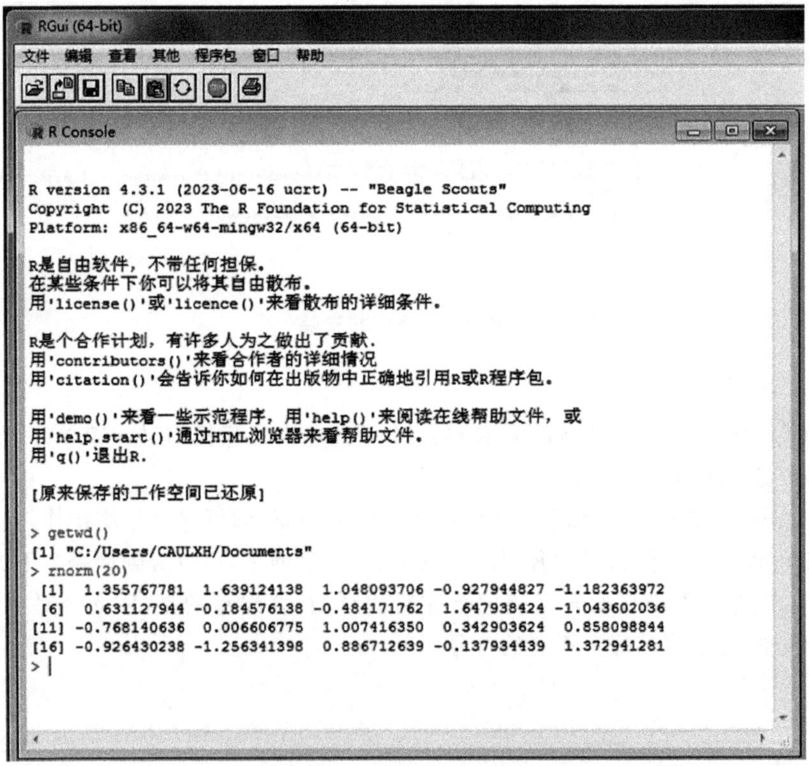

图 8.6 输入后页面

退出 R 可以在命令行处键入 q( )或点击 RGui 右上角的叉号. 退出时可以选择保存工作空间，缺省文件名为 R 安装目录的 bin 子目录下的 *. RData. 通过命令 load("*. RData")或通过菜单选项"文件"下的"载入工作空间"，即可完成工作空间加载，无须重复运行工作空间中已有的命令.

3. R 程序包(package)的安装与使用

所有的 R 函数和数据集都存储在程序包中，只有当一个包被加载时，它的内容和功能才被获取和使用. R 中的程序包可分为标准包(standard packages)和贡献包(contributed packages). 标准包也称基础包(base packages)，被视为 R 源代码的一部分，它包含了让 R 工作的基本函数和数据集，以及常规的统计和绘图函数，随 R 默认安装加载并可以直接使用.

不同于标准包，贡献包是由许多不同的 R 学习和使用者编写的，它们有的是为了某个专业领域中的数据分析而编写；有的是为专门提出的统计方法而编写；有的是为了提供对某些数据集的访问而编写；还有一些是某些作者为了补充其著作而编写. 可以说正是贡献包大大扩展了 R 的应用领域，这也是 R 区别于其他商业软件的一个重要方面. 通过贡献包，R 的使用者可以快速地接触并使用各个领域的最新统计分析方法. 贡献包在使用前必须先安装并加载，这些包大部分都可以通过官方网站 CRAN 下载安装. 截至 2023 年 7 月，R 官方网站上的贡献包数量已超过 19880 个，并仍以很快的速度增长，充分显示了 R 使用者的广泛与活跃.

R 程序包的安装方式有如下 3 种.

(1)菜单方式：在联网条件下，点击 RGui 菜单栏中的"程序包"选项，按步骤"程序包→安装程序包→ ……→选择 CRAN 镜像服务器→选择要安装的程序包"进行实时安装；

(2)命令方式：在联网条件下，在命令提示符后键入>install. packages("安装程序包名称")即可完成程序包的安装. 需要特别注意的是引号一定是英文状态下的引号.

(3)本地安装：在没有网络的条件下，可以先另外从 CRAN 社区下载需要的程序包以及与之关联的程序包，再按第一种方式通过"程序包"菜单选项中的"Install package(s) from local files …"选定本地计算机上的程序包(zip 文件)进行安装.

新安装的程序包在使用前必须先加载，有两种加载方式.

(1)菜单方式：点击 RGui 菜单栏中的"程序包"选项，按步骤"程序包→加载程序包→选择要加载的程序包"进行加载；

(2)命令方式：在命令提示符后键入>library(加载程序包名称)来完成加载.

加载之后，就可以使用程序包中的各种函数了. 关于程序包的使用，可以通过下载 CRAN 网站中程序包链接下的参考手册来学习. 也可以通过命令 help(package="程序包名称")来了解程序包的信息.

4. R 在线帮助

学习一门编程语言离不开各种函数、语句的语法和语义，R 的程序包由大量的统计分析函数组成，理解它们的含义，熟悉它们的使用方法对于学习和使用 R 至关重要. R 提供了完善的帮助系统和功能来有效地帮助学习者和使用者.

(1)关于 R 的基础知识可以通过 RGui 菜单栏中的"帮助"菜单得到. 菜单下包含 R FAQ (R 常见问题问答)；手册(PDF 文件)；R 函数帮助；Html 帮助；搜索帮助等选项. 初学者可以下载"手册"下的"An Introduction to R"等资料了解和学习 R(图 8.7).

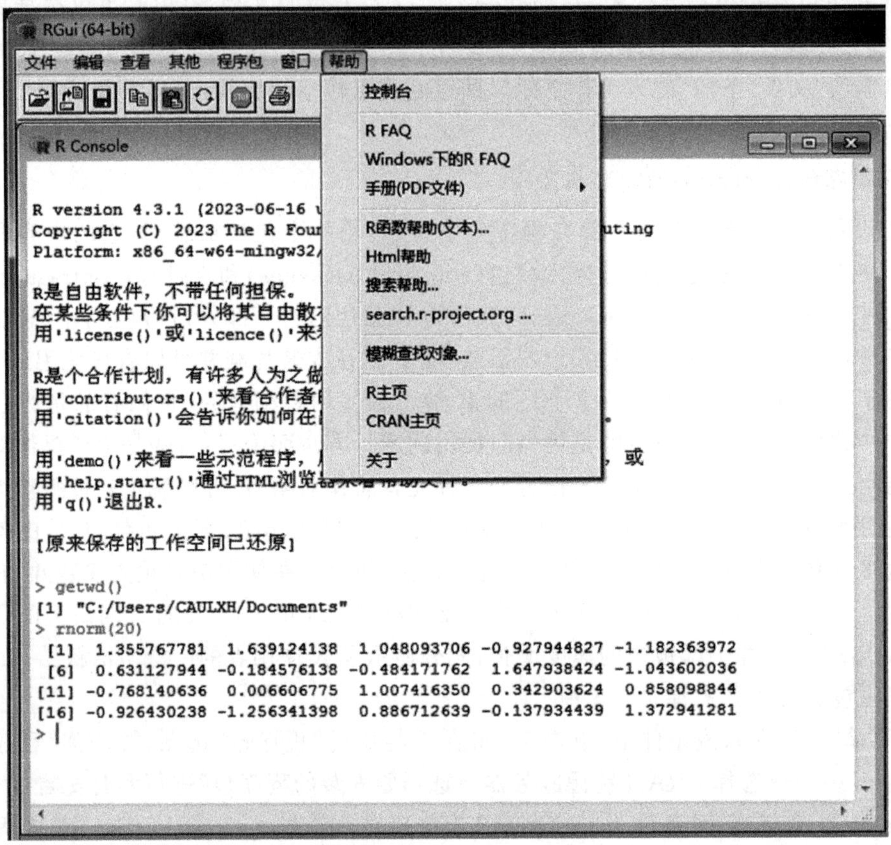

图 8.7　查找关于 R 的基础知识

(2)在 R 控制台对话框使用函数命令寻求帮助.

①help()命令

```
>help(funname)  # funname 表示要查询的函数名称
或
>? funname
```

命令执行后会出现名为“funname”的函数的帮助页面,其中包含该函数的简介、使用方法、参数、细节、输出值、例子等内容.上面命令行中的“#”号在 R 中表示之后的内容为注释,R 不执行“#”后的内容.

例如,我们要了解 mean 这个函数的功能,可以用命令

```
>? mean
```

回车后会显示 html 帮助页面如图 8.8 所示:

mean {base}　　　　R Documentation

Arithmetic Mean

Description

Generic function for the (trimmed) arithmetic mean.

Usage

```
mean(x, ...)

## Default S3 method:
mean(x, trim = 0, na.rm = FALSE, ...)
```

Arguments

`x`
: An R object. Currently there are methods for numeric/logical vectors and date, date-time and time interval objects. Complex vectors are allowed for `trim = 0`, only.

`trim`
: the fraction (0 to 0.5) of observations to be trimmed from each end of `x` before the mean is computed. Values of trim outside that range are taken as the nearest endpoint.

`na.rm`
: a logical evaluating to `TRUE` or `FALSE` indicating whether `NA` values should be stripped before the computation proceeds.

`...`
: further arguments passed to or from other methods.

Value

If `trim` is zero (the default), the arithmetic mean of the values in `x` is computed, as a numeric or

图 8.8　显示 html 帮助页面

②help.search()命令

```
>help.search("char")
```

该命令列出所有在帮助页面中包含字符"char"的函数.

③find()命令

```
>find(funname)
```

得到名为"funname"函数所在的程序包.

上述只是 R 提供的帮助功能的一部分,限于篇幅我们不在此一一介绍,想进一步了解的读者可以参阅后面列出的参考文献.无论如何,善于利用 R 强大的帮助功能是学习 R 的必备能力之一.

8.2　R 语言基础

1. R 对象与属性

R 是一种基于对象的语言,R 所创建、操作的实体都是对象.对象可以是变量、数组、字符串、函数以及由这些元素组成的其他结构.

对象的名称必须以字母开头(A～Z 或 a～z)，中间可以包含字母、数字、点(.)及下划线(_). 注意 R 对象的名称区分大小写. 另外需要注意的是有些变量名已经被系统使用，比如 pi 通常默认为圆周率的符号，F 和 T 是 FALSE 和 TRUE 的标准简写，如果你重新定义它们将失去它们的原意，从而引发一些错误.

一个对象的内容可以通过赋值操作产生，“＜－”，或者“－＞”表示赋值. 赋值还可以用函数 assign()实现，也可以使用等号“＝”，但最常用的还是“＜－”. 例如，＞a＜－10 表示将数值 10 赋值给 a，再输入 a 回车则会显示 a 的值为 10，R 中执行结果如图 8.9 所示：

图 8.9　R 中执行结果

R 的对象除了利用名称和内容来刻画，还通过对象的数据类型即属性来刻画. 所有对象都有 2 个内在属性:类型和长度. 类型是对象元素的基本种类，主要包含 4 种(表 8.1)：

表 8.1　类型的分类与示例

类型	示例
数值型(numeric)	1，1.2，3.1415926
复数型(complex)	1+2i
字符型(character)	'A'/ "hello world! "
逻辑型(logical)	TRUE / FALSE

对象的类型和长度可以通过函数 class( )和 length( )得到. 以 a 为例，如图 8.10 所示：

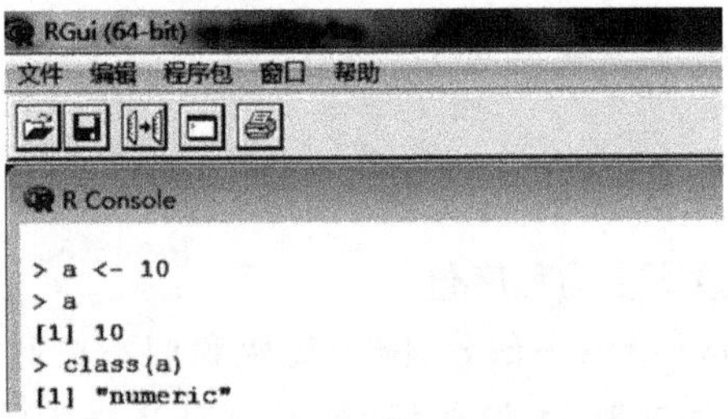

图 8.10　以 a 为例确定对象类型和长度

R 中常见的数据对象包括向量(vector)、矩阵(matrix)、数组(array)、因子(factor)、数据框(frame)、列表(list)等. 接下来我们根据本书内容的需要简要介绍几种常用对象的创建、索引和运算等.

2. 向量

向量是 R 的最常用也最基本的数据对象，组成它的元素必须是同一种类型，按元素的数据类型可分为数值型向量、字符型向量、逻辑型向量等.

(1)向量的创建

①数值型向量的创建

数值型向量是数学运算和统计分析中最常见的向量类型，它们可以通过如下 4 种方式创建：

(a)c( )　# c 是 concatenate 的首字母，用于向量中元素没有明显规律的情形；

(b)seq( ) 或 ":"　# seq 是 sequence 的简写，用于向量中元素具有比较简单的规律，如等差数列等情形；

(c)rep( )　# rep 是 replicate 的简写，用于向量中元素具有一定重复性规律的情形；

(d)scan( )　# 通过键盘逐个键入向量元素.

下面给出几个例子.

```
>c(10.2, 5.3, 6.7, 12.5, 20.6)
[1]10.2  5.3  6.7 12.5 20.6
>seq(1, 9)
[1] 1 2 3 4 5 6 7 8 9
>seq(1, 9, by = 2)
[1] 1 3 5 7 9
> 1:9
[1] 1 2 3 4 5 6 7 8 9
>seq(1, 9, length = 10)
[1] 1.000000 1.888889 2.777778 3.666667 4.555556 5.444444 6.333333 7.222222 8.111111 9.000000
>rep(2, times = 3)
[1] 2 2 2
>rep(c(2, 5), 3)
[1] 2 5 2 5 2 5
>rep(2:5, 2)
[1] 2 3 4 5 2 3 4 5
>v <- rep(2:4, times = 3, each = 2)
>v
[1] 2 2 3 3 4 4 2 2 3 3 4 4 2 2 3 3 4 4
```

上述函数中参数的设置和使用方法可以通过 help( )函数查看.

②字符型向量的创建

字符和字符型向量在 R 中广泛使用，在显示的时候，相应的字符串由双引号界定. 输入字符串时可以使用单引号(')或双引号("). 字符型向量可以通过函数 c( )连接创建，也可以使用 rep( ). 函数 paste( )可以接受任意个参数，并从它们中顺次取出字符并连成字符串，最终形成的字符串个数与参数中最长字符串的长度相同，如果参数中包含数字则将其强制转换为字符串. 例如：

```
> V <-c("Hello", "Math", "101")
> V
[1] "Hello" "Math"  "101"
> VC <- rep(c("1", "a"), 3)
```

```
> VC
[1] "1" "a" "1" "a" "1" "a"
> Vindex01 <- paste(c("A", "B"), 1:2, sep = " ")
> Vindex01
[1] "A 1" "B 2"
> Vindex02 <- paste(c("A", "B"), 1:4, sep = " ")
> Vindex02
[1] "A 1" "B 2" "A 3" "B 4"
```

③逻辑型向量的创建

R 允许对逻辑型向量进行操作. 一个逻辑型向量的元素可以是 TRUE, FALSE 或 NA (Not Available 的简写). 前两个也可以简写为 T 和 F. 逻辑型向量通常由逻辑运算给出. 例如：

```
> v1 <-c(10.2, 5.3, 6.7, 12.5, 20.6)
> temp_v1 <- v1>10
> temp_v1
[1]  TRUE FALSE FALSE  TRUE  TRUE
```

逻辑型向量 temp_v1 表示对向量 v1 中的元素逐个与 10 进行比较运算的结果向量，大于 10 则为 TRUE，否则为 FALSE. 向量 temp_v1 与向量 v1 长度相同.

逻辑型向量可以在普通的数值运算中使用，此时它们将被转换为数值型向量，FALSE 对应 0，TRUE 对应 1. 例如：

```
> temp_v1 + v1
[1]11.2  5.3  6.7 13.5 21.6
```

此处例子涉及向量的运算，我们会在下一小节具体介绍.

(2)向量的运算

R 中有 3 种运算，即数学运算、比较运算和逻辑运算，都可以应用于向量. 各种运算及符号表达如表 8.2 所示.

表 8.2　运算符号表

数学运算		比较运算		逻辑运算	
+	加法	<	小于	!x	逻辑非
−	减法	>	大于	x &y	逻辑与
×	乘法	≤	小于等于	x |y	逻辑或
/	除法	≥	大于等于		
^	乘方	==	等于		
		!=	不等于		

向量运算的操作基本是按照向量中的元素逐个进行的. 同一个运算表达式中的向量通常并不需要具有相同的长度，如果它们的长度不同，表达式的结果是一个与表达式中最长向量有相同长度的向量，表达式中较短的向量会根据它的长度被重复使用若干次(不一定是整数次)

进行补齐,直到与长度最长的向量相匹配为止,这一规则称为循环法则(recycling rule).例如:

①数学运算例子

```
> v1 <-c(1, 4, 9)
> v2 <-c(3, 5, 7)
> v1 + v2
[1]  4  9 16
> v3 <- 1:6
> v3
[1] 1 2 3 4 5 6
> v1 + v3
[1]  2  6 12  5  9 15
> v4 <- 1:8
> v1 + v4
[1]  2  6 12  5  9 15  8 12
Warning message:
In v1 + v4 :长的对象长度不是短的对象长度的整倍数
> v1 ^ (1/2)
[1] 1 2 3
> v1 ^ v4
[1]       1      16     729       1    1024 5314411   65536
Warning message:
In v1^v4 :长的对象长度不是短的对象长度的整倍数
```

②比较运算例子

```
> logv1 <- v1 > v2
> logv1
[1] FALSEFALSE  TRUE
> logv2 <- v1 < v3
> logv2
[1] FALSE FALSEFALSE  TRUE  TRUE FALSE
> logv3 <-v3 ! = v4
Warning message:
Inv3 ! = v4 : 长的对象长度不是短的对象长度的整倍数
> logv3
```

[1] FALSE FALSE FALSE FALSE FALSE FALSE TRUE TRUE 从上面例子可以看到,比较运算的结果是一些逻辑型向量.

③逻辑运算例子

```
> logv1n <- ! logv1
> logv1n
[1]  TRUE  TRUE FALSE
> logv2 & logv3
[1] FALSE FALSE FALSE FALSE FALSE FALSE FALSE FALSE
```

```
Warning message:
In logv2 & logv3 :长的对象长度不是短的对象长度的整倍数
```

逻辑型向量若进行算术运算,则默认为 TRUE 为 1,FALSE 为 0 参与运算.例如:

```
> logv1 + v1
[1]  1  4 10
```

另外在表 8.3 我们列出了一小部分 R 中数学和统计分析里常用的函数运算.

表 8.3 R 中常用数学、统计运算函数与功能

函数	功能
sum(x)	x 中的元素求和
abs(x)	x 中的元素求绝对值
max(x)/min(x)	x 中元素的最大/最小值
which.max(x)/which.min(x)	x 中最大/最小元素的下标
mean(x)	x 中元素的均值
median(x)	x 中元素的中位数
var(x)	x 中元素的方差
sd(x)	x 中元素的标准差
sort(x)	x 中的元素排序
scale(x)	中心化和标准化数据 x

例 8.1 假设某班 30 名同学的概率统计课期末成绩如下:

66, 52, 83, 79, 73, 76, 88, 63, 83, 79, 91, 62, 83, 88, 75,
87, 66, 96, 80, 77, 78, 70, 87, 70, 66, 61, 87, 79, 76, 63.

(1)试求其均值、方差、标准差、最大值、最小值、中位数等统计量值;

(2)对成绩进行从小到大排序;

(3)大于等于 80 分的同学有多少?

解:(1)建立成绩向量 score,并利用相关函数进行计算求解,结果如下.

```
score <-c(66, 52, 83, 79, 73, 76, 88, 63, 83, 79, 91, 62, 83, 88, 75, 87, 66, 96, 80, 77, 78, 70,
87, 70, 66, 61, 87, 79, 76, 63)
score
mean(score)          #均值
var(score)           #方差
sd(score)            #标准差
max(score)           #最大值
which.max(score)     #最大值的位置
min(score)           #最小值
which.min(score)     #最小值的位置
median(score)        #中位数
```

R 执行结果如下(图 8.11).

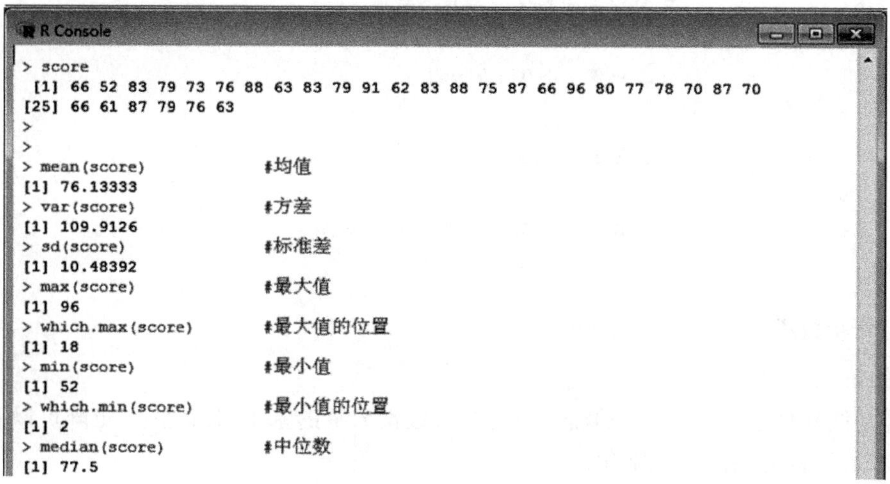

```
R Console
> score
 [1] 66 52 83 79 73 76 88 63 83 79 91 62 83 88 75 87 66 96 80 77 78 70 87 70
[25] 66 61 87 79 76 63
>
>
> mean(score)            #均值
[1] 76.13333
> var(score)             #方差
[1] 109.9126
> sd(score)              #标准差
[1] 10.48392
> max(score)             #最大值
[1] 96
> which.max(score)       #最大值的位置
[1] 18
> min(score)             #最小值
[1] 52
> which.min(score)       #最小值的位置
[1] 2
> median(score)          #中位数
[1] 77.5
```

图 8.11 R 执行结果

(2)对成绩向量进行排序(图 8.12).

```
sort(score)             # 排序
```

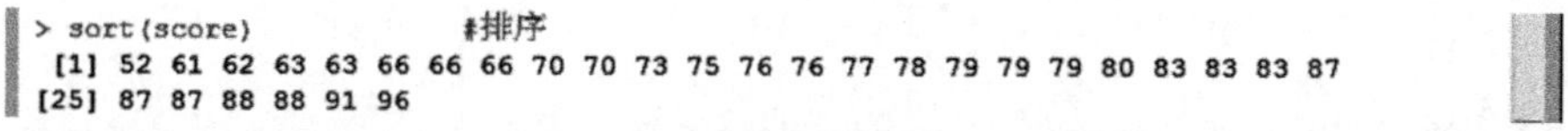

```
> sort(score)            #排序
 [1] 52 61 62 63 63 66 66 66 70 70 73 75 76 76 77 78 79 79 79 80 83 83 83 87
[25] 87 87 88 88 91 96
```

图 8.12 排序

(3)利用 sum()函数和比较运算统计大于等于 80 的同学数量(图 8.13).

```
score >= 80
n <-sum(score >= 80)
n
```

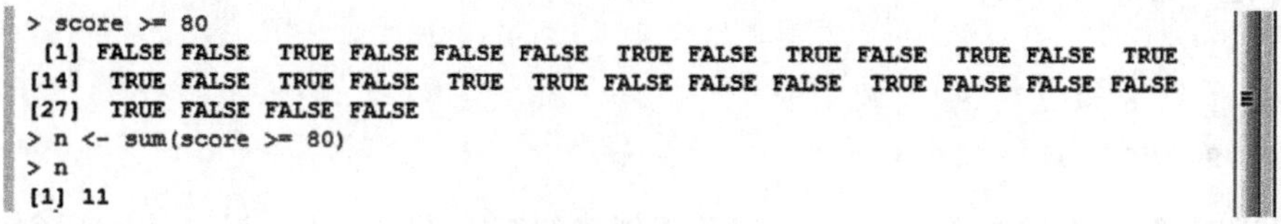

```
> score >= 80
 [1] FALSE FALSE  TRUE FALSE FALSE FALSE  TRUE FALSE  TRUE FALSE  TRUE FALSE  TRUE
[14]  TRUE FALSE  TRUE FALSE  TRUE  TRUE FALSE FALSE FALSE  TRUE FALSE FALSE FALSE
[27]  TRUE FALSE FALSE FALSE
> n <- sum(score >= 80)
> n
[1] 11
```

图 8.13 统计

由上述运算可知,大于等于 80 分的同学数量为 11.

(4)向量元素的索引

在对向量操作时经常需要提取向量中的一部分元素,可以通过在向量名称后加一个包含索引向量的方括号[]来完成.下面例子展示了几种常见的向量索引方式.

```
> a <-c(1, 2, 5, 3, 6, -2, 4)
> a[3]                  # 向量 a 中第 3 个数据
[1] 5
> a[c(1, 3, 5)]         # 向量 a 中第 1、3、5 个数据
```

```
[1] 1 5 6
> a[2:6]                    #向量 a 中第 2 到第 6 个数据
[1]  2  5  3  6 -2
> a[-1]                     #去掉第 1 个值（负索引）
[1]  2  5  3  6 -2  4
> a[-1:-3]                  #去掉前 3 个值
[1]  3  6 -2  4
> a[a>3]                    #向量 a 中数值大于 3 的所有数据
[1] 5 6 4
```

3.矩阵和数组

(1)矩阵的创建

矩阵是线性代数中最常见的概念，也是进行数据分析的基本概念之一.矩阵可以看作二维的数据表，可以视为向量的二维化.

```
> x <- 1:12
>dim(x) <- c(3,4)
>x
[,1] [,2] [,3] [,4]
[1,] 1 4 7 10
[2,] 2 5 8 11
[3,] 3 6 9 12
```

dim 函数设置或更改 x 的维数，使 R 将 1 个包含 12 个数字的向量作为 1 个 3×4 矩阵处理.注意，矩阵的存储是以列为主的，即第 2 列元素跟在第 1 列元素的后面，以此类推.

在 R 中用于常创建矩阵的函数有 matrix( )，array( )，diag( )，cbind( )，rbind( )等.例如：

```
> matrix(1:12, nrow = 3, ncol = 4, byrow = T)
     [,1] [,2] [,3] [,4]
[1,]    1    2    3    4
[2,]    5    6    7    8
[3,]    9   10   11   12
```

需要说明的是，上述参数 nrow=3 表示所创建的矩阵为 3 行，ncol=4 表示所创建的矩阵为 4 列，向量的长度应该等于 nrow×ncol 的值，否则会出现错误警告提示.参数 byrow=T 将矩阵按行形式填充.

```
> diag(1:3)                 # 生成对角元为 1,2,3 的对角矩阵
     [,1] [,2] [,3]
[1,]    1    0    0
[2,]    0    2    0
[3,]    0    0    3
```

另外还有两个对矩阵进行操作的有用函数：rownames 和 colnames，它们可以用来对矩阵的行和列进行命名.

(2)矩阵的运算

矩阵的常用运算包括加、减、乘、转置等,举例说明如下.

```
> M1 <-matrix(1:9, nrow = 3)
> M1
     [,1] [,2] [,3]
[1,]    1    4    7
[2,]    2    5    8
[3,]    3    6    9
> M2 <-matrix(10:18, nrow = 3)
> M2
     [,1] [,2] [,3]
[1,]   10   13   16
[2,]   11   14   17
[3,]   12   15   18
> M1 + M2
     [,1] [,2] [,3]
[1,]   11   17   23
[2,]   13   19   25
[3,]   15   21   27
> M1 * M2
     [,1] [,2] [,3]
[1,]   10   52  112
[2,]   22   70  136
[3,]   36   90  162
> M1 %*% M2
     [,1] [,2] [,3]
[1,]  138  174  210
[2,]  171  216  261
[3,]  204  258  312
>t(M1)
     [,1] [,2] [,3]
[1,]    1    2    3
[2,]    4    5    6
[3,]    7    8    9
```

注意上面"*"和"%*%"两种乘法运算的区别."*"运算是指具有相同维数的矩阵对应元素逐一相乘得到的与运算矩阵相同维数的矩阵."%*%"运算是线性代数中定义的一般矩阵乘法运算,要求第 1 个矩阵的列数和第 2 个矩阵的行数相同.

函数 t( )表示矩阵的转置运算.另外还有矩阵的逆运算、行列式运算等不在此一一介绍,可以查阅参考文献进一步学习.

(3)矩阵元素的索引

矩阵元素的索引与向量类似,通过在矩阵名称后加 1 个包含索引向量的方括号[]来完成.

因为矩阵是二维的，所以通常用两个值来确定矩阵的 1 个元素.

```
> M1[2,2]              # 第 2 行、第 2 列的元素
[1] 5
> M1[2, ]              # 第 2 行的所有元素
[1] 2 5 8
> M1[ ,2]              # 第 2 列的所有元素
[1] 4 5 6
> M1[2, c(2, 3)]       # 第 2 行中第 2、3 列的元素
[1] 5 8
```

(4)数组的创建

数组(或阵列)可以视为矩阵在更高维度上的推广，它在 R 中利用函数 array( )来创建. 例如：

```
> z <-array(1:18, c(2, 3, 3))
>z
, , 1

     [,1] [,2] [,3]
[1,]    1    3    5
[2,]    2    4    6

, , 2

     [,1] [,2] [,3]
[1,]    7    9   11
[2,]    8   10   12

, , 3

     [,1] [,2] [,3]
[1,]   13   15   17
[2,]   14   16   18
```

上述命令表示创建 1 个由 1 到 18 的正整数构成的向量所构造的 1 个 3 维数组，可以看成由 3 个二维矩阵依次排列组成，第 1 个矩阵由 1～6 的正整数按矩阵创建方式构造，类似完成 7～12,13～18 构成的矩阵. 参数 c(2, 3, 3)指定了每个维度的维数.

4. 因子

数据分析中经常遇到 2 类变量，即名义变量和有序变量. 它们取离散值，可以是数值型，也可以是字符型，但其具体数值没有加减乘除的意义，不能用来进行四则运算，而只能进行分类和计数. 名义变量如性别、省份、职业等. 有序变量如名次、疾病发展的严重状态等. 在 R 中通常用因子来表示这种类型的变量. 函数 factor( )和 gl( )可用来创建因子.

假设 6 位同学的性别向量为

```
> Gen <-c("M", "F", "M", "F", "F", "F")
> Gen
[1] "M" "F" "M" "F" "F" "F"
```

```
>class(Gen)
[1] "character"
```

注意此时变量 Gen 为字符型向量.接下来我们用 factor( )函数创建因子.

```
> FacGen <-factor(Gen)
> FacGen
[1] M F M F F F
Levels: F M
>class(FacGen)
[1] "factor"
```

函数 factor( )将字符型向量 Gen 转换成因子,它多了 1 个 levels 的属性,取值为"F"和"M",表示因子的水平,或者说因子所处的状态. levels 的取值可以人为指定,缺省时就是对应向量中的不同取值.

函数 gl( )能产生规则的因子序列.函数用法为 gl(k,n),其中 k 是水平数,n 是每个水平的重复次数.例如:

```
> F1 <-gl(3,5)
> F1
[1] 1 1 1 1 1 2 2 2 2 2 3 3 3 3 3
Levels: 1 2 3
>class(F1)
[1] "factor"
> F2 <- gl(2,3, label = c("Male", "Female"))   # 参数 label 用来指定水平的名称
> F2
[1] Male   Male   Male   Female Female Female
Levels: Male Female
>class(F2)
[1] "factor"
```

5.数据框

(1)数据框的创建

数据框是一种类似于矩阵形式的数据对象,与矩阵不同的是,矩阵要求所有的元素都是同种类型的,而数据框中各列可以是不同类型的向量(各列长度相同).在数据分析中,通常数据框的每列对应一个变量,每行对应一个观测(样本).显示数据框时左侧会显示观测值的序号.数据框用函数 data.frame( )生成,另外也可以使用 read.table( ),read.csv( )等读取文件的函数,返回的结果通常也是数据框.

例如:

```
> ID <-c(1, 2, 3, 4)
>age <- c(25, 34, 28, 52)
>status <- c("Poor", "Improved", "Excellent", "Poor")
> DF <-data.frame(ID, age, status)
> DF
```

```
  ID age     status
1  1  25       Poor
2  2  34   Improved
3  3  28  Excellent
4  4  52       Poor
>class(DF)
[1] "data.frame"
```

(2)数据框的索引

可以用“[ ]”和“$”符号2种方式对数据框元素进行索引和提取.

```
> DF[,2]            #取第 2 列元素
[1] 25 34 28 52
> DF[3,]            #取第 3 行元素
  ID age     status
3  3  28  Excellent
> DF[2,3]           #取第 2 行第 3 列元素
[1] "Improved"
> DF[,c(2,3)]       #同时取第 2,3 列元素
age      status
1  25       Poor
2  34   Improved
3  28  Excellent
4  52       Poor
> DF$age            #“$”符号用于提取名称为 age 的变量
[1] 25 34 28 52
> DF$age[3]         # 提取变量 age 中第 3 个元素
[1] 28
```

6.列表

在进行复杂的数据分析或进行分析结果存储的时候,仅有向量、矩阵、数据框等对象还不能满足要求,比如一个很明显的限制是数据框中各列要求维数相同,这在很多情况下都是不满足的.由此又有了列表这一类型,列表是 R 中最复杂的数据对象,它可以包含任何类型的对象.列表通过函数 list( )创建.

例如:

```
> g <- "My First List"
> h <-c(25, 26, 18, 39)
> j <-matrix(1:8, nrow = 2)
> k <-c("one", "two", "three")
>mylist <- list(title = g, ages = h, j, k)
>mylist
 $title
```

```
[1] "My First List"

$ ages
[1] 25 26 18 39

[[3]]
     [,1] [,2] [,3] [,4]
[1,]    1    3    5    7
[2,]    2    4    6    8

[[4]]
[1] "one"   "two"   "three"
```

上述列表中包含 4 个元素，分别为字符串、数值型向量、矩阵和字符型向量.

列表中元素的索引和提取也可以用"[[ ]]"和"$"符号来完成. 例如：

```
> mylist$title        #"$"符号用于选取一个指定名称的变量
[1] "My First List"
> mylist[[3]]         #提取列表中第3个元素
     [,1] [,2] [,3] [,4]
[1,]    1    3    5    7
[2,]    2    4    6    8
```

7.R 语言编程

(1)控制流

正常情况下，R 程序中的语句是按顺序逐次执行的. 但有时需要重复执行某些语句，或者在满足某些条件时执行某些语句. 这就需要控制流结构. R 拥有一般现代编程语言中的标准控制结构，如条件执行和循环执行等控制结构.

①条件执行语句

条件执行语句包括 if-else、ifelse 和 switch 语句.

(a)if-else 语句

在某个给定条件为真时执行一个语句，在条件为假时执行另外的语句. 语法为：

if (条件) 语句 1

或

if (条件) 语句 1 else 语句 2

注："语句"中可以是一系列表达式，可用大括号"{}"括起来.

例如：

```
> x <- 2
>if (x >= 0) sqrt(x) else NA
[1] 1.414214
> x <- -2
>if (x >= 0) sqrt(x) else NA
[1] NA
```

(b)ifelse 语句

ifelse 语句是 if-else 语句结构比较紧凑的向量化版本. 语法为：

ifelse(条件，语句 1，语句 2)

例如：

```
> x <- 2
>ifelse (x >= 0, sqrt(x), NA)
[1] 1.414214
> x <- -2
>ifelse (x >= 0, sqrt(x), NA)
[1] NA
```

(c)switch 语句

switch 语句是多分支语句,根据一个表达式的值选择执行语句. 语法为：

switch(表达式，选项)

例如：

```
> x <- 2
>switch(x, sum(1:5), mean(1:5), sd(1:5))
[1] 3
>switch(3, sum(1:5), mean(1:5), sd(1:5))
[1] 1.581139
```

②循环执行语句

循环执行语句包括 for、while 和 repeat 语句.

(a)for 语句

for 循环重复执行一个或一系列语句,直到某个变量的值不包含在一个序列中为止. 语法为：

for(变量 in 序列) 语句

例如：

```
>for (i in 1:4) print(c("Hello, R!",as.character(i)))
[1] "Hello, R!" "1"
[1] "Hello, R!" "2"
[1] "Hello, R!" "3"
[1] "Hello, R!" "4"
```

(b)while 语句

while 循环重复执行一个语句,直到条件不为真时为止. 语法为：

while(条件) 语句

例如：

```
> i <- 1
>while (i <= 4) {print(c("Hello, R!",as.character(i))); i = i + 1}
[1] "Hello, R!" "1"
[1] "Hello, R!" "2"
```

```
[1] "Hello, R!" "3"
[1] "Hello, R!" "4"
```

(c)repeat 语句

repeat 循环语句语法为:repeat 语句. repeat 循环依赖 break 语句跳出循环.

下面例子展示了用 repeat 循环语句求解使 $1+2+\cdots+n>500$ 成立的最小的 n 的值.

```
> x <- 0
> n <- 0
> repeat {
+    n <- n + 1
+    x <- x + n
+ if (x > 500) break
+ }
>n
[1] 32
```

(2)编写自己的函数

大多数R的工作是通过函数实现的,尽管R已经提供了诸多的函数供用户使用,但在实际数据分析中用户仍然需要针对具体需求编写自己的函数.函数是一系列语句(表达式)的组合.函数定义的格式如下:

funname <- function(arg1, arg2, …) expression

其中 expression 是R中的表达式,arg1,arg2 等表示函数的输入参数.表达式中最后的信息是函数的返回值,返回值可以是向量、矩阵、数组、数据框和列表等对象.

调用函数的格式为 funname(expr1,expr2,…).在调用自己编写的函数时,需要事先将已写好的函数调到内存中.

下面是一个自编函数的例子,计算并输出输入的数值型向量的样本均值和标准差.

```
>mystats <- function(x){
+    Mean = round(mean(x),3); SD = round(sd(x),3)
+    NumChar <-c("Center", "Spread")
+ result <- data.frame(NumChar, Value = c(Mean, SD))
+ return(result)
+    }
> x <-rnorm(20, 2, 5)
>mystats(x)
  NumChar Value
1  Center 2.057
2  Spread 5.874
>class(mystats(x))
[1] "data.frame"
```

上述代码中 rnorm(20, 2, 5)表示生成 20 个来自均值为 2,标准差为 5 的正态分布随机数.从上述代码最后一行还可以看到,输出结果是数据框对象.

8. R 中常用的概率统计函数

R 中有如下 4 类常用的概率统计相关函数：

(1)概率分布函数：pfunc( )　　p：probability. 即 $F(x)=P(X<=x)$.

(2)概率密度函数：dfunc( )　　d：density（离散型随机变量情形为分布律）

(3)分位数函数：qfunc( )　　q：quantile

(4)随机数生成函数：rfunc( )　　r：random

以 pfunc( )为例，函数的调用形式 pfunc(x,$p1$,$p2$,…)，其中 func 指概率分布名称，x 为实数(或实数向量)，$p1$，$p2$，…是相应分布的参数值.

下面给出了 func 所指代的几种常用分布类型，在使用函数时可直接用相应分布符号代替 func(表 8.4).

表 8.4　R 中常用概率分布名称及参数

概率分布	R 中名称(func)	附加参数
二项分布	binom	size，prob
泊松分布	pois	lambda
均匀分布	unif	min，max
指数分布	exp	rate
正态分布	norm	mean，sd
卡方分布	chisq	df
t 分布	t	df
F 分布	f	df1，df2

例如，pnorm()表示计算正态分布的概率累积函数值，dbinom()表示计算二项分布律的概率值，qchisq()表示计算卡方分布的分位数值，runif()表示生成来自均匀分布的随机数，等等. 下面看几个简单的例子.

设随机变量 $X\sim N(2,5^2)$，则概率 $P\{X\leqslant 1.5\}$ 可以在 R 中由 pnorm(1.5, 2, 5)直接给出，如下所示：

```
>pnorm(1.5, 2, 5)
[1] 0.4601722
```

自由度为 6 的卡方分布的下 0.95 分位数可以由 qchisq(0.95, 6)给出，如下所示：

```
>qchisq(0.95, 6)
[1] 12.59159
```

根据下分位数的定义可知，若 $X\sim\chi^2(6)$，则应有 $P\{X\leqslant qchisq(0.95,6)\}=0.95$，左边算式在 R 中即为 pchisq(qchisq(0.95, 6), 6)，可以看到如下结果：

```
>pchisq(qchisq(0.95, 6),6)
[1] 0.95
```

如果要计算上分位数值，可以通过参数 lower.tail 进行设置，比如求自由度为 6 的卡方分布的上0.95分位数(即下0.05分位数),可以由qchisq(0.95, 6, lower.tail = FALSE)来给出,如下所示:

```
> qchisq(0.95, 6, lower.tail = FALSE)
[1] 1.635383
> qchisq(0.05, 6, lower.tail = TRUE)
[1] 1.635383
```

注意参数lower.tail的设置,默认情况为lower.tail = TRUE.

计算服从二项分布随机变量 $X \sim B(20, 0.2)$ 的概率值.如 $P\{X=5\}$,可以由dbinom(5, 20, 0.2)给出,如下所示:

```
>dbinom(5,20,0.2)                    #X~B(20,0.2),P(X=5)
[1] 0.1745595
```

还可以同时计算多个取值对应的概率,例如:

```
>dbinom(3:9, 20, 0.2)
[1] 0.205364143 0.218199402 0.174559522 0.109099701 0.054549850
[6] 0.022160877 0.007386959
```

上述命令同时给出了二项随机变量取3,4,5,6,7,8,9时对应的概率值.

生成来自区间[0,1]上的均匀分布的10个随机数,可以由runif(10, 0, 1)在R中实现,如下所示:

```
>runif(10, 0, 1)
[1] 0.4230314 0.4603903 0.4038094 0.6201328 0.6587920
[6] 0.4657987 0.2365728 0.2219204 0.7261252 0.5034519
>runif(10, 0, 1)
[1] 0.9967567 0.6032059 0.5816703 0.2450001 0.4776500
[6] 0.2719365 0.6548206 0.1628264 0.9074513 0.7152819
```

注意到生成的随机数在两次执行相同的命令runif(10, 0, 1)时得到的结果并不相同,这是随机性的应有之义.此处[0,1]上的均匀分布在统计中视为标准均匀分布,故参数可以省略,可直接用runif(10).

8.3 R语言绘图简介

R语言提供了强大的绘图功能.对数据进行可视化也是数据展示和分析的重要组成部分.R语言所绘制的图形均由相应的函数完成,这些绘图函数来自于许多不同的包,比如R基础安装是自带的包graphics,还有lattice,ggplot2等常用的绘图包.这里我们简要介绍graphics包的部分基本绘图函数及其使用方法.

1. R中的基本绘图函数

graphics包也称为基础绘图系统,该包在R基础安装时默认安装,其中的绘图函数可以直接使用.

graphics包中的绘图函数大致可分为两大类:一类称为高级绘图函数,这类函数可以生成一幅独立的图形,如plot( ),hist( )等;另一类称为低级绘图函数,这类函数自身不能独立生成新的图形,而是在高级绘图函数所生成图形的基础上添加新的图形元素,如点、线、图例、文本注释等.

(1)高级绘图函数

①plot( )函数

plot( )函数是graphics包中最重要的高级绘图函数,有非常广泛的应用.它最直接的功能是利用一组二维向量绘制一幅散点图.利用帮助功能我们可以看到plot函数包含许多参数,用以实现不同功能:

```
plot(x, y = NULL, type = "p",  xlim = NULL, ylim = NULL,
    log = "", main = NULL, sub = NULL, xlab = NULL, ylab = NULL,
ann = par("ann"), axes = TRUE, frame.plot = axes,
    panel.first = NULL, panel.last = NULL, asp = NA,
    xgap.axis = NA, ygap.axis = NA, ...)
```

其中type参数用于指定图形的类型,可选值包括"p""l""b"等,分别指代点、线、点连线等形式;xlim和ylim用于指定坐标轴的上下限,如xlim=c(−3, 3)表示x轴的范围为−3到3;main表示主标题,必须为字符型值;xlab和ylab为坐标轴的标签,必须为字符型值;等等.另外,各种绘图参数的含义及设置可查询par( ).

②其他高级绘图函数

除plot( )函数外,graphics包中还有其他的常用高级绘图函数,如hist( ),boxplot( ),barplot( ),pairs( ),qqnorm( ),contour( )等.这些函数的含义和参数设置读者可以使用help(函数名)查看R帮助文档,下面我们也会通过例子来学习几个函数的使用方法.

(2)低级绘图函数

很多时候高级绘图函数不能完整地生成用户想要的图形,尤其是图形各种细节的修饰.此时可以通过低级绘图函数在当前图形上添加新的元素,如点、线、文本、图例等.

常用的低级绘图函数如下.

```
points():                  添加点
lines():                   添加线
abline(a, b):              添加截距为 a、斜率为 b 的直线
abline(h = y):             在纵坐标 y 处画水平线
abline(v = x):             在横坐标 x 处画垂直线
polygon(x, y, …):          绘制顶点由 x,y 指定的多边形
segments():                添加线段
arrows():                  添加带箭头的线段
text(x, y, labels, …):     在(x, y)处添加文字
legend(x, y, legend):      在(x, y)处添加图例
title():                   添加标题
……
```

下面通过几个例子看一下上述部分绘图函数的应用.

例 8.2　简单绘图步骤及函数展示.

(1) 生成两组 0 到 2 之间的 50 个随机数,分别命名为 x, y,作为 50 个点的横坐标和纵坐标. 用 plot 函数绘制散点图.

```
x <- runif(50,0,2)
y <-runif(50,0,2)
plot(x, y, main = "散点图", xlab = "横坐标", ylab = "纵坐标")
```

运行结果生成一个新的图形窗口,利用参数 main,xlab,ylab 分别将主标题命名为"散点图",横轴命名为"横坐标",纵轴命名为"纵坐标".

如图 8.14 所示:

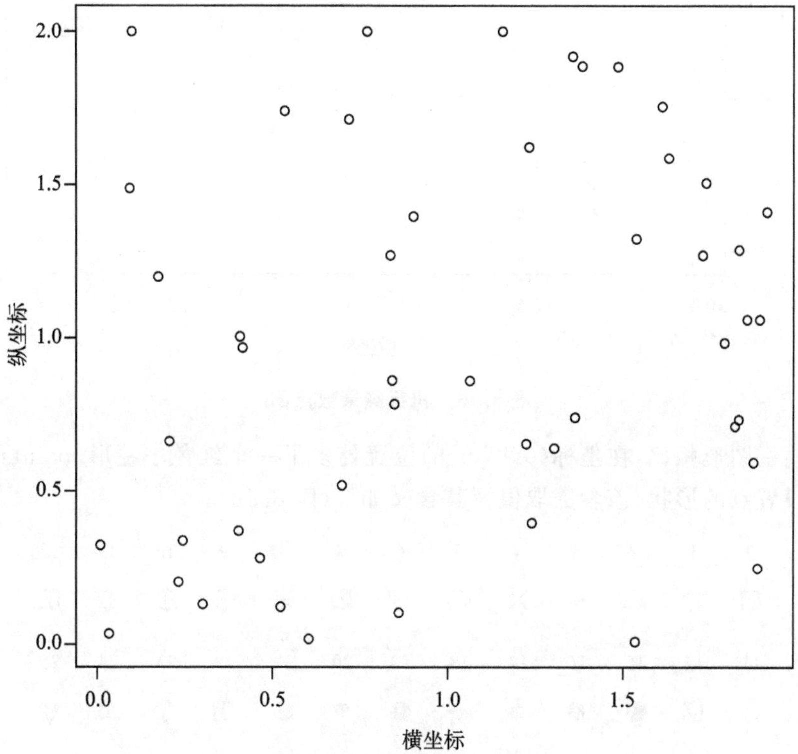

图 8.14　50 个随机数的散点图

(2)利用低级绘图函数对上图添加其他信息.

(a)在点(0.8, 0.8)处用一个小的红色菱形突出该点位置.

```
points(0.8,0.8, pch = 18, col = "red")
```

执行结果如下(图 8.15):

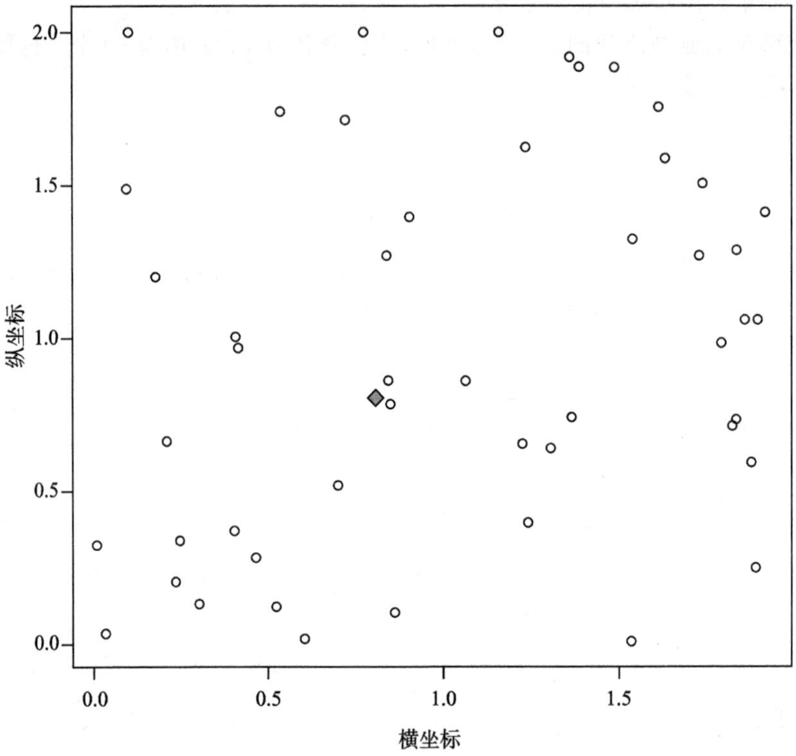

图 8.15　执行结果散点图

注意与前一图形相比，在坐标(0.8，0.8)位置处多了一个红色小菱形. points 函数中的参数 pch 用来设置点的形状，该参数取值及其含义如下(图 8.16)：

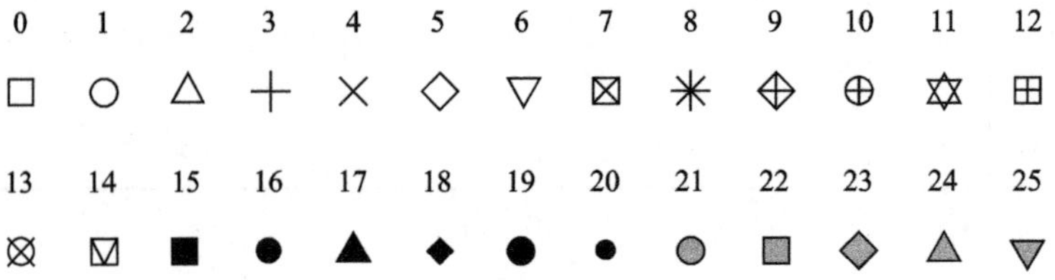

图 8.16　参数取值及含义

参数 col 用来设置颜色.

(b)添加文本注释“text at (0.8，0.8)”.

```
text(0.8,0.8,"text at (0.8,0.8) ", col = "blue")
```

执行结果如下(图 8.17)：

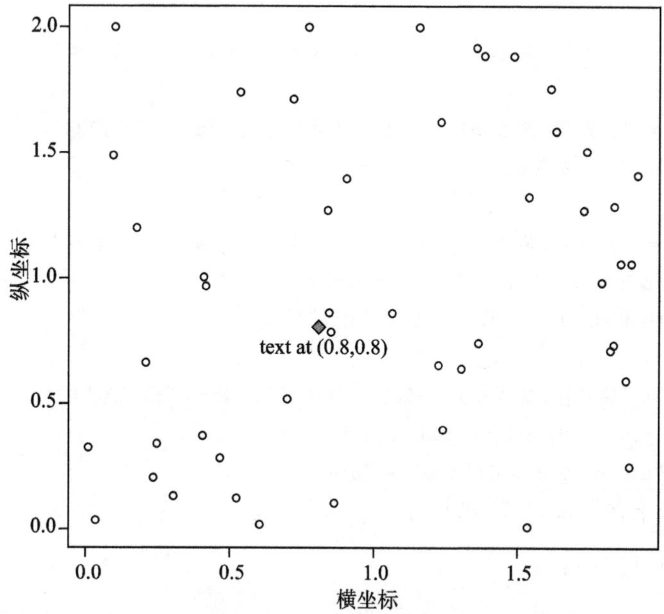

图 8.17　执行结果散点图

(c)在该点添加平行于横轴和纵轴的直线.

```
abline(h = .8, v = .8, col = "red")
```

执行结果如下(图 8.18):

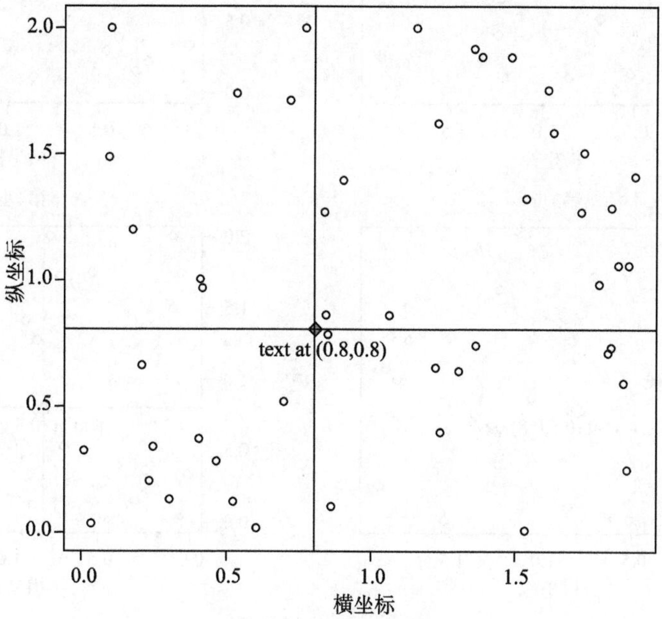

图 8.18　执行结果散点图

例 8.3　绘制一页多图. 将前一个例子的四幅图按顺序绘制在一个页面上.

```
par(mfrow = c(2,2))    # 利用参数 mfrow 将页面分为 2×2 的 4 个部分
```

```
#第 1 幅图
plot(x, y, main = "散点图(第 1 步)", xlab = "横坐标", ylab = "纵坐标")
#第 2 幅图
plot(x, y, main = "散点图(第 2 步)", xlab = "横坐标", ylab = "纵坐标")
points(0.8,0.8, pch = 18, col = "red", cex = 1.5)
#第 3 幅图
plot(x, y, main = "散点图(第 3 步)", xlab = "横坐标", ylab = "纵坐标")
points(0.8,0.8, pch = 18, col = "red", cex = 1.5)
text(0.8,0.8, "text at (0.8,0.8)", col = "blue")
#第 4 幅图
plot(x, y, main = "散点图(第 4 步)", xlab="横坐标", ylab="纵坐标")
points(0.8,0.8, pch = 18, col = "red",cex = 1.5)
text(0.8,0.8, "text at (0.8,0.8)", col = "blue")
abline(h = .8, v = .8, col = "red")
```

执行结果为(图 8.19)：

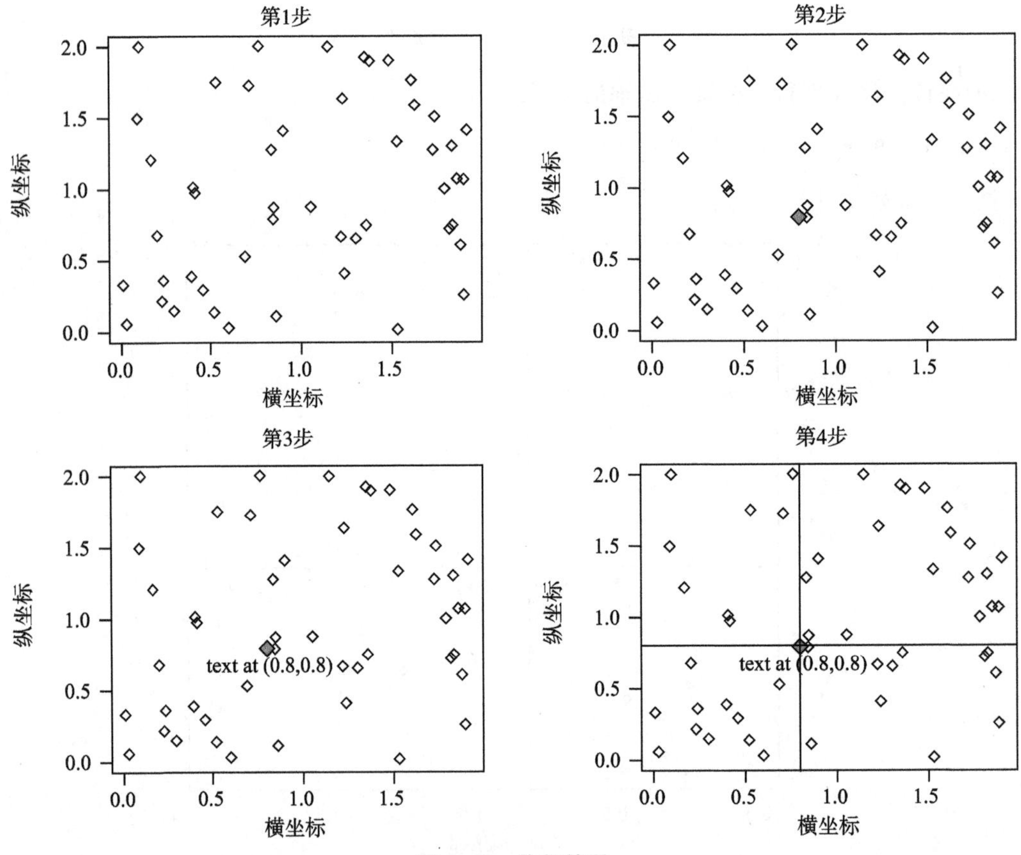

图 8.19　执行结果

例 8.4　如下列出了 84 个伊特拉斯坎(Etruscan)人男子头颅的最大宽度(mm)，试绘制这些数据的直方图.

141　148　132　138　154　142　150　146　155　158　150　140

147	148	144	150	149	145	149	158	143	141	144	144
126	140	144	142	141	140	145	135	147	146	141	136
140	146	142	137	148	154	137	139	143	140	131	143
141	149	148	135	148	152	143	144	141	143	147	146
150	132	142	142	143	153	149	146	149	138	142	149
142	137	134	144	146	147	140	142	140	137	152	145

用 hist( )函数绘制直方图,代码如下:

```
EtruscanData <- c(141, 148, 132, 138, 154, 142, 150, 146, 155, 158, 150, 140, 147, 148, 144, 150,
149, 145, 149, 158, 143, 141, 144, 144, 126, 140, 144, 142, 141, 140, 145, 135, 147, 146, 141, 136,
140, 146, 142, 137, 148, 154, 137, 139, 143, 140, 131, 143, 141, 149, 148, 135, 148, 152, 143, 144,
141, 143, 147, 146, 150, 132, 142, 142, 143, 153, 149, 146, 149, 138, 142, 149, 142, 137, 134, 144,
146, 147, 140, 142, 140, 137, 152, 145)
par(mfrow = c(2, 2))            # 将绘图区域分为 4 部分
# 第 1 幅图
hist(EtruscanData, main = "(1) freq = TRUE", xlab = "头颅宽度")
# 第 2 幅图
hist(EtruscanData, main = "(2) freq = FALSE", xlab = "头颅宽度", freq = FALSE)
# 第 3 幅图
hist(EtruscanData, main = "(3)自定义区间端点,自定义颜色", breaks = c(125, 129, 135, 139, 142,
144, 149, 151, 159), xlab = "头颅宽度", col = "lightblue")
# 第 4 幅图
hist(EtruscanData, main = "(4)自定义区间端点,自定义填充效果", breaks = c(125, 129, 135, 139,
142, 144, 149, 151, 159), density = 20, xlab = "头颅宽度", col = "blue")
```

注意,4 幅图形(图 8.20)都是用 hist( )函数绘制,只是分别设置了不同的参数值. 第 1 行 2 幅图形的差别在于参数 freq 分别设置为 TRUE 和 FALSE,表示纵轴的刻度分别用频数和频率来表示. 第 3 幅图用参数 breaks 来自行设置直方图中区间的分段点,用参数 col 设置直方图颜色. 第 4 幅图利用参数 density 来设置直方图的阴影密度. 直方图函数中可设置的参数还有很多,读者可以通过 help(hist)进行查询学习.

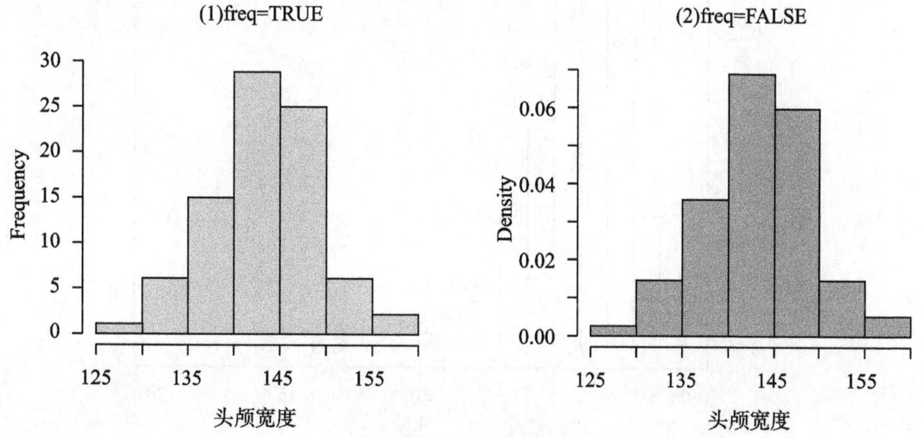

图 8.20　数据直方图

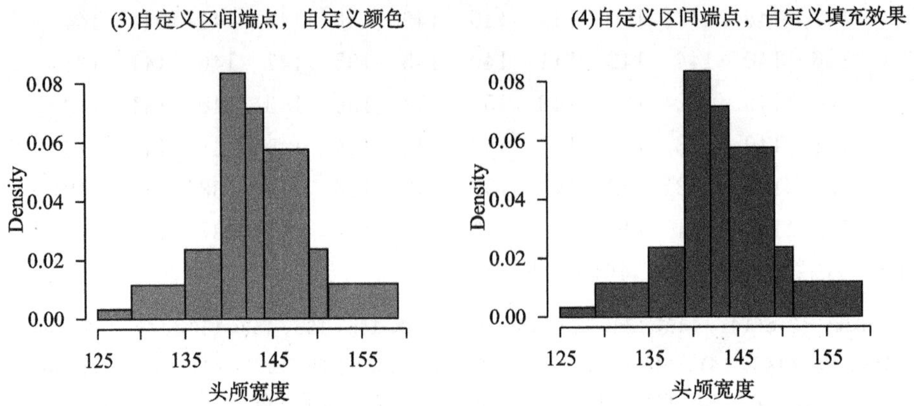

图 8.20(续)

2. 用R语言绘制概率统计图形

下面例子展示了用R来绘制概率统计中的常见图形.

例 8.5 绘制二项分布 B(20, 0.2)的概率分布图.

```
n <- 20
p <- 0.2
x <- 0:n
pb <- dbinom(x, n, p)
plot(x, pb, type = "h", col = "blue", main = "二项分布概率图, n = 20, p = 0.2", xlab = "k", ylab = 
"P(X = k)")
points(x, pb, pch = 18, col = "red")
text(x,pb + 0.008,round(pb,3))
```

执行结果如下(图 8.21):

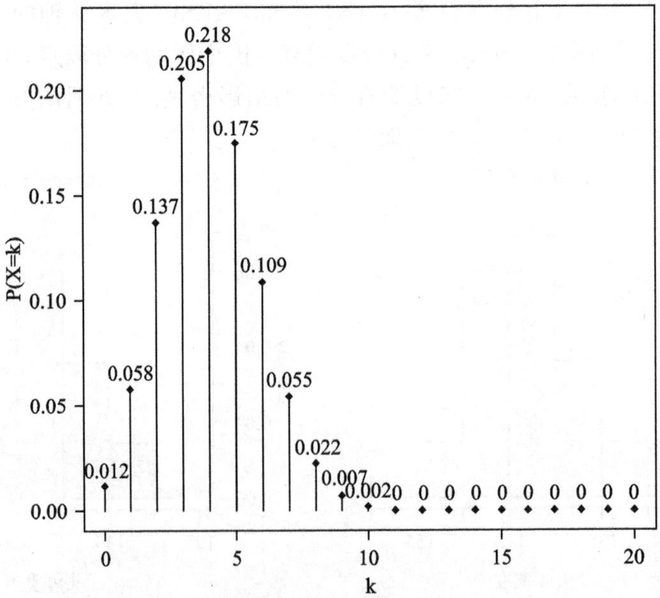

图 8.21 二项分布概率图($n=20, p=0.2$)

例 8.6　在同一幅图上绘制正态分布 $N(0, 1^2)$ 、$N(2, 1^2)$、$N(0, 0.5^2)$和 $N(0, 2^2)$的概率密度曲线图.

```
x <- seq(-5,5,0.01)
y1 <- dnorm(x,0,1)
y2 <- dnorm(x,2,1)
y3 <- dnorm(x,0,0.5)
y4 <- dnorm(x,0,2)
plot(x,y1,type = "l", lwd = 2, main = "正态分布密度曲线比较", ylab = "f(x)", ylim = c(0,0.8))
lines(x,y2,col = "blue", lwd = 2, lty = 2)
lines(x,y3,col = "red", lwd = 2, lty = 3)
lines(x,y4,col = "green", lwd = 2, lty = 4)
exnorm <- expression(N(0,1^2),N(2,1^2),N(0,0.5^2),N(0,2^2))
legend(2.5, 0.8, exnorm, col = c("black", "blue", "red", "green"), lty = 1:4, lwd = 2)
```

执行结果如下(图 8.22):

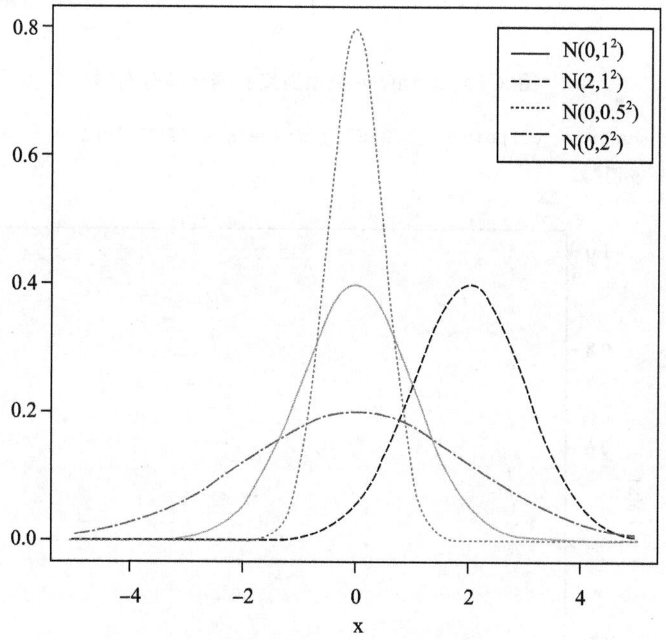

图 8.22　正态分布密度曲线比较

例 8.7　试绘制例 8.4 中给出的伊特拉斯坎(Etruscan)人男子头颅宽度数据的经验分布函数图.

经验分布函数图(图 8.23,图 8.24)的生成函数为:

plot.ecdf(data, do.points = TRUE, verticals = TRUE, …) .

伊特拉斯坎人男子头颅宽度数据经验分布函数图绘制代码为:

```
plot.ecdf(EtruscanData, do.points = TRUE, verticals = TRUE, col = "blue", main = "Etruscan 头颅宽度数据经验分布图")
```

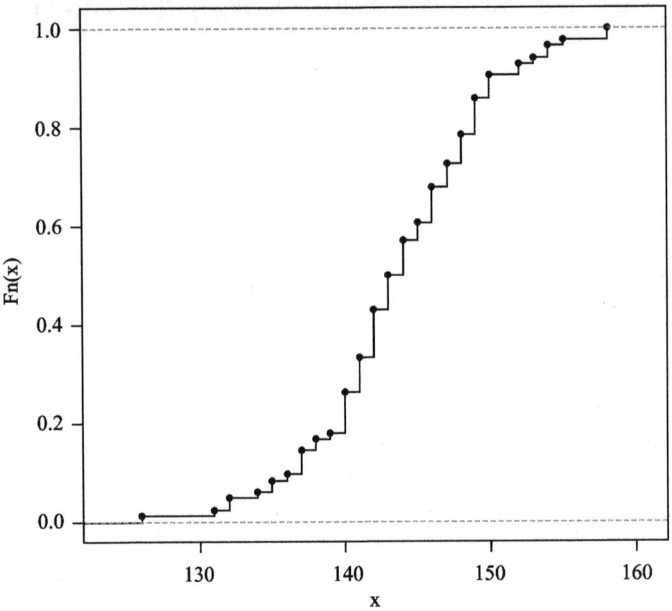

图 8.23 Etruscan 头颅宽度数据经验分布图

```
plot.ecdf(EtruscanData, do.points = FALSE, verticals = FALSE, col = "blue", main = "Etruscan
头颅宽度数据经验分布图")
```

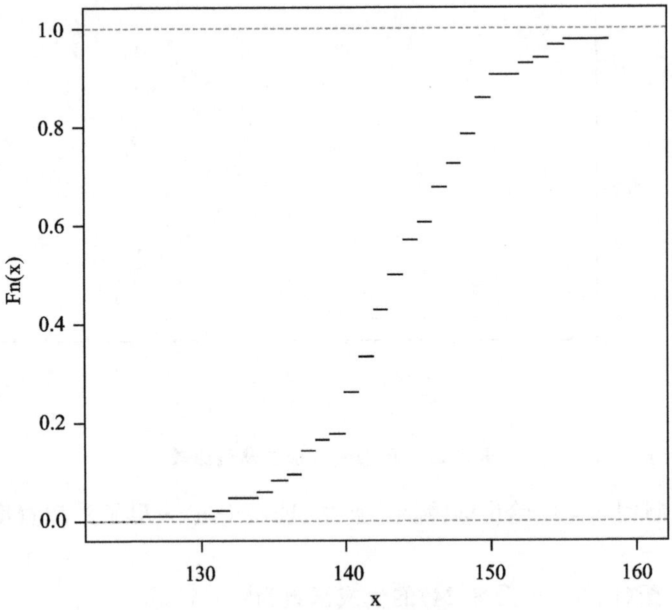

图 8.24 Etruscan 头颅宽度数据经验分布图

注意上述两幅图形的命令行中参数 do.points 和 verticals 的设置.

例 8.8 绘制自由度为 9 的卡方分布密度曲线及 0.05 上分位数的几何含义图形. 代码如下：

```
x <-seq(0, 30, 0.01)
y <-dchisq(x, 9)
plot(x,y,type = "l",lwd = 2,main = expression(paste(chi^2,(9),"分布密度曲线及上0.05分位点示意图")),ylab = "f(x)",ylim = c( - 0.01,0.11))
lines(x,0 * x,col = "blue")
alpha <-0.05
qchi95 <-qchisq(1-alpha,9)
points(qchi95,0,pch = 18,col = "red",cex = 1.5)
text(qchi95, - 0.005,expression(chi[0.05] ^2 * (9)))
region.x0<-x[x> = qchi95]
region.y0<-y[x> = qchi95]
region.x<-c(region.x0[1],region.x0,tail(region.x0,1))
region.y<-c(0,region.y0,0)
polygon(region.x,region.y,density = 20,col = "blue")
arrows(19,0.002,23,0.02,code = 1, length = 0.1, col = "blue", lwd = 2)
text(23,0.023,expression(0.05),col = "blue", cex = 1.2)
```

执行结果如下(图8.25)：

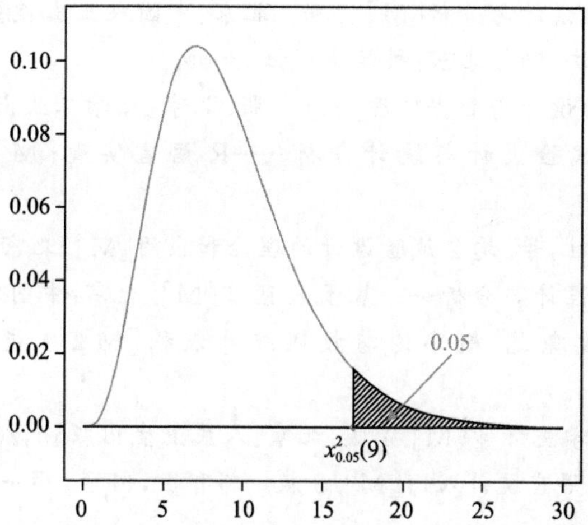

图8.25 $x^2(9)$分布密度曲线及上0.05分位点示意图

参考文献

[1] 茆诗松,周纪芗,周迎春.试验设计[M].3 版. 北京:中国统计出版社,2020.

[2] 邓华玲,孟军.试验设计与数据分析[M].北京:中国农业出版社,2022.

[3] 张崇岐,李光辉.试验设计与分析——基于 R[M].北京:高等教育出版社,2021.

[4] 郑杰.试验设计与数据分析——基于 R 语言应用[M].广州:华南理工大学出版社,2016.

[5] 方开泰,刘民千,周永道.试验设计与建模[M].北京:高等教育出版社,2018.

[6] 陈魁.试验设计与分析[M].2 版. 北京:清华大学出版社,2005.

[7] 袁志发,贠海燕.试验设计与分析[M].2 版. 北京:中国农业出版社,2012.

[8] 赵选民.试验设计方法[M].北京:科学出版社,2006.

[9] 李云雁,胡传荣.试验设计与数据处理[M].3 版.北京:化学工业出版社,2017.

[10] 刘苑秋,徐雁南.试验设计与统计分析——R 语言实现[M].北京:中国林业出版社,2020.

[11] 方开泰,刘民千,覃红,等.均匀试验设计的理论和应用[M].北京:科学出版社,2019.

[12] 于向鸿,肖阳.试验设计与分析——基于 R 语言[M].北京:中国农业大学出版社,2023.

[13] 茆诗松,程依明,濮晓龙.概率论与数理统计教程[M].3 版. 北京:高等教育出版社,2019.

[14] 孙振球,徐勇勇.医学统计学[M].4 版.北京:人民卫生出版社,2017.

[15] Peter Dalgaard. R 语言统计入门[M].2 版. 郝智恒,何通,邓一硕,等,译.北京:人民邮电出版社,2014.

[16] Douglas C Montgomery. Design and Analysis of Experiments [M]. 8th Edition. New York:John Wiley & Sons, Inc. ,2013.

[17] Box J F, Fisher R A. The Life of a Scientist [M]. New York:Wiley,1978.

[18] Box G E P, Wilson K G. On the Experimental Attainment of Optimum Conditions[J]. Journal of the Royal Statistical Society, B, Vol. 1951:13, 1-45.

[19] Box G E P, Hunter W G, Hunter J Stuart. Statistics for Experimenters: An Introduction to Design, Data Analysis and Model Building[M]. New York:Wiley,1978.

[20] Lawson J. Design and Analysis of Experiments with R [M]. Boca Raton:CRC Press,2015.

附 表

附表1 t 分布下分位数表 ($P\{t(n)\leqslant t_{1-\alpha}(n)\}=1-\alpha$)

n	$1-\alpha$						
	0.80	0.85	0.90	0.95	0.975	0.99	0.995
1	1.376	1.963	3.078	6.314	12.706	31.821	63.656
2	1.061	1.386	1.886	2.92	4.303	6.965	9.925
3	0.978	1.250	1.638	2.353	3.182	4.541	5.841
4	0.941	1.190	1.533	2.132	2.776	3.747	4.604
5	0.92	1.156	1.476	2.015	2.571	3.365	4.032
6	0.906	1.134	1.44	1.943	2.447	3.143	3.707
7	0.896	1.119	1.415	1.895	2.365	2.998	3.499
8	0.889	1.108	1.397	1.860	2.306	2.896	3.355
9	0.883	1.100	1.383	1.833	2.262	2.821	3.250
10	0.879	1.093	1.372	1.812	2.228	2.764	3.169
11	0.876	1.088	1.363	1.796	2.201	2.718	3.106
12	0.873	1.083	1.356	1.782	2.179	2.681	3.055
13	0.870	1.079	1.350	1.771	2.160	2.650	3.012
14	0.868	1.076	1.345	1.761	2.145	2.624	2.977
15	0.866	1.074	1.341	1.753	2.131	2.602	2.947
16	0.865	1.071	1.337	1.746	2.12	2.583	2.921
17	0.863	1.069	1.333	1.740	2.110	2.567	2.898
18	0.862	1.067	1.33	1.734	2.101	2.552	2.878
19	0.861	1.066	1.328	1.729	2.093	2.539	2.861
20	0.86	1.064	1.325	1.725	2.086	2.528	2.845
21	0.859	1.063	1.323	1.721	2.080	2.518	2.831
22	0.858	1.061	1.321	1.717	2.074	2.508	2.819
23	0.858	1.060	1.319	1.714	2.069	2.500	2.807
24	0.857	1.059	1.318	1.711	2.064	2.492	2.797
25	0.856	1.058	1.316	1.708	2.060	2.485	2.787
26	0.856	1.058	1.315	1.706	2.056	2.479	2.779
27	0.855	1.057	1.314	1.703	2.052	2.473	2.771

续附表 1

n	$1-\alpha$						
	0.80	0.85	0.90	0.95	0.975	0.99	0.995
28	0.855	1.056	1.313	1.701	2.048	2.467	2.763
29	0.854	1.055	1.311	1.699	2.045	2.462	2.756
30	0.854	1.055	1.31	1.697	2.042	2.457	2.750
31	0.8535	1.0541	1.3095	1.6955	2.0395	2.453	2.7441
32	0.8531	1.0536	1.3086	1.6939	2.0370	2.449	2.7385
33	0.8527	1.0531	1.3078	1.6924	2.0345	2.445	2.7333
34	0.8524	1.0526	1.3070	1.6909	2.0323	2.441	2.7284
35	0.8521	1.0521	1.3062	1.6896	2.0301	2.438	2.7239
36	0.8518	1.0516	1.3055	1.6883	2.0281	2.4340	2.7195
37	0.8515	1.0512	1.3049	1.6871	2.0262	2.4310	2.7155
38	0.8512	1.0508	1.3042	1.686	2.0244	2.4280	2.7116
39	0.8510	1.0504	1.3037	1.6849	2.0227	2.4260	2.7079
40	0.8507	1.0501	1.3030	1.6840	2.0210	2.4230	2.7040
60	0.8477	1.0455	1.296	1.671	2.000	2.390	2.660
120	0.8446	1.0409	1.289	1.658	1.980	2.358	2.617
∞	0.8416	1.0364	1.282	1.645	1.960	2.326	2.576

附表 2 χ^2 分布下分位数表 $(P\{\chi^2(n)\leqslant\chi^2_{1-\alpha}(n)\}=1-\alpha)$

n	$1-\alpha$									
	0.005	0.01	0.025	0.05	0.10	0.90	0.95	0.975	0.99	0.995
1	0.00004	0.00016	0.001	0.004	0.016	2.706	3.841	5.024	6.635	7.879
2	0.010	0.020	0.051	0.103	0.211	4.605	5.991	7.378	9.210	10.597
3	0.072	0.115	0.216	0.352	0.584	6.251	7.815	9.348	11.345	12.838
4	0.207	0.297	0.484	0.711	1.064	7.779	9.488	11.143	13.277	14.860
5	0.412	0.554	0.831	1.145	1.610	9.236	11.070	12.833	15.086	16.750
6	0.676	0.872	1.237	1.635	2.204	10.645	12.592	14.449	16.812	18.548
7	0.989	1.239	1.690	2.167	2.833	12.017	14.067	16.013	18.475	20.278
8	1.344	1.646	2.180	2.733	3.490	13.362	15.507	17.535	20.090	21.955
9	1.735	2.088	2.700	3.325	4.168	14.684	16.919	19.023	21.666	23.589
10	2.156	2.558	3.247	3.940	4.865	15.987	18.307	20.483	23.209	25.188
11	2.603	3.053	3.816	4.575	5.578	17.275	19.675	21.920	24.725	26.757
12	3.074	3.571	4.404	5.226	6.304	18.549	21.026	23.337	26.217	28.300
13	3.565	4.107	5.009	5.892	7.042	19.812	22.362	24.736	27.688	29.819
14	4.075	4.660	5.629	6.571	7.790	21.064	23.685	26.119	29.141	31.319
15	4.601	5.229	6.262	7.261	8.547	22.307	24.996	27.488	30.578	32.801

续附表 2

n	$1-\alpha$									
	0.005	0.01	0.025	0.05	0.10	0.90	0.95	0.975	0.99	0.995
16	5.142	5.812	6.908	7.962	9.312	23.542	26.296	28.845	32.000	34.267
17	5.697	6.408	7.564	8.672	10.085	24.769	27.587	30.191	33.409	35.718
18	6.265	7.015	8.231	9.390	10.865	25.989	28.869	31.526	34.805	37.156
19	6.844	7.633	8.907	10.117	11.651	27.204	30.144	32.852	36.191	38.582
20	7.434	8.260	9.591	10.851	12.443	28.412	31.410	34.170	37.566	39.997
21	8.034	8.897	10.283	11.591	13.240	29.615	32.671	35.479	38.932	41.401
22	8.643	9.542	10.982	12.338	14.041	30.813	33.924	36.781	40.289	42.796
23	9.260	10.196	11.689	13.091	14.848	32.007	35.172	38.076	41.638	44.181
24	9.886	10.856	12.401	13.848	15.659	33.196	36.415	39.364	42.980	45.559
25	10.520	11.524	13.120	14.611	16.473	34.382	37.652	40.646	44.314	46.928
26	11.160	12.198	13.844	15.379	17.292	35.563	38.885	41.923	45.642	48.290
27	11.808	12.879	14.573	16.151	18.114	36.741	40.113	43.195	46.963	49.645
28	12.461	13.565	15.308	16.928	18.939	37.916	41.337	44.461	48.278	50.993
29	13.121	14.256	16.047	17.708	19.768	39.087	42.557	45.722	49.588	52.336
30	13.787	14.953	16.791	18.493	20.599	40.256	43.773	46.979	50.892	53.672
31	14.458	15.655	17.539	19.281	21.434	41.422	44.985	48.232	52.191	55.003
32	15.134	16.362	18.291	20.072	22.271	42.585	46.194	49.480	53.486	56.328
33	15.815	17.074	19.047	20.867	23.110	43.745	47.400	50.725	54.776	57.648
34	16.501	17.789	19.806	21.664	23.952	44.903	48.602	51.966	56.061	58.964
35	17.192	18.509	20.569	22.465	24.797	46.059	49.802	53.203	57.342	60.275
36	17.887	19.233	21.336	23.269	25.643	47.212	50.998	54.437	58.619	61.581
37	18.586	19.960	22.106	24.075	26.492	48.363	52.192	55.668	59.893	62.883
38	19.289	20.691	22.878	24.884	27.343	49.513	53.384	56.896	61.162	64.181
39	19.996	21.426	23.654	25.695	28.196	50.660	54.572	58.120	62.428	65.476
40	20.707	22.164	24.433	26.509	29.051	51.805	55.758	59.342	63.691	66.766
41	21.421	22.906	25.215	27.326	29.907	52.949	56.942	60.561	64.950	68.053
42	22.138	23.650	25.999	28.144	30.765	54.090	58.124	61.777	66.206	69.336
43	22.859	24.398	26.785	28.965	31.625	55.230	59.304	62.990	67.459	70.616
44	23.584	25.148	27.575	29.787	32.487	56.369	60.481	64.201	68.710	71.893
45	24.311	25.901	28.366	30.612	33.350	57.505	61.656	65.410	69.957	73.166
46	25.041	26.657	29.160	31.439	34.215	58.641	62.830	66.617	71.201	74.437
47	25.775	27.416	29.956	32.268	35.081	59.774	64.001	67.821	72.443	75.704
48	26.511	28.177	30.755	33.098	35.949	60.907	65.171	69.023	73.683	76.969
49	27.249	28.941	31.555	33.930	36.818	62.038	66.339	70.222	74.919	78.231
50	27.991	29.707	32.357	34.764	37.689	63.167	67.505	71.420	76.154	79.490

附表 3　F 分布下分位数表　($P\{F(n_1,n_2)\leqslant F_{1-\alpha}(n_1,n_2)\}=1-\alpha$)

$\alpha=0.10$

n_2	n_1=1	2	3	4	5	6	7	8	9	10	12	15	20	24	30	40	60	120	∞
1	39.86	49.50	53.59	55.83	57.24	58.20	58.91	59.44	59.86	60.19	60.71	61.22	61.74	62.00	62.26	62.53	62.79	63.06	63.33
2	8.53	9.00	9.16	9.24	9.29	9.33	9.35	9.37	9.38	9.39	9.41	9.42	9.44	9.45	9.46	9.47	9.47	9.48	9.49
3	5.54	5.46	5.39	5.34	5.31	5.28	5.27	5.25	5.24	5.23	5.22	5.20	5.18	5.18	5.17	5.16	5.15	5.14	5.13
4	4.54	4.32	4.19	4.11	4.05	4.01	3.98	3.95	3.94	3.92	3.90	3.87	3.84	3.83	3.82	3.80	3.79	3.78	4.76
5	4.06	3.78	3.62	3.52	3.45	3.40	3.37	3.34	3.32	3.30	3.27	3.24	3.21	3.19	3.17	3.16	3.14	3.12	3.10
6	3.78	3.46	3.29	3.18	3.11	3.05	3.01	2.98	2.96	2.94	2.90	2.87	2.84	2.82	2.80	2.78	2.76	2.74	2.72
7	3.59	3.26	3.07	2.96	2.88	2.83	2.78	2.75	2.72	2.70	2.67	2.63	2.59	2.58	2.56	2.54	2.51	2.49	2.47
8	3.46	3.11	2.92	2.81	2.73	2.67	2.62	2.59	2.56	2.54	2.50	2.46	2.42	2.40	2.38	2.36	2.34	2.32	2.29
9	3.36	3.01	2.81	2.69	2.61	2.55	2.51	2.47	2.44	2.42	2.38	2.34	2.30	2.28	2.25	2.23	2.21	2.18	2.16
10	3.29	2.92	2.73	2.61	2.52	2.46	2.41	2.38	2.35	2.32	2.28	2.24	2.20	2.18	2.16	2.13	2.11	2.08	2.06
11	3.23	2.86	2.66	2.54	2.45	2.39	2.34	2.30	2.27	2.25	2.21	2.17	2.12	2.10	2.08	2.05	2.03	2.00	1.97
12	3.18	2.81	2.61	2.48	2.39	2.33	2.28	2.24	2.21	2.19	2.15	2.10	2.06	2.04	2.01	1.99	1.96	1.93	1.90
13	3.14	2.76	2.56	2.43	2.35	2.28	2.23	2.20	2.16	2.14	2.10	2.05	2.01	1.98	1.96	1.93	1.90	1.88	1.85
14	3.10	2.73	2.52	2.39	2.31	2.24	2.19	2.15	2.12	2.10	2.05	2.01	1.96	1.94	1.91	1.89	1.86	1.83	1.80
15	3.07	2.70	2.49	2.36	2.27	2.21	2.16	2.12	2.09	2.06	2.02	1.97	1.92	1.90	1.87	1.85	1.82	1.79	1.76
16	3.05	2.67	2.46	2.33	2.24	2.18	2.13	2.09	2.06	2.03	1.99	1.94	1.89	1.87	1.84	1.81	1.78	1.75	1.72
17	3.03	2.64	2.44	2.31	2.22	2.15	2.10	2.06	2.03	2.00	1.96	1.91	1.86	1.84	1.81	1.78	1.75	1.72	1.69
18	3.01	2.62	2.42	2.29	2.20	2.13	2.08	2.04	2.00	1.98	1.93	1.89	1.84	1.81	1.78	1.75	1.72	1.69	1.66
19	2.99	2.61	2.40	2.27	2.18	2.11	2.06	2.02	1.98	1.96	1.91	1.86	1.81	1.79	1.76	1.73	1.70	1.67	1.63
20	2.97	2.59	2.38	2.25	2.16	2.09	2.04	2.00	1.96	1.94	1.89	1.84	1.79	1.77	1.74	1.71	1.68	1.64	1.61

续附表 3

n_2	n_1 1	2	3	4	5	6	7	8	9	10	12	15	20	24	30	40	60	120	∞
21	2.96	2.57	2.36	2.23	2.14	2.08	2.02	1.98	1.95	1.92	1.87	1.83	1.78	1.75	1.72	1.69	1.66	1.62	1.59
22	2.95	2.56	2.35	2.22	2.13	2.06	2.01	1.97	1.93	1.90	1.86	1.81	1.76	1.73	1.70	1.67	1.64	1.60	1.57
23	2.94	2.55	2.34	2.21	2.11	2.05	1.99	1.95	1.92	1.89	1.84	1.80	1.74	1.72	1.69	1.66	1.62	1.59	1.55
24	2.93	2.54	2.33	2.19	2.10	2.04	1.98	1.94	1.91	1.88	1.83	1.78	1.73	1.70	1.67	1.64	1.61	1.57	1.53
25	2.92	2.53	2.32	2.18	2.09	2.02	1.97	1.93	1.89	1.87	1.82	1.77	1.72	1.69	1.66	1.63	1.59	1.56	1.52
26	2.91	2.52	2.31	2.17	2.08	2.01	1.96	1.92	1.88	1.86	1.81	1.76	1.71	1.68	1.65	1.61	1.58	1.54	1.50
27	2.90	2.51	2.30	2.17	2.07	2.00	1.95	1.91	1.87	1.85	1.80	1.75	1.70	1.67	1.64	1.60	1.57	1.53	1.49
28	2.89	2.50	2.29	2.16	2.06	2.00	1.94	1.90	1.87	1.84	1.79	1.74	1.69	1.66	1.63	1.59	1.56	1.52	1.48
29	2.89	2.50	2.28	2.15	2.06	1.99	1.93	1.89	1.86	1.83	1.78	1.73	1.68	1.65	1.62	1.58	1.55	1.51	1.47
30	2.88	2.49	2.28	2.14	2.05	1.98	1.93	1.88	1.85	1.82	1.77	1.72	1.67	1.64	1.61	1.57	1.54	1.50	1.46
40	2.84	2.44	2.23	2.09	2.00	1.93	1.87	1.83	1.79	1.76	1.71	1.66	1.61	1.57	1.54	1.51	1.47	1.42	1.38
60	2.79	2.39	2.18	2.04	1.95	1.87	1.82	1.77	1.74	1.71	1.66	1.60	1.54	1.51	1.48	1.44	1.40	1.35	1.29
120	2.75	2.35	2.13	1.99	1.90	1.82	1.77	1.72	1.68	1.65	1.60	1.55	1.48	1.45	1.41	1.37	1.32	1.26	1.19
∞	2.71	2.30	2.08	1.94	1.85	1.77	1.72	1.67	1.63	1.60	1.55	1.49	1.42	1.38	1.34	1.30	1.24	1.17	1.00

$\alpha=0.05$

n_2	n_1 1	2	3	4	5	6	7	8	9	10	12	15	20	24	30	40	60	120	∞
1	161.4	199.5	215.7	224.6	230.2	234.0	236.8	238.9	240.5	241.9	243.9	245.9	248.0	249.1	250.1	251.1	252.2	253.3	254.3
2	18.51	19.00	19.16	19.25	19.30	19.33	19.35	19.37	19.38	19.40	19.41	19.43	19.45	19.45	19.46	19.47	19.48	19.49	19.50
3	10.13	9.55	9.28	9.12	9.01	8.94	8.89	8.85	8.81	8.79	8.74	8.70	8.66	8.64	8.62	8.59	8.57	8.55	8.53
4	7.71	6.94	6.59	6.39	6.26	6.16	6.09	6.04	6.00	5.96	5.91	5.86	5.80	5.77	5.75	5.72	5.69	5.66	5.63
5	6.61	5.79	5.41	5.19	5.05	4.95	4.88	4.82	4.77	4.74	4.68	4.62	4.56	4.53	4.50	4.46	4.43	4.40	4.36

续附表 3

n_2 \ n_1	1	2	3	4	5	6	7	8	9	10	12	15	20	24	30	40	60	120	∞
6	5.99	5.14	4.76	4.53	4.39	4.28	4.21	4.15	4.10	4.06	4.00	3.94	3.87	3.84	3.81	3.77	3.74	3.70	3.67
7	5.59	4.74	4.35	4.12	3.97	3.87	3.79	3.73	3.68	3.64	3.57	3.51	3.44	3.41	3.38	3.34	3.30	3.27	3.23
8	5.32	4.46	4.07	3.84	3.69	3.58	3.50	3.44	3.39	3.35	3.28	3.22	3.15	3.12	3.08	3.04	3.01	2.97	2.93
9	5.12	4.26	3.86	3.63	3.48	3.37	3.29	3.23	3.18	3.14	3.07	3.01	2.94	2.90	2.86	2.83	2.79	2.75	2.71
10	4.96	4.10	3.71	3.48	3.33	3.22	3.14	3.07	3.02	2.98	2.91	2.85	2.77	2.74	2.70	2.66	2.62	2.58	2.54
11	4.84	3.98	3.59	3.36	3.20	3.09	3.01	2.95	2.90	2.85	2.79	2.72	2.65	2.61	2.57	2.53	2.49	2.45	2.40
12	4.75	3.89	3.49	3.26	3.11	3.00	2.91	2.85	2.80	2.75	2.69	2.62	2.54	2.51	2.47	2.43	2.38	2.34	2.30
13	4.67	3.81	3.41	3.18	3.03	2.92	2.83	2.77	2.71	2.67	2.60	2.53	2.46	2.42	2.38	2.34	2.30	2.25	2.21
14	4.60	3.74	3.34	3.11	2.96	2.85	2.76	2.70	2.65	2.60	2.53	2.46	2.39	2.35	2.31	2.27	2.22	2.18	2.13
15	4.54	3.68	3.29	3.06	2.90	2.79	2.71	2.64	2.59	2.54	2.48	2.40	2.33	2.29	2.25	2.20	2.16	2.11	2.07
16	4.49	3.63	3.24	3.01	2.85	2.74	2.66	2.59	2.54	2.49	2.42	2.35	2.28	2.24	2.19	2.15	2.11	2.06	2.01
17	4.45	3.59	3.20	2.96	2.81	2.70	2.61	2.55	2.49	2.45	2.38	2.31	2.23	2.19	2.15	2.10	2.06	2.01	1.96
18	4.41	3.55	3.16	2.93	2.77	2.66	2.58	2.51	2.46	2.41	2.34	2.27	2.19	2.15	2.11	2.06	2.02	1.97	1.92
19	4.38	3.52	3.13	2.90	2.74	2.63	2.54	2.48	2.42	2.38	2.31	2.23	2.16	2.11	2.07	2.03	1.98	1.93	1.88
20	4.35	3.49	3.10	2.87	2.71	2.60	2.51	2.45	2.39	2.35	2.28	2.20	2.12	2.08	2.04	1.99	1.95	1.90	1.84
21	4.32	3.47	3.07	2.84	2.68	2.57	2.49	2.42	2.37	2.32	2.25	2.18	2.10	2.05	2.01	1.96	1.92	1.87	1.81
22	4.30	3.44	3.05	2.82	2.66	2.55	2.46	2.40	2.34	2.30	2.23	2.15	2.07	2.03	1.98	1.94	1.89	1.84	1.78
23	4.28	3.42	3.03	2.80	2.64	2.53	2.44	2.37	2.32	2.27	2.20	2.13	2.05	2.01	1.96	1.91	1.86	1.81	1.76
24	4.26	3.40	3.01	2.78	2.62	2.51	2.42	2.36	2.30	2.25	2.18	2.11	2.03	1.98	1.94	1.89	1.84	1.79	1.73
25	4.24	3.39	2.99	2.76	2.60	2.49	2.40	2.34	2.28	2.24	2.16	2.09	2.01	1.96	1.92	1.87	1.82	1.77	1.71
26	4.23	3.37	2.98	2.74	2.59	2.47	2.39	2.32	2.27	2.22	2.15	2.07	1.99	1.95	1.90	1.85	1.80	1.75	1.69
27	4.21	3.35	2.96	2.73	2.57	2.46	2.37	2.31	2.25	2.20	2.13	2.06	1.97	1.93	1.88	1.84	1.79	1.73	1.67

续附表 3

n_2 \ n_1	1	2	3	4	5	6	7	8	9	10	12	15	20	24	30	40	60	120	∞
28	4.20	3.34	2.95	2.71	2.56	2.45	2.36	2.29	2.24	2.19	2.12	2.04	1.96	1.91	1.87	1.82	1.77	1.71	1.65
29	4.18	3.33	2.93	2.70	2.55	2.43	2.35	2.28	2.22	2.18	2.10	2.03	1.94	1.90	1.85	1.81	1.75	1.70	1.64
30	4.17	3.32	2.92	2.69	2.53	2.42	2.33	2.27	2.21	2.16	2.09	2.01	1.93	1.89	1.84	1.79	1.74	1.68	1.62
40	4.08	3.23	2.84	2.61	2.45	2.34	2.25	2.18	2.12	2.08	2.00	1.92	1.84	1.79	1.74	1.69	1.64	1.58	1.51
60	4.00	3.15	2.76	2.53	2.37	2.25	2.17	2.10	2.04	1.99	1.92	1.84	1.75	1.70	1.65	1.59	1.53	1.47	1.39
120	3.92	3.07	2.68	2.45	2.29	2.18	2.09	2.02	1.96	1.91	1.83	1.75	1.66	1.61	1.55	1.50	1.43	1.35	1.25
∞	3.84	3.00	2.60	2.37	2.21	2.10	2.01	1.94	1.88	1.83	1.75	1.67	1.57	1.52	1.46	1.39	1.32	1.22	1.00

$\alpha=0.01$

n_2 \ n_1	1	2	3	4	5	6	7	8	9	10	12	15	20	24	30	40	60	120	∞
1	4052	4999	5403	5625	5764	5859	5928	5981	6022	6056	6106	6157	6209	6235	6261	6287	6313	6339	6366
2	98.50	99.00	99.17	99.25	99.30	99.33	99.36	99.37	99.39	99.40	99.42	99.43	99.45	99.46	99.47	99.47	99.48	99.49	99.50
3	34.12	30.82	29.46	28.71	28.24	27.91	27.67	27.49	27.35	27.23	27.05	26.87	26.69	26.60	26.50	26.41	26.32	26.22	26.13
4	21.20	18.00	16.69	15.98	15.52	15.21	14.98	14.80	14.66	14.55	14.37	14.20	14.02	13.93	13.84	13.75	13.65	13.56	13.46
5	16.26	13.27	12.06	11.39	10.97	10.67	10.46	10.29	10.16	10.05	9.89	9.72	9.55	9.47	9.38	9.29	9.20	9.11	9.02
6	13.75	10.92	9.78	9.15	8.75	8.47	8.26	8.10	7.98	7.87	7.72	7.56	7.40	7.31	7.23	7.14	7.06	6.97	6.88
7	12.25	9.55	8.45	7.85	7.46	7.19	6.99	6.84	6.72	6.62	6.47	6.31	6.16	6.07	5.99	5.91	5.82	5.74	5.65
8	11.26	8.65	7.59	7.01	6.63	6.37	6.18	6.03	5.91	5.81	5.67	5.52	5.36	5.28	5.20	5.12	5.03	4.95	4.86
9	10.56	8.02	6.99	6.42	6.06	5.80	5.61	5.47	5.35	5.26	5.11	4.96	4.81	4.73	4.65	4.57	4.48	4.40	4.31
10	10.04	7.56	6.55	5.99	5.64	5.39	5.20	5.06	4.94	4.85	4.71	4.56	4.41	4.33	4.25	4.17	4.08	4.00	3.91
11	9.65	7.21	6.22	5.67	5.32	5.07	4.89	4.74	4.63	4.54	4.40	4.25	4.10	4.02	3.94	3.86	3.78	3.69	3.60
12	9.33	6.93	5.95	5.41	5.06	4.82	4.64	4.50	4.39	4.30	4.16	4.01	3.86	3.78	3.70	3.62	3.54	3.45	3.36

续附表 3

n_2	n_1 = 1	2	3	4	5	6	7	8	9	10	12	15	20	24	30	40	60	120	∞
13	9.07	6.70	5.74	5.21	4.86	4.62	4.44	4.30	4.19	4.10	3.96	3.82	3.66	3.59	3.51	3.43	3.34	3.25	3.17
14	8.86	6.51	5.56	5.04	4.69	4.46	4.28	4.14	4.03	3.94	3.80	3.66	3.51	3.43	3.35	3.27	3.18	3.09	3.00
15	8.68	6.36	5.42	4.89	4.56	4.32	4.14	4.00	3.89	3.80	3.67	3.52	3.37	3.29	3.21	3.13	3.05	2.96	2.87
16	8.53	6.23	5.29	4.77	4.44	4.20	4.03	3.89	3.78	3.69	3.55	3.41	3.26	3.18	3.10	3.02	2.93	2.84	2.75
17	8.40	6.11	5.18	4.67	4.34	4.10	3.93	3.79	3.68	3.59	3.46	3.31	3.16	3.08	3.00	2.92	2.83	2.75	2.65
18	8.29	6.01	5.09	4.58	4.25	4.01	3.84	3.71	3.60	3.51	3.37	3.23	3.08	3.00	2.92	2.84	2.75	2.66	2.57
19	8.18	5.93	5.01	4.50	4.17	3.94	3.77	3.63	3.52	3.43	3.30	3.15	3.00	2.92	2.84	2.76	2.67	2.58	2.49
20	8.10	5.85	4.94	4.43	4.10	3.87	3.70	3.56	3.46	3.37	3.23	3.09	2.94	2.86	2.78	2.69	2.61	2.52	2.42
21	8.02	5.78	4.87	4.37	4.04	3.81	3.64	3.51	3.40	3.31	3.17	3.03	2.88	2.80	2.72	2.64	2.55	2.46	2.36
22	7.95	5.72	4.82	4.31	3.99	3.76	3.59	3.45	3.35	3.26	3.12	2.98	2.83	2.75	2.67	2.58	2.50	2.40	2.31
23	7.88	5.66	4.76	4.26	3.94	3.71	3.54	3.41	3.30	3.21	3.07	2.93	2.78	2.70	2.62	2.54	2.45	2.35	2.26
24	7.82	5.61	4.72	4.22	3.90	3.67	3.50	3.36	3.26	3.17	3.03	2.89	2.74	2.66	2.58	2.49	2.40	2.31	2.21
25	7.77	5.57	4.68	4.18	3.85	3.63	3.46	3.32	3.22	3.13	2.99	2.85	2.70	2.62	2.54	2.45	2.36	2.27	2.17
26	7.72	5.53	4.64	4.14	3.82	3.59	3.42	3.29	3.18	3.09	2.96	2.81	2.66	2.58	2.50	2.42	2.33	2.23	2.13
27	7.68	5.49	4.60	4.11	3.78	3.56	3.39	3.26	3.15	3.06	2.93	2.78	2.63	2.55	2.47	2.38	2.29	2.20	2.10
28	7.64	5.45	4.57	4.07	3.75	3.53	3.36	3.23	3.12	3.03	2.90	2.75	2.60	2.52	2.44	2.35	2.26	2.17	2.06
29	7.60	5.42	4.54	4.04	3.73	3.50	3.33	3.20	3.09	3.00	2.87	2.73	2.57	2.49	2.41	2.33	2.23	2.14	2.03
30	7.56	5.39	4.51	4.02	3.70	3.47	3.30	3.17	3.07	2.98	2.84	2.70	2.55	2.47	2.39	2.30	2.21	2.11	2.01
40	7.31	5.18	4.31	3.83	3.51	3.29	3.12	2.99	2.89	2.80	2.66	2.52	2.37	2.29	2.20	2.11	2.02	1.92	1.80
60	7.08	4.98	4.13	3.65	3.34	3.12	2.95	2.82	2.72	2.63	2.50	2.35	2.20	2.12	2.03	1.94	1.84	1.73	1.60
120	6.85	4.79	3.95	3.48	3.17	2.96	2.79	2.66	2.56	2.47	2.34	2.19	2.03	1.95	1.86	1.76	1.66	1.53	1.38
∞	6.63	4.61	3.78	3.32	3.02	2.80	2.64	2.51	2.41	2.32	2.18	2.04	1.88	1.79	1.70	1.59	1.47	1.32	1.00

附表 4 常用正交表及其交互作用表

(1) $L_4(2^3)$

试验号	列号		
	1	2	3
1	1	1	1
2	1	2	2
3	2	1	2
4	2	2	1

注:任意 2 列的交互作用是另外 1 列,后同.

(2) $L_8(4\times 2^4)$

试验号	列号				
	1	2	3	4	5
1	1	1	1	1	1
2	1	2	2	2	2
3	2	1	1	2	2
4	2	2	2	1	1
5	3	1	2	1	2
6	3	2	1	2	1
7	4	1	2	2	1
8	4	2	1	1	2

(3) $L_8(2^7)$

试验号	列号						
	1	2	3	4	5	6	7
1	1	1	1	1	1	1	1
2	1	1	1	2	2	2	2
3	1	2	2	1	1	2	2
4	1	2	2	2	2	1	1
5	2	1	2	1	2	1	2
6	2	1	2	2	1	2	1
7	2	2	1	1	2	2	1
8	2	2	1	2	1	1	2

$L_8(2^7)$二列间的交互作用表

列号						
1	2	3	4	5	6	7
(1)	3	2	5	4	7	6
	(2)	1	6	7	4	5
		(3)	7	6	5	4
			(4)	1	2	3
				(5)	3	2
					(6)	1
						(7)

(4) $L_{12}(2^{11})$

试验号	列号										
	1	2	3	4	5	6	7	8	9	10	11
1	1	1	1	1	1	1	1	1	1	1	1
2	1	1	1	1	1	2	2	2	2	2	2
3	1	1	2	2	2	1	1	1	2	2	2
4	1	2	1	2	2	1	2	2	1	1	2
5	1	2	2	1	2	2	1	2	1	2	1
6	1	2	2	2	1	2	2	1	2	1	1
7	2	1	2	2	1	1	2	2	1	2	1
8	2	1	2	1	2	2	2	1	1	1	2
9	2	1	1	2	2	2	1	2	2	1	1
10	2	2	2	1	1	1	1	2	2	1	2
11	2	2	1	2	1	2	1	1	1	2	2
12	2	2	1	1	2	1	2	1	2	2	1

(5) $L_{16}(2^{15})$

试验号	列号														
	1	2	3	4	5	6	7	8	9	10	11	12	13	14	15
1	1	1	1	1	1	1	1	1	1	1	1	1	1	1	1
2	1	1	1	1	1	1	1	2	2	2	2	2	2	2	2
3	1	1	1	2	2	2	2	1	1	1	1	2	2	2	2
4	1	1	1	2	2	2	2	2	2	2	2	1	1	1	1
5	1	2	2	1	1	2	2	1	1	2	2	1	1	2	2
6	1	2	2	1	1	2	2	2	2	1	1	2	2	1	1
7	1	2	2	2	2	1	1	1	1	2	2	2	2	1	1
8	1	2	2	2	2	1	1	2	2	1	1	1	1	2	2
9	2	1	2	1	2	1	2	1	2	1	2	1	2	1	2
10	2	1	2	1	2	1	2	2	1	2	1	2	1	2	1
11	2	1	2	2	1	2	1	1	2	1	2	2	1	2	1
12	2	1	2	2	1	2	1	2	1	2	1	1	2	1	2
13	2	2	1	1	2	2	1	1	2	2	1	1	2	2	1
14	2	2	1	1	2	2	1	2	1	1	2	2	1	1	2
15	2	2	1	2	1	1	2	1	2	2	1	2	1	1	2
16	2	2	1	2	1	1	2	2	1	1	2	1	2	2	1

$L_{16}(2^{15})$二列间的交互作用表

1	2	3	4	5	6	7	8	9	10	11	12	13	14	15
(1)	3	2	5	4	7	6	9	8	11	10	13	12	15	14
	(2)	1	6		4	5	10	11	8	9	14	15	12	13
		(3)	7	6	5	4	11	10	9	8	15	14	13	12
			(4)	1	2	3	12	13	14	15	8	9	10	11
				(5)	3	2	13	12	15	14	9	8	11	10
					(6)	1	14	15	12	13	10	11	8	9
						(7)	15	14	13	12	11	10	9	8
							(8)	1	2	3	4	5	6	7
								(9)	3	2	5	4	7	6
									(10)	1	6	7	4	5
										(11)	7	6	5	4
											(12)	1	2	3
												(13)	3	2
													(14)	1

(6) $L_{16}(4\times2^{12})$

试验号	列号												
	1	2	3	4	5	6	7	8	9	10	11	12	13
1	1	1	1	1	1	1	1	1	1	1	1	1	1
2	1	1	1	1	1	2	2	2	2	2	2	2	2
3	1	2	2	2	2	1	1	1	1	2	2	2	2
4	1	2	2	2	2	2	2	2	2	1	1	1	1
5	2	1	1	2	2	1	1	2	2	1	1	2	2
6	2	1	1	2	2	2	2	1	1	2	2	1	1
7	2	2	2	1	1	1	1	2	2	2	2	1	1
8	2	2	2	1	1	2	2	1	1	1	1	2	2
9	3	1	2	1	2	1	2	1	2	1	2	1	2
10	3	1	2	1	2	2	1	2	1	2	1	2	1
11	3	2	1	2	1	1	2	1	2	2	1	2	1
12	3	2	1	2	1	2	1	2	1	1	2	1	2
13	4	1	2	2	1	1	2	2	1	1	2	2	1
14	4	1	2	2	1	2	1	1	2	2	1	1	2
15	4	2	1	1	2	1	2	2	1	2	1	1	2
16	4	2	1	1	2	2	1	1	2	1	2	2	1

(7) $L_{16}(4^2\times 2^9)$

试验号	列号										
	1	2	3	4	5	6	7	8	9	10	11
1	1	1	1	1	1	1	1	1	1	1	1
2	1	2	1	1	1	2	2	2	2	2	2
3	1	3	2	2	2	1	1	1	2	2	2
4	1	4	2	2	2	2	2	2	1	1	1
5	2	1	1	2	2	1	2	2	1	2	2
6	2	2	1	2	2	2	1	1	2	1	1
7	2	3	2	1	1	1	2	2	2	1	1
8	2	4	2	1	1	2	1	1	1	2	2
9	3	1	2	1	2	2	1	2	2	1	2
10	3	2	2	1	2	1	2	1	1	2	1
11	3	3	1	2	1	2	1	2	1	2	1
12	3	4	1	2	1	1	2	1	2	1	2
13	4	1	2	2	1	2	2	1	2	2	1
14	4	2	2	2	1	1	1	2	1	1	2
15	4	3	1	1	2	2	2	1	1	1	2
16	4	4	1	1	2	1	1	2	2	2	1

(8) $L_{16}(4^3\times 2^6)$

试验号	列号								
	1	2	3	4	5	6	7	8	9
1	1	1	1	1	1	1	1	1	1
2	1	2	2	1	1	2	2	2	2
3	1	3	3	2	2	1	1	2	2
4	1	4	4	2	2	2	2	1	1
5	2	1	2	2	2	1	2	1	2
6	2	2	1	2	2	2	1	2	1
7	2	3	4	1	1	1	2	2	1
8	2	4	3	1	1	2	1	1	2
9	3	1	3	1	2	2	2	2	1
10	3	2	4	1	2	1	1	1	2
11	3	3	1	2	1	2	2	1	2
12	3	4	2	2	1	1	1	2	1
13	4	1	4	2	1	2	1	2	2
14	4	2	3	2	1	1	2	1	1
15	4	3	2	1	2	2	1	1	1
16	4	4	1	1	2	1	2	2	2

(9) $L_{16}(4^4\times2^3)$

试验号	列号						
	1	2	3	4	5	6	7
1	1	1	1	1	1	1	1
2	1	2	2	2	1	2	2
3	1	3	3	3	2	1	2
4	1	4	4	4	2	2	1
5	2	1	2	3	2	2	1
6	2	2	1	4	2	1	2
7	2	3	4	1	1	2	2
8	2	4	3	2	1	1	1
9	3	1	3	4	1	2	2
10	3	2	4	3	1	1	1
11	3	3	1	2	2	2	1
12	3	4	2	1	2	1	2
13	4	1	4	2	2	1	2
14	4	2	3	1	2	2	1
15	4	3	2	4	1	1	1
16	4	4	1	3	1	2	2

(10) $L_{16}(4^5)$

试验号	列号				
	1	2	3	4	5
1	1	1	1	1	1
2	1	2	2	2	2
3	1	3	3	3	3
4	1	4	4	4	4
5	2	1	2	3	4
6	2	2	1	4	3
7	2	3	4	1	2
8	2	4	3	2	1
9	3	1	3	4	2
10	3	2	4	3	1
11	3	3	1	2	4
12	3	4	2	1	3
13	4	1	4	2	3
14	4	2	3	1	4
15	4	3	2	4	1
16	4	4	1	3	2

(11) $L_{20}(2^{19})$

试验号	列号																		
	1	2	3	4	5	6	7	8	9	10	11	12	13	14	15	16	17	18	19
1	1	1	1	1	1	1	1	1	1	1	1	1	1	1	1	1	1	1	1
2	2	2	1	1	2	2	2	2	1	2	1	2	1	1	1	1	2	2	1
3	2	1	1	2	2	2	2	1	2	1	2	1	1	1	1	2	2	1	2
4	1	1	2	2	2	2	1	2	1	2	1	1	1	1	2	2	1	2	2
5	1	2	2	2	2	1	2	1	2	1	1	1	1	2	2	1	2	2	1
6	2	2	2	2	1	2	1	2	1	1	1	1	2	2	1	2	2	1	1
7	2	2	2	1	2	1	2	1	1	1	1	2	2	1	2	2	1	1	2
8	2	2	1	2	1	2	1	1	1	1	2	2	1	2	2	1	1	2	2
9	2	1	2	1	2	1	1	1	1	2	2	1	2	2	1	1	2	2	2
10	1	2	1	2	1	1	1	1	2	2	1	2	2	1	1	2	2	2	2
11	2	1	2	1	1	1	1	2	2	1	2	2	1	1	2	2	2	2	1
12	1	2	1	1	1	1	2	2	1	2	2	1	1	2	2	2	2	1	2
13	2	1	1	1	1	2	2	1	2	2	1	1	1	2	2	2	1	2	1
14	1	1	1	1	2	2	1	2	2	1	1	2	2	2	2	1	2	1	2
15	1	1	1	2	2	1	2	2	1	1	2	2	2	2	1	2	1	2	1
16	1	1	2	2	1	2	2	1	1	2	2	2	2	1	2	1	2	1	1
17	1	2	2	1	2	2	1	1	2	2	2	2	1	2	1	2	1	1	1
18	2	2	1	2	2	1	1	2	2	2	2	1	2	1	2	1	1	1	1
19	2	1	2	2	1	1	2	2	2	2	1	2	1	2	1	1	1	1	2
20	1	2	2	1	1	2	2	2	2	1	2	1	2	1	1	1	1	2	2

(12) $L_9(3^4)$

试验号	列号			
	1	2	3	4
1	1	1	1	1
2	1	2	2	2
3	1	3	3	3
4	2	1	2	3
5	2	2	3	1
6	2	3	1	2
7	3	1	3	2
8	3	2	1	3
9	3	3	2	1

(13) $L_{18}(2\times3^7)$

试验号	列号							
	1	2	3	4	5	6	7	8
1	1	1	1	1	1	1	1	1
2	1	1	2	2	2	2	2	2
3	1	1	3	3	3	3	3	3
4	1	2	1	1	2	2	3	3
5	1	2	2	2	3	3	1	1
6	1	2	3	3	1	1	2	2
7	1	3	1	2	1	3	2	3
8	1	3	2	3	2	1	3	1
9	1	3	3	1	3	2	1	2
10	2	1	1	3	3	2	2	1
11	2	1	2	1	1	3	3	2
12	2	1	3	2	2	1	1	3
13	2	2	1	2	3	1	3	2
14	2	2	2	3	1	2	1	3
15	2	2	3	1	2	3	2	1
16	2	3	1	3	2	3	1	2
17	2	3	2	1	3	1	2	3
18	2	3	3	2	1	2	3	1

(14) $L_{27}(3^{13})$

试验号	列号												
	1	2	3	4	5	6	7	8	9	10	11	12	13
1	1	1	1	1	1	1	1	1	1	1	1	1	1
2	1	1	1	1	2	2	2	2	2	2	2	2	2
3	1	1	1	1	3	3	3	3	3	3	3	3	3
4	1	2	2	2	1	1	1	2	2	2	3	3	3
5	1	2	2	2	2	2	2	3	3	3	1	1	1
6	1	2	2	2	3	3	3	1	1	1	2	2	2
7	1	3	3	3	1	1	1	3	3	3	2	2	2
8	1	3	3	3	2	2	2	1	1	1	3	3	3
9	1	3	3	3	3	3	3	2	2	2	1	1	1
10	2	1	1	3	1	2	3	1	2	3	1	2	3
11	2	1	2	3	2	3	1	2	3	1	2	3	1
12	2	1	3	3	3	1	2	3	1	2	3	1	2
13	2	2	1	1	1	2	3	2	3	1	3	1	2
14	2	2	2	1	2	3	1	3	1	2	1	2	3
15	2	2	3	1	3	1	2	1	2	3	2	3	1
16	2	3	1	2	1	2	3	3	1	2	2	3	1

续表

试验号	列号												
	1	2	3	4	5	6	7	8	9	10	11	12	13
17	2	3	2	2	2	3	1	1	2	3	3	1	2
18	2	3	3	2	3	1	2	2	3	1	1	2	3
19	3	1	3	2	1	3	2	1	3	2	1	3	2
20	3	1	3	2	2	1	3	2	1	3	2	1	3
21	3	1	3	2	3	2	1	3	2	1	3	2	1
22	3	2	1	3	1	3	2	2	1	3	3	2	1
23	3	2	1	3	2	1	3	3	2	1	1	3	2
24	3	2	1	3	3	2	1	1	3	2	2	1	3
25	3	3	2	1	1	3	2	3	2	1	2	1	3
26	3	3	2	1	2	1	3	1	3	2	3	2	1
27	3	3	2	1	3	2	1	2	1	3	1	3	2

$L_{27}(3^{13})$二列间的交互作用表

1	2	3	4	5	6	7	8	9	10	11	12	13
(1)	3	2	2	6	5	5	9	8	8	12	11	11
	4	4	3	7	7	6	10	10	9	13	13	12
	(2)	1	1	8	9	10	5	6	7	5	6	7
		4	3	11	12	13	11	12	13	8	9	10
		(3)	1	9	10	8	7	5	6	6	7	5
			2	13	11	12	12	13	11	10	8	9
			(4)	10	8	9	6	7	5	7	5	6
				12	13	11	13	11	12	9	10	8
				(5)	1	1	2	3	4	2	4	3
					7	6	11	13	12	8	10	9
					(6)	1	4	2	3	3	2	4
						5	13	12	11	10	9	8
						(7)	3	4	2	4	3	2
							12	11	13	9	8	10
							(8)	1	1	2	3	4
								10	9	5	7	6
								(9)	1	4	2	3
									8	7	6	5
									(10)	3	4	2
										6	5	7
										(11)	1	1
											13	12
											(12)	1
												11

附表 5 常用均匀设计表及其使用表

(1)

$U_5(5^3)$

试验号	1	2	3
1	1	2	4
2	2	4	3
3	3	1	2
4	4	3	1
5	5	5	5

$U_5(5^3)$使用表

因子数 s	列号	D
2	1 2	0.3100
3	1 2 3	0.4570

(2)

$U_6^*(6^4)$

试验号	1	2	3	4
1	1	2	3	6
2	2	4	6	5
3	3	6	2	5
4	4	1	5	3
5	5	3	1	2
6	6	5	4	1

$U_6^*(6^4)$使用表

因子数 s	列号	D
2	1 3	0.1875
3	1 2 3	0.2656
4	1 2 3 4	0.2990

(3)

$U_7(7^4)$

试验号	1	2	3	4
1	1	2	3	6
2	2	4	6	5
3	3	6	2	4
4	4	1	5	3
5	5	3	1	2
6	6	5	4	1
7	7	7	7	7

$U_7(7^4)$使用表

因子数 s	列号	D
2	1 3	0.2398
3	1 2 3	0.3721
4	1 2 3 4	0.4760

(4)

$U_7^*(7^4)$

试验号	1	2	3	4
1	1	3	5	7
2	2	6	2	6
3	3	1	7	5
4	4	4	4	4
5	5	7	1	3
6	6	2	6	2
7	7	5	3	1

$U_7^*(7^4)$使用表

因子数 s	列号	D
2	1 3	0.1582
3	2 3 4	0.2132

(5)

$U_7(7^6)$

试验号	1	2	3	4	5	6
1	1	2	3	4	5	6
2	2	4	6	1	3	5
3	3	6	2	5	1	4
4	4	1	5	2	6	3
5	5	3	1	6	4	2
6	6	5	4	3	2	1
7	7	7	7	7	7	7

$U_7(7^6)$使用表

因子数 s	列 号	D
2	1 3	0.2398
3	1 2 3	0.3721
4	1 2 3 6	0.4760

(6)

$U_8^*(8^5)$

试验号	1	2	3	4	5
1	1	2	4	7	8
2	2	4	8	5	7
3	3	6	3	3	6
4	4	8	7	1	5
5	5	1	2	8	4
6	6	3	6	6	3
7	7	5	1	4	2
8	8	7	5	2	1

$U_8^*(8^5)$的使用表

因子数 s	列号	D
2	1 3	0.1445
3	1 3 4	0.2000
4	1 2 3 5	0.2709

(7)

$U_9(9^5)$

试验号	1	2	3	4	5
1	1	2	4	7	8
2	2	4	8	5	7
3	3	6	3	3	6
4	4	8	7	1	5
5	5	1	2	8	4
6	6	3	6	6	3
7	7	5	1	4	2
8	8	7	5	2	1
9	9	9	9	9	9

$U_9(9^5)$使用表

因子数 s	列号	D
2	1 3	0.1944
3	1 3 4	0.3102
4	1 2 3 5	0.4066

(8)

$U_9{}^*(9^4)$

试验号	1	2	3	4
1	1	3	7	9
2	2	6	4	8
3	3	9	1	7
4	4	2	8	6
5	5	5	5	5
6	6	8	2	4
7	7	1	9	3
8	8	4	6	2
9	9	7	3	1

$U_9{}^*(9^4)$使用表

因子数 s	列号	D
2	1 2	0.1574
3	2 3 4	0.1980

(9)

$U_{10}{}^*(10^8)$

试验号	1	2	3	4	5	6	7	8
1	1	2	3	4	5	7	9	10
2	2	4	6	8	10	3	7	9
3	3	6	9	1	4	10	5	8
4	4	8	1	5	9	6	3	7
5	5	10	4	9	3	2	1	6
6	6	1	7	2	8	9	10	5
7	7	3	10	6	2	5	8	4
8	8	5	2	10	7	1	6	3
9	9	7	5	3	1	8	4	2
10	10	9	8	7	6	4	2	1

$U_{10}{}^*(10^8)$使用表

因子数 s	列号	D
2	1 6	0.1125
3	1 5 6	0.1681
4	1 3 4 5	0.2236
5	1 3 4 5 7	0.2414
6	1 2 3 5 6 8	0.2994

(10)

$U_{11}(11^6)$

试验号	1	2	3	4	5	6
1	1	2	3	5	7	10
2	2	4	6	10	3	9
3	3	6	9	4	10	8
4	4	8	1	9	6	7
5	5	10	4	3	2	6
6	6	1	7	8	9	5
7	7	3	10	2	5	4
8	8	5	2	7	1	3
9	9	7	5	1	8	2
10	10	9	8	6	4	1
11	11	11	11	11	11	11

$U_{11}(11^6)$使用表

因子数 s	列号	D
2	1 5	0.1632
3	1 4 5	0.2649
4	1 3 4 5	0.3528
5	1 2 3 4 5	0.4286
6	1 2 3 4 5 6	0.4942